죽 기 전 에 꼭 걸 어 야 할

세계 10대 트레일

죽 기 전 에 꼭 걸 어 야 할

세계 10대 트레일

이영철 지음

CONTENTS

01 안나푸르나 서킷 Annapurna Circuit

02 산티아고 순례길 Camino de Santiago

PROLOGUE

안나푸르나 서킷을 걷기 시작한 지 아흐렛날, 코스의 정상인 해발 5,416m 쏘롱라에 올랐다. 그때를 추억하면 많이 아쉽다. 험난했던 여정을 돌아보며 가슴 벅차오를 만도 했건만 그러질 못했다. 체력 고갈과 고산병 증세로 이틀 동안 두통에 시달렸기 때문이다. 정상의 몇몇 이들처럼 눈물 흘리며 감격했던 것도 아니다. 저 아래 까마득한 묵티나트까지 내가 과연 안전하게 하산할 수나 있을까, 온통 걱정과 두려움뿐이었다.

가파른 눈길을 비몽사몽 내려왔다. 오를 때와는 전혀 다른 긴장의 연속이었다. 더듬더듬 기어내려 산 중턱 안전지대에 겨우 이르렀다. 뒤돌아 정상을 올려다보자 비로소 눈물이 쏟아졌다. 정상에서 젖었어야 할 뒤늦은 감상과 '내 인생도 이제 정점을 지나 내리막이구나' 하는 회한이 섞인 탓이다.

고산 등반이라곤 백두산 천지 2,750m를 지프차 타고 올랐던 게 전부였다. 난생 처음으로 도전한 나 홀로 해외 트레킹이 나의 인생 후반을 바꿔놓았다. 인생의 일들은 겪을 당시엔 그 의미를 잘 모른다. 7년 전 그때 안나푸르나 서킷을 걸을 때의 나도 그랬다. 여행이 가져다주는 변화는 뒤늦게 감지되나 보다.

그렇게 시작된 해외 트레킹이 지역을 달리하며 매년 반복되었다. 내가 정한 마지막 코스를 마치고 돌아왔을 때 〈월간 산〉의 신준범 기자가 소감을 물었다. 오랫동안 꿈꿔온 열 개 코스를 모두 완주했으니 그 느낌이 남다르지 않겠느냐는 질문이었다. 내 대답은 '예전과 똑같다'였다. 지나온 매 순간 희열을 맛보아왔기에 결승선을 넘었다 해서 별다를 건 없었기 때문이다. 목표 달성 후의 성취 감보다는 '뭔가'를 향해가는 과정에서의 행복감이 더 소중함을 체험으로 터득했다.

작은 아쉬움이 있다면 북미 대륙 '존뮤어 트레일'을 포기한 것이다. 4인 팀을 구성했다가 준비 도중에 접었다. 완벽한 야생에서 백패킹만으로 보름 이상을 누비는 건 무리라 판단되었기 때문이다. 도전도 좋지만 무모함은 피해야 할 나이라는 결론에 따른 것이다. 인생의 어느 시기부터는 자신의 역량과 한계에 순응하는 것도 필요한 덕목 아니겠는가.

해외 트레킹을 준비할 때 특히 신경 써야 할 점이 무엇이냐는 질문을 가끔 받는다. 가장 가까운 사람의 흔쾌한 동의와 응원이라고 답한다. 여행 떠나기 오래전부터 세심한 배려와 노력이 필요한 부분이다. 파트너일 수도 있고 부모나 자식일 수도 있다. 남아 있는 누군가가 떠나 있는 나에 대하여 불만스럽거나 불안해한다면, 장기간 낯선 땅을 걸어야 하는 여정에서 마냥 행복할 수는 없을 것이다.

'세계 10대 트레일'은 정해진 게 없다. 세상의 좋은 길들 중에서 누구든 취향에 맞게 고르면 된다. 우리 몸과 마음에, 좋은 길을 찾아 걷는 행위만큼 저비용 고효율인 투자가 어디 있을까.

'바보는 방황하고 현자는 여행한다The fool wanders, A wise man travels'고 했다. 방황하기 쉬웠던 시기, 여행을 택한 덕에 바보는 면했다. '걷는 여행'을 택한 건 더더욱 행운이었다.

_ 누들스 이영철

시작하기 전에

'모든 위대한 생각은 걷는 자의 발끝에서 나온다.' 니체가 한 말이다.

루소도 비슷한 말을 했다. '걸음을 멈추면 생각도 멈춘다. 나의 정신은 오직 나의 다리와 함께 움직인다.'

옛 현자들은 그랬나 보다. 새벽 안개 속을 산책하며 우주의 섭리에 다가가기도 하고, 숲속 오솔길을 걸으며 인간사의 오묘한 진리를 터득하곤 했나 보다. 현자의 가슴이 뜨거워지고 그의 머리에 원대한 우주가 펼쳐지는 건, 책상머리에서가 아니라 두 발과 두 다리를 움직일 때였음을 짐작해볼 수 있다.

'최고의 약품은 웃음이고, 최고의 운동은 걷기다.'

일상의 스트레스에 찌들고 문명의 이기에 온몸을 내맡기는 우리 현대인들을 일깨우는 말 같다. 놀랍게도 2,500년 전에 살았던 의학자의 말이다. 그 옛날 고대 그리스의 히포크라테스까지 이런 말을 했다면, 우리의 육체와 정신 양쪽 모두의 건강에 '걷기'가 최고의 방편임은 고금을 통하여 입증된 것이나 다름이 없다.

이를 반영이라도 하듯 우리 주변은 요즘 '걷는 이'들로 넘쳐난다. 아마 제주올레가 열렸던 십여 년 전부터였을 것이다. 돌풍이 몰아치듯 걷기 인구가 급격히 늘어난 것 같다. 최근 몇 년 동안엔, 취업을 준비하거나 인생 진로를 고심하는 젊은이들이 해외 트레킹에 나선 모습들을 더 자주 목격할 수 있었다. 스펙 쌓기 일환일 수도 있고, 몸과 마음의 건강과 치유를 위해서일 수도 있다. 요즘의 우리 사회가 개인들에게 안겨주는 온갖 스트레스에 그 원인이 있지 않을까. 어떤 이유에서 떠났건 먼 길을 걷고 난 후의 자신의 모습은, 이전과는 조금이라도 달라져 있음을 느낄 것이다.

해외 원정이 우선일 필요도 없다. 새벽이슬을 밟으며 동네 뒷동산을 거닐어도 좋고, 저녁식사 후에 아파트 주변을 몇 바퀴 도는 것도 행복하다. 주말을 이용해 1박 2일 설악산 등반에 나설 수도 있고, 여건이 된다면 한 달 동안 동해안 해파랑길을 걸어볼 수도 있다.

서울 둘레길, 한강변, 양재천, 북한산 둘레길, 서울 성곽길 또는 관악산, 청계산, 도봉산…. 서울만 해도 이런데, 전국 방방곡곡엔 얼마나 많은 둘레길과 명산들이 조신하게 우리를 기다리고 있는가. 걷기 인프라가 우리처럼 잘 구축되어 있는 나라도 흔치는 않은 것 같다.

"나 주말에 아차산 등산했어."

"그래? 난 양재천 트레킹했지."

월요일 점심시간에 샐러리맨들끼리 나눌 수 있는 대화다. 해발 300m가 안 되는 야트막한 산을 오르는 것은 등산, 천변길 같은 평지를 걷는 건 트레킹, 많은 사람들은 그렇게 인식하고 있다.

히말라야를 품고 있는 네팔 기준으로는 '등산Climbing'이라고 하면 해발 6,000m 이상의 설산을 오르는 걸 의미한다. 해발 6,000m 이하는 그 어디를 오르든 '트레킹Trekking'으로 통일된다. 해발 1,950m 한라산 백록담이 최고봉인 우리나라, 해발 2,750m 백두산 천지가 최고봉인 우리 한반도의 입장에서는 다소 언짢을 수도 있는 기준이다. 네팔은 네팔이고 우린 우리겠지만, '트레킹'이란 용어를 지금처럼 '도보 여행'이라는 의미로만 한정시킬 필요는 없을 것 같다. 국내에선 '등산'의 범주까지 그 영역을 살짝 넓혀 혼용해도 무방하지 않을까. '지난 주말에 한라산 백록담까지 트레킹 다녀왔어.'라고 말해도 되는 것이다.

세계 10대 트레일은 누가 선정한, 어떤 길들일까?

'트레일Trail'이란 단어는 원래의 사전적 의미보다는 '걷는 길'을 뜻하는 관용어로 우리에게 익숙하다. '트레킹 코스'와 거의 같은 개념으로 쓰인다. 아직까지 국내에선 '세계 10대 트레일' 혹은 '아름다운 길, 세계 베스트 10' 등이 선정되어 발표된 적은 없다. 개인이든 기관이든 없었다. 외국인 또는 외국기관의 사이트 내용을 인용한 자료들이 인터넷상에서 유통될 뿐이다. 그들 중 가장 유력한 네 가지 사례를 들여다보자.

2012년 3월 〈스미스소니언 매거진〉에 실렸던 자료가 국내에선 가장 많이 알려져 있다. 세상에서 가장 아름답다는 길 10개가 'Great Walks of the World'란 제목으로, 다섯 개씩 두 번에 나누어 게재되었다.

[표 1] 〈스미스소니언〉 매거진 선정 10대 트레일

스미스소니언 매거진 선정 10대 트레일	거리(km)	위치한 나라
애팔레치아 트레일 Applachian Trail (AT)	3,500	미국
존 뮤어 트레일 John Muir Trail (JMT)	358	미국
코스트 투 코스트 Coast to Coast Walk (CTC)	315	영국
만리장성 The Great Wall, 萬里長城	2,700	중국
산티아고 순례길 Camino de Santiago	782	스페인
컨티넨탈 디바이드 Continental Divide Trail (CDT)	5,000	미국
테 아라로아 Te Araroa Trail	3,000	뉴질랜드
리키안 웨이 Lycian Way	509	터키
안나푸르나 서킷 Annapruna Circuit	211	네팔
바이센테니얼 트레일 Bicentennial National Trail (BNT)	5,330	호주
합계	21,705	

미국 색채가 강한 매거진이어서 그런지 미국 트레일이 선두 2개 포함하여 3개나 올라 있다. 전체 거리도 미국 트레일이 40퍼센트를 넘는다. 독자에 따라선 다소 편파적이라 느껴질 수도 있는 대목이다.

게다가 전체 10개 중 5개는 거리 2,000km에서 5,000km까지 넘는 초장거리 트레일들이다. 프로 매니아들이라면 모를까, 일상의 시간을 쪼개어 떠나는 일반 트레커들에겐 여간 부담스러운 게 아니다.

중국 만리장성이 포함된 것도 이색적이다. 하루나 반나절 특정 구간을 걸어보는 건 독특한 경험이겠으나 성곽 위를 장기간 걷는다는 건 어쩐지 낯설고 고역일 것 같은 생각도 든다. 물론, 만리장성을 못 걸어본 자의 선입견일 것이다.

역시 같은 시기인 2012년 3월에 〈론리플래닛〉 홈페이지에도 같은 주제의 기사가 올라 있다. 제목은 '세계 최고의 트레킹 코스 10개The 10 Best Treks in the World'다.

[표2] 〈론리플래닛〉 선정 10대 트레일

론리 플래닛 선정 10대 트레일	거리(km)	위치한 나라
코르시카 랑도네 코스 Grande Randonnée 20 (GR20)	168	프랑스
잉카 트레일 Inca Trail	45	페루
페이 도곤 Pays Dogon	150	말리
에베레스트 베이스 캠프 Everest Base Camp (EBC)	112	네팔
히말라야 라다크 Indian Himalayas	553	인도
타즈마니아 오버랜드 트랙 Tasmania Overland Track	80	호주
루트번 트랙 Routeburn Track	32	뉴질랜드
내로우스 트레일 The Narrows Trail	26	미국
오트 루트 Haute Route	171	프랑스, 스위스
발토로 빙하 K2 Baltoro Glacier & K2	63	파키스탄
합계	1,400	

전 세계 6개 대륙 코스들이 골고루 망라되어 있는 게 돋보인다. 일반 트레커의 시각으로는 어쩐지 낯설거나 의외로 느껴지는 트레일들이 많아 보이는 것도 특징이다. 많이 알려진 유명 트레일들은 대략 섭렵한 이들에게 이제는 좀 더 색다른 길을 걸어보라고 권하는 느낌이다. 뉴질랜드가 그런 사례다.

세계적으로 많이 알려진 밀포드 트랙을 빼고 루트번 트랙을 선정한 게 특이하다. 두 코스는 뉴질랜드의 같은 남섬에서 그것도 같은 피오르드랜드 국립공원 안에 서로 인접해 있다. 밀포드를 다녀온 사람들만이 루트번을 선택할 수 있을 것이다.

[표3] 사이토 마사키 작가의 10대 트레일

사이토 마사키 작가의 10대 트레일	거리(km)	위치한 나라
안나푸르나 서킷 Annapruna Circuit	127	네팔
오트 루트 Haute Route	171	프랑스
잉카 트레일 Inca Trail	34	페루
밀포드 트랙 Milford Track	54	뉴질랜드
토레스 델 파이네 Tores del Paine	76	칠레
시미엔 트레일 Simien Trail	144	에티오피아
애팔레치아 트레일 Applachian Trail (AT)	160	미국
쿵스레덴 Kungseden	110	스웨덴
웨스트 하이랜드 웨이 West Highland Way	152	스코틀랜드
그레이트 오션 워크 Great Ocean Walk	91	호주
합계	1,119	

일본인 여행작가 사이토 마사키 씨가 2000년 대 초반에 10여 년간 걸은 코스들도 국내엔 많이 알려져 있다. 《세계 10대 트레일 걷기 여행》이란 제목으로 2013년 2월에 국내에 번역본이 출간되었다. '세계 10대 트레일'을 소재로 한 단행본으로는 아직까지 유일무이하다. 극히 기본적인 가이드 정보만 담았고, 트레킹 과정에서의 갖가지 개인적 에피소드를 소개하는 여행 에세이다.

일상생활에 바쁜 이들도 일주일 정도씩 짬을 내면 누구나 쉽게 걸을 수 있는 코스들로 이뤄졌다. 한편으론, '세계 10대 트레일'이란 제목을 붙이기엔 너무 단거리 코스들만 망라되었다는 게 아쉬운 점이다.

〈리더스 다이제스트〉홈페이지에도 '세계여행' 부분에 'Top 10 Hikes in the World'란 제목으로 같은 주제의 내용이 실려 있다.

[표4] 〈리더스 다이제스트〉 선정 10대 트레일

리더스 다이제스트 선정 10대 트레일	거리(km)	위치한 나라
토레스 델 파이네 Torres del Paine	83	칠레
애팔레치아 트레일 Applachian Trail (AT)	3,500	미국
킬로만자로 마랑구 루트 Kilimanjaro to Marangu	83	탄자니아
안나푸르나 서킷 Annapruna Circuit	211	네팔
잉카 트레일 Inca Trail	45	페루
웨스트 코스트 트레일 West Coast Trail	75	캐나다
투르 드 몽블랑 Tour du Mont Blanc	170	유럽 3대국
통가리로 노던 서킷 Tongariro Northern Circuit	48	뉴질랜드
존 뮤어 트레일 John Muir Trail (JMT)	358	미국
글레이셔 국립공원 Glacier National Park	104	미국
합계	4,677	

앞의 세 경우보다 거리 면에서는 상대적으로 균형 있게 선정된 코스들이다. 6개 대륙 모두에 하나 이상씩 선정되긴 했지만, 북미 대륙에만 4곳이 몰려 다소 편중된 감이 있다. 드넓은 유럽 지역에 한 군데 트레일만 선정된 것도 아쉬워 보인다.

이 책의 '10대 트레일'은 어떤 길들일까?

처음부터 어떤 목적을 가지고 심사숙고하여 엄선한 코스들은 아니다. 트레킹에 관심을 갖기 시작했던 15년 전부터 해외의 아름다운 길들에 관심이 가기 시작했다. 신문·잡지와 인터넷을 통해서, 남들이 다녀온 여행기들을 읽고 또 읽으며, 나도 퇴직하면 저 길을 혼자 걸어야겠다는 꿈을 키워왔다. 10년 가까이 상상 속에서만 세계의 좋은 길들을 걸어 다니다 보니, 직장을 퇴직할 즈음엔 이미 열두어 개 트레일이 내 후반 인생의 버킷리스트로 자연스럽게 선정되어 있었다.

[표5] 저자가 꼽은 10대 트레일

10대 트레일 저자	거리(km)	위치한 나라
안나푸르나 서킷 Annapruna Circuit	140	네팔
산티아고 순례길 Camino de Santiago	782	스페인
밀포드 트랙 Milford Track	59	뉴질랜드
규슈 올레 九州 オルレ	235	일본
영국 횡단 Coast to Coast Walk (CTC)	315	영국
파타고니아 3대 트레일 Patagonia 3 Trail	124	칠레, 아르헨티나
잉카 트레일 Inca Trail	45	페루
몽블랑 둘레길 Tour du Mont Blanc	176	유럽 3대국
위클로 웨이 Wicklow Way	132	아일랜드
차마고도 호도협 茶馬古道 虎跳峽	24	중국
합계	2,032	

트레일 선정에 어떤 기준을 뒀던 건 아니지만 돌이켜보면 세 가지 정도가 고려됐던 것 같다.

첫째, 세계 사람들이 인정하는 아름다운 길일 것.

둘째, 우리나라 사람들에게 특히 인기가 있고 많이들 가고 싶어 하는 길.

셋째, 필자의 개인적 관심과 취향에 잘 맞는 길.

필자가 선정한 10대 트레일 중 8곳은 모두 첫째와 둘째 고려사항에 부합한다고 믿는다. 안나푸르나와 산티아고는 세계적인 명성과 함께 우리나라 사람들이 가장 선호하는 트레킹 코스들이다.

영국 횡단 CTC와 몽블랑 둘레길 그리고 파타고니아 토레스 델 파이네는 앞에 인용한 세계 10대 트레일에도 한두 번씩은 포함된, 세계가 인정하는 명품 코스들이다. 잉카 트레일과 밀포드 트랙 그리고 차마고도 호도협은 단거리 트레일로 묶여 '세계 베스트 3'에 꼽히기도 한다. 다만, 일본의 규슈 올레와 아일랜드 위클로 웨이는 필자의 관심과 취향에 따라 선정되었다.

각기 다른 '10대 트레일'에 대한 비교

앞에서도 보았듯, 〈스미스소니언 매거진〉이 선정한 10대 트레일은 거리가 수천 km나 되는 코스만 5개가 된다. 일반 트레커들 입장에서는 부담스럽고 비현실적으로 느껴질 수 있다.

일본인 작가의 경우는 너무 단거리 코스들 일색이다. 전체 총거리도 1,100여 km에 지나지 않아 다소 싱거운 느낌이다. 선정한 10대 트레일의 대륙별 분포도 면에서는 일본인 작가의 선정이 가장 적절하다. 〈스미스소니언 매거진〉과 〈리더스 다이제스트〉는 미주 대륙에 너무 많이 편중돼 있다.

6개 대륙을 통틀어 일반인들의 장거리 트레킹에 가장 안전하고 적합한 곳은 유럽이라고 생각한다. 땅 넓이에 비해 많은 국가와 다양한 문화들이

[표6] 각기 다른 '10대 트레일'에 대한 비교

각 10대 트레일의 거리 및 대륙별 분포						
거리(km)		스미스소니언	리더스 다이제스트	저자	론리 플래닛	사이토 마사키
구간별	3,500~5,500	3	1			
	2,500~3,000	2				
	500~800	2		1	1	
	200~400	3	2	2		
	100~200		2	4	4	6
	100이하		5	3	5	4
총거리(km)		21,705	4,677	2,032	1,400	1,119
대륙별	북미	3	4		1	1
	남미		2	2	1	2
	유럽	2	1	4	2	3
	아시아	3	1	3	3	1
	아프리카		1		1	1
	오세아니아	2	1	1	2	2

집결되어 있고, 역사와 예술 등 인문학적으로 다양한 스토리와 만날 수도 있기 때문이다. 수많은 아름다운 길들이 오랜 세월 문화의 혜택과 함께 다져지다 보니 숙식이나 길 안내 등 기본 인프라들이 워낙 잘 되어 있기도 하다. 필자의 경우 그런 유럽의 트레일을 10대 트레일에 더 많이 포함시켰다.

해외 트레킹에 나서기 위해선 어떤 준비들이 필요할까?

트레킹은 빙벽이나 크레바스와 사투를 벌여야 하는 7,000~8,000m 고산 등반이 아니다. 대단한 준비와 고가의 장비 또는 숙련된 기술을 필요로 하진 않는다. 지리산을 2박 3일에 종주할 체력과 준비성 정도만 갖춘 트레커라면, 앞으로 소개할 10개 트레일 어디든 별 문제 없이 완주할 수 있다. 장비도 특별할 게 없다. 집 떠나 일주일 혹은 한 달여 기간을 잘 걷기 위한 의복과 물품 들을 계절에 맞게 준비하면 되는 것이다. 배낭 무게 최소화가 중요하므로 가볍고 기능성 있는 물품들이 우선이다.

싱겁겠지만, 필자가 공을 들인 건 '예습'이다. 먼저 다녀온 이들의 여행기를 보는 것은 일종의 도상 훈련이 되었다. 직장에 얽매인 채 미래의 여행을 오로지 머릿속 상상으로 꿈꾸는 이들은, 자신이 원하는 여행지에 대해 온갖 자료들을 찾아보기 마련이다. 필자 역시 그런 과정을 거치면서 본의 아니게 예습의 기회를 많이 가지게 되었다. 어느 정도 예비지식이 쌓이면, 다녀온 이를 직접 만나보거나 이메일을 통해 이야기를 들어보는 게 결정적인 도움이 된다. 출발지에서 종착지까지의 트레킹 전 과정이 머릿속에 자연스레 그려진다면 드디어 출발할 때가 된 것이다. 곧바로 저가 항공권을 구입해도 좋겠다.

각 트레일마다 가장 유념해야 할 핵심 포인트들이 한두 가지씩 있다.

산티아고 순례길은 한 달 이상 걷는 데 자신의 몸이 적응할 수 있을지 여부에 대한 냉철한 점검이 중요하다. 총거리가 거의 같고 해발고도 등 제반 여건도 비슷한 동해안 해파랑길을 한 달 걸어 보면 능력이 검증될 것이다.

영국 횡단 CTC는 길안내 이정표가 많이 취약하다. 인위적 안내를 최소화하고 가급적 자연 그대로를 유지하려는 영국인들의 마음가짐 때문이다. GPS와 상세지도가 반드시 필요하다.

규슈 올레는 하나의 길로 연결된 제주 올레와 달리 전 코스가 따로 떨어져 있다. 매 코스마다 버스나 기차 등 대중교통을 이용해야 한다. 매 코스가 끝난 후의 동선을 미리 짜고 가야 현지에서의 시행착오를 줄일 수 있다.

몽블랑 둘레길은 알프스 산맥의 산세 특성상 체력이 특히 중요하다. 한라산 백록담을 매일 한 번씩 오르내리기를 십여 일 동안 반복한다고 생각하면 이해가 빠를 것이다.

위클로 웨이는 별다른 고려사항 없이 대체로 무난하다.

안나푸르나 서킷은 해발 800m에서 시작하여 정상인 5,416m까지 올라야 한다. 3,500m 지점부터 고산증이 올 가능성이 높다. 고산병 약품도 기본이지만, 현지에서의 음식 섭취와 금주 등 컨디션 관리가 중요하다.

파타고니아의 3대 트레일인 토레스 델 파이네와 피츠로이 세로 토레를 트레킹하기 위해선 효율적인 동선 계획이 중요하다. 남미 여행 전체 일정을 놓고 그 안에서 파타고니아 지역만의 효율적인 상세 계획을 다시 세워야 한다.

대부분의 지역에서 영어로 최소한의 의사소통이 가능하다. 그러나 중국에서는 중국어를 모르면 밥 한 끼 사먹기도 어렵다. 중국어 가능 인원을 포함한 4인조 한 팀을 꾸리고, 택시 한 대를 대절하여 움직이는 것이 차마고도 호도협 여행에서는 가장 효율적이다.

뉴질랜드 밀포드 트랙은 입산 기간도 제한적이고 하루 입산 인원도

엄격히 제한한다. 때문에 인터넷을 통해 세계 각국의 트레커들과 경쟁하여 입산 퍼밋을 획득하고 산장을 미리 예약하는 것이 선결조건이다.

잉카 트레일 역시 입산 시즌과 하루 입산 인원이 제한된다. 자유여행은 불허이며, 공식 패키지 팀에 신청하여 계약하고 합류해야 한다. 여권을 지참해야 입산허가 되는 것도 특이하다. 최고 해발 4,200m까지 올라야 하기에 고산병에도 대비를 해야 한다.

북미 쪽 트레일이 제외된 것에는 필자 스스로도 아쉬움이 있다. 애초에 존 뮤어 트레일을 염두에 두고 준비했었는데, 15일 백패킹에 따른 팀 구성에 문제가 생겨 준비 도중에 포기했다.

이 책을 구성하는 세계 10대 트레일은 모두 백패킹이 아닌 산장 등 숙박 시설을 매일 이용할 수 있는 코스들이다. 숙식에 따른 어려움이나 리스크가 없이 안전하기에 일반인 누구나 약간의 준비만으로 완주가 가능한 코스들로 이루어져 있다.

01

네팔 히말라야 /

안나푸르나 서킷
ANNAPURNA CIRCUIT

히말라야의 하늘 가까운 설산 봉우리들을 어느 누군가는 '신들의 거처'라 불렀다. 그 높이에는 못 미치지만 안나푸르나 서킷의 정점인 쏘롱라 고개를 어느 작가는 '신들의 산책로'라 했다. 어쨌든 신들의 영역인 것이다. 고산병 등 리스크 요인들이 있지만, 열정과 성의로 다가가면 신들의 허락을 얻어 잠시 그 영역을 밟아볼 수 있다. 배낭을 둘러메고 히말라야, 그 먼 길에 자신의 발자국과 땀방울을 길게 남기는 십여 일 동안 인생에 흔치 않을 경이와 만날 수 있다.

중국(티베트)

네팔

무스탕

포카라

카트만두

인도

부탄

방글라데시

신들의 산책로를 향해서,
안나푸르나 서킷

티베트 고원과 인도 평원의 틈바구니에서 히말라야의 대부분을 품고 있는 나라가 네팔이다. 비스듬한 직사각형 모양의 네팔 지형에서 히말라야는 북서에서 남동으로 길게 뻗어 있다. 수도 카트만두를 중심에 두고 북서쪽으로 마나슬루와 안나푸르나, 남동쪽으론 에베레스트와 칸첸중가가 펼쳐진다.

히말라야의 걷기 좋은 여러 트레킹 루트 중에서도 한국인은 안나푸르나 쪽을 특히 선호하는 듯하다. 해발 8,091m의 안나푸르나 정상은 전문 산악인들 몫이다. 일반 트레커들은 안나푸르나 베이스캠프 4,130m까지 올랐다 내려오는 약칭 'ABC 코스'를 많이들 찾는다. ABC를 경험한 이들의 다음 목표는 '안나푸르나 서킷Circuit'인 경우가 많다. 해발 5,416m까지 더 높고 더 험한 길을 오르는 것이다. 안나푸르나 라운드Round라고도 불리는 서킷 코스는, 이를테면 안나푸르나 산군을 끼고 도는 둘레길이다.

쏘롱라 고개를 넘는 안나푸르나 서킷은 여느 히말라야의 산길처럼 산간 마을 간 교역물품을 운반하는 루트였고 지금도 그렇다. 고산족 사람들이 일상의 물품을 등에 지거나 당나귀에 태워, 계곡을 건너고 산을 넘어 멀리까지 오고 갈 수 있게 연결해주는 길이다. 오랜 세월 당나귀나 노새의 배설물로 다져지고 고산 지대 사람들의 한숨과 땀방울로 견고하게 굳어져 왔다. 일반인들에겐 결코 쉬운 길이 아니다. 백두산 높이의 두 배인 고개를 넘는 것이다. 고산병을 비롯한 다양한 위험도 도사리고 있다. 수직으로 솟은 절벽으로부터 낙석의 위험도 많고, 급경사의 계곡 밑으로 추락의 위험도 상존한다.

안나푸르나 서킷이 둘러싸고 있는 안나푸르나 산군에는 해발 6,000m 이상 고봉이 20여 개 있다. 이들 중 안나푸르나 1봉(8,091m), 2봉(7,130m), 3봉(7,555m), 4봉(7,555m), 남봉(7,219m), 강가푸르나(7,455m), 닐기리(7,061m) 등 10여 개가 7,000m급 이상이고, 마차푸차레(6,993m) 등 나머지는 6,000m급이다.

안나푸르나 서킷 또는 안나푸르나 라운드는 이들 설산들을 왼쪽으로 바라보며 강을 건너고 계곡과 능선을 따라 걸으며 정점인 쏘롱라Thorong La(5,416m)를 넘는다. 완벽하게 완주하려면 쏘롱라를 넘어 좀솜에서 칼리칸다키강을 따라 나야풀까지 가야 한다. 그러나 좀솜에서 나야풀까지의 하산길은 자동차나 먼지 등 열악한 트레킹 환경 때문에 생략하는 경우가 많다.

안나푸르나 서킷은 크게 3단계로 구성된다. 트레킹 초입에 있는 가장 큰 마을 베시사하르에서 마낭까지 90km가 1단계, 마낭에서 정상인 쏘롱라까지 21km가 2단계, 그리고 비행장이 있는 좀솜까지 하산하는 29km가 3단계다. 2단계의 거리는 짧지만 마낭에서 쏘롱라 고개까지 고도차 2,000m를 올라야 한다. 이 때문에 대부분의 트레커들은 이 구간에서 고소 증세를 경험한다. 심하면 고개를 넘지 못할 수도 있다. 3단계 또한 하산길이라 쉬울 것 같지만 만만치 않다. 고개 정상까지 오르면서 체력이 고갈된 데다가 초기 6km 하산 루트는 상당한 급경사라 온몸의 신경세포가 곤추서는 긴장의 구간이다. 반면 베시사하르에서 마낭까지 완만하게 올라가는 1단계는 상대적으로 수월하다. 어찌 보면 안나푸르나 서킷 트레킹에

서 가장 즐거운 구간일 수도 있다.

마낭까지 올라가는 동안은 스무 개의 크고 작은 고산 마을들을 지난다. 평균 4~5km마다 산속 마을을 만나기 때문에 첩첩산중을 걷는 느낌은 별로 없다. 점점 눈앞에 가까이 다가오는 히말라야 설산들의 위용에 감동과 전율이 지속되는 시간들이다. 마을마다 만나는 고산족 사람들의 따뜻한 표정과 포근한 정경들도 오래도록 기억에 남을 것이다.

1단계에서 유의해야 할 것들이 몇 가지 있다. 일단은 음식 섭취가 중요하다. 무엇이든 골고루 잘 먹어둬야 한다. 무리해서 더 빨리 더 멀리 걸으려고 욕심내는 일도 없어야 한다. 음주는 가급적 피하는 게 좋다. 방심했다간 낭패를 볼 확률이 높아진다. 2단계에서 나타날지 모를 고산증세를 피하기 위한 최소한의 대비책들이다. 고산에서 자신의 몸이 어떻게 반응할지는 겪어보기 전까지는 알 수가 없다. 체질에 따라서는 해발 3,000m에 이르기 직전인 차메 또는 브라탕 마을에서부터 고산증세를 느낄 수도 있다.

해발 3,540m인 마낭에 도착하면 대개의 트레커들은 다음날 하루를 쉬면서 고소 적응을 한 다음에 이튿날 출발한다. 이를 무시하고 그냥 출발했다가는 고산증에 시달릴 확률이 높아진다. 마낭은 등산용품점이나 카페, 레스토랑 등 인프라가 잘 갖춰져 있는 고산마을이다. 오랜 옛날부터 산 아래 램정 현과 쏘롱라를 넘어 무스탕 지역을 잇는 산악 무역의 중심지였기 때문에 활기가 넘친다.

베시사하르에서 마낭까지 1km를 걷는 동안은 평균 고도를 30m씩 완만하게 올라간다. 그러나 마낭에서 야크카르카까지는 그 두 배인 60m, 그리고 그 다음날 하이캠프까지는 100m 이상으로 경사는 점점 가팔라진다. 마지막 날 오전 4시간 동안은 1km당 해발고도를 무려 140m씩 올라가는 급경사 지역을 통과해야 비로소 정상인 쏘롱라에 설 수 있다.

쏘롱라가 가까워질수록 산길은 더욱 험해진다. 레다르Ledar 다리를 건너 해발 4,500m의 쏘롱페디까지 구간은 사고 다발 지역이다. 조심하라는 표지판도

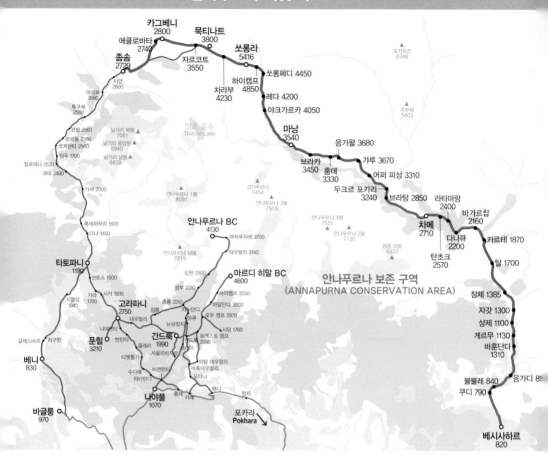

자주 만나게 된다. 가파른 능선 위로 수많은 사람들의 발자국이 다져져 만들어

진 좁은 길을 지나는 구간이다. 오른쪽 계곡으로 추락의 위험도 있고, 왼쪽 능선

위에서 갑작스럽게 낙석이 덮칠 수도 있다. 식물이 살 수 있는 한계선은 이미 지

났고 너덜길과 눈길만 있을 뿐이다. 몸은 이미 지쳤고 정신도 몽롱해지는 지점이

다. 영화 속에서 보았던 어느 외딴 행성을 걷는 듯한 착각에 빠질 수도 있다. 묘

한 쾌감과 형언할 수 없는 설렘도 함께하는 구간이다. 구름조차도 살아남을 수

없는 높이라서 구름들은 모두 산 아래쪽 지상 가까이 가라앉아 있을 것이다. 고

산지역에서 바라보는 하늘은 일상에서 바라보는 것과는 판이하다. 늘 짙은 파란 색을 띠는 청명한 모습이다.

정상에 오르기 전 마지막 날 밤은 고산증세 때문이든, 설렘이나 긴장 때문이든 잠을 잘 이루지 못한다. 추위 때문에 껴입은 옷가지들과 부족한 산소 때문에 숨 쉬기가 답답하기도 하다. 지상에서보다 훨씬 가까워진 밤하늘 별들이 손에 잡힐 것 같아 두 팔을 허우적거려 보기도 한다. 사람에 따라 다르겠지만 고작 몇 시간 잠드는 경우가 많다. 그리곤 이른 새벽 일어나 헤드랜턴 불빛에 의지해 가파른 눈길을 밟으며 길을 나선다.

정상인 쏘롱라에 오르면 십여 일간 소진되어온 에너지들이 한순간에 보충되어 온몸에 차오르는 듯한 희열을 맛보게 된다. 안나푸르나 설산에서는 시간의 흐름도 빛의 속도처럼 빠르다. 주변 사람들과 서로 껴안고 드디어 정상에 올랐다는 기쁨을 나누고, 칼바람 속에서 인증사진 몇 장 찍고, 그리곤 지근거리는

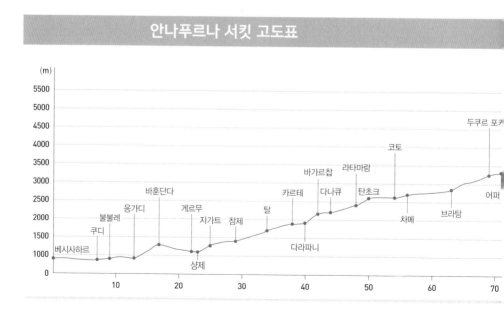

안나푸르나 서킷 고도표

머리를 싸매고 앉아 무념무상에 젖어 있다 보면 금세 1시간이 지난다. 다시 정신을 가다듬으면 이제 하산할 일이 은근히 걱정된다. 이미 체력은 소진되었고 눈앞에 펼쳐진 하산길은 몹시도 가파르다. 안나푸르나 서킷 전 구간 중에서 하산길 초기 6km가 가장 가파르다.

쏘롱라에서 가파른 산길을 내려서면 지금껏 올라왔던 반대편과는 다른 세계가 기다리고 있음을 느낄 수 있다. 올라오는 동안은 춥지만 포근한 느낌, 흰색의 설산들인데도 천연색감의 느낌이 있었다. 그러나 쏘롱라 너머는 완전히 다르다. 무채색의 황량함 그 자체다. 풀 한 포기 살 수 없을 것 같은 척박한 세계만이 눈 아래 가득 펼쳐진다. 바로 무스탕 지역이 보여주는 특징이다.

쏘롱라에서 해발 4,230m의 차라부까지 6km만 내려오면 급경사의 내리막은 끝이다. 이후부터는 긴장을 풀어도 된다. 차라부에는 낮은 건물 서너 채와 바깥 탁자들에 앉아 있는 사람들이 보이는데, 마치 우주 정거장, 또는 꿈 속 어

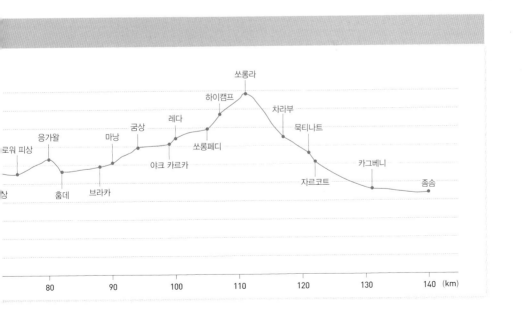

딘가에 있는 듯한 신비로운 정경이다. 이어서 도착하는 묵티나트는 불교와 힌두교가 공존하는 성스러운 곳이다. 묵티나트는 '해탈과 구원을 찾는 땅'이라는 의미로 네팔인들이 일생에 꼭 한 번은 가보고 싶어 하는 곳이다.

묵티나트부터는 차량이 다니는 도로가 시작된다. 이곳부터 카그베니를 거쳐 좀솜까지 이어지는 19km 구간은 가파르지도 완만하지도 않은 내리막이다. 하지만 결코 쉬운 구간도 아니다. 거친 너덜길 옆으로 가파른 절벽이 있어 위태롭다. 발걸음 내딛기 어렵게 몰아치는 거센 바람이 있고, 오가는 차량들이 만들어내는 흙모래 먼지에 숨쉬기도 불편하다.

원래는 좀솜에서 푼힐 등을 거쳐 종착점 나야풀까지 71km를 더 걸어내려야 총 211km에 달하는 '한 바퀴 일주Circuit or Round'가 완성된다. 그러나 쏘롱라까지 올랐던 여정에 비하면 감흥은 떨어지고, 지나는 차량들과 바람이 만들어내는 흙먼지 등 악조건이다. 때문에 좀솜에서 트레킹을 끝내고 대중교통을 이용해 하산하는 경우가 많다. 좀솜 비행장에서 항공편으로 포카라로 돌아갈 수 있다.

안나푸르나 서킷

코스 가이드

베시사하르

바훈단다

다나큐

차메

로워 피상

마낭

야크 카르카

하이캠프

쏘롱라

묵티나트

좀솜

베시사하르

트레킹 시작점인 베시사하르까지 가기 위해선 카트만두에서 오전 8시 전에는 버스를 타는 게 좋다. 보통 7~8시간, 어떨 때는 9시간까지 걸리기 때문이다. 해발 1,300m의 카트만두는 주변이 온통 2,000m 이상의 산들로 둘러싸인 분지라서 매우 아늑한 느낌을 준다. 그 병풍 같은 산허리를 넘어 해발 820m의 베시사하르까지 내려가는 것이다. 지붕 위까지 온갖 짐들을 실어 털털거리는 버스가 산 중턱을 끼고 내려갈 때는 오금이 저리기도 한다. 까마득한 계곡 아래 낭떠러지가 두려워 조마조마하면서도 한편으로는 스릴이 느껴진다.

늦은 오후쯤 베시사하르에 도착하면 숙소를 잡고, 필요한 물품들을 구입하는 등 마지막 점검을 마친다. 포터가 필요할 경우 숙소에 얘기하면 다음날 출발 시간 전에 대기시켜 준다. 포터 비용은 조건과 시기에 따라 차이가 나는데, 보통 1일 1,500~2,500루피 수준이다. 일행이 두세 명인 경우 포터 1명만 고용해서, 짐을 조금씩 덜어 맡기는 게 효율적이다.

	7km		2km	4km		4km		5km	

베시사하르		쿠디	불불레	응가디		바훈단다		게르무
820m		790m	840m	890m		1310m		1130m

거리 22km 누적 거리 22km 진척률 16% 총 소요 시간 8시간

안나푸르나 트레킹에는 이 지역 자연보호 협회인 ACAP(Annapurna Conservation Area Project)에서 발행하는 입산 허가증이 필요하다. 입산 허가증 발급비는 2,260루피다. 카트만두나 포카라의 ACAP 사무소에서 발급받을 수 있다. 만약 허가증 없이 입산하면 벌금 2,000루피를 추가로 내야 한다. 베시사하르에서 두 시간 반 정도 걸어간 불불레 마을에 첫 번째 체크포스트가 있다. 이곳에서 미리 구입한 허가증을 확인받거나 두 배 비용으로 구입한다.

불불레를 지나 갑자기 가팔라진 산길을 땀 흘려 오르면 힌두인 마을 바훈단다에 닿는다. '바훈Banhun'은 '브라만'을, '단다Danda'는 '언덕'을 의미한다. 이 '브라만의 언덕'에는 눈에 익은 계단식 밭들이 정겹게 펼쳐져 있다. 바훈단다에서 시원한 폭포가 있는 게르무 마을까지 두 시간은 완만한 내리막이다.

	1km	2km		4km		5km	

게르무	상제		자가트		참제		탈
1130m	1100m		1300m		1385m		1700m

거리 12km 누적 거리 34km 진척률 24% 총 소요 시간 6시간

시간이나 체력을 아끼려는 트레커들은 최대한 버스를 타고 간다. 버스 종점은 게르무에서 1km 떨어진 다음 마을 상제다. 계곡을 가로지르는 높은 흔들다리를 건너면 바로 왼쪽에 있다. 소형 버스가 올 수 있는 도로는 여기까지다. 그러나 지프차를 대절하면 상제보다 더 깊숙한 곳까지도 편안하게 갈 수 있다. 개발 공사가 한창이라 시간이 지날수록 차량이 갈 수 있는 도로는 더 높은 지점까지 길어질 것이다.

상제부터 자가트나 참제까지는 급경사와 깊은 계곡이 반복된다. 참제 다음 마을인 탈부터 람중 현에서 마낭 현으로 행정구역이 바뀐다. 람중 현에서 가장 큰 마을인 베시사하르부터 34km를 올라왔고, 마낭 현에서 가장 큰 마을인 마낭까지는 52km를 더 올라가야 한다. 탈 마을은 좁았던 계곡이 갑자기 넓어지면서 강물이 느려져 모래밭이 넓게 형성된 지형이다. 양쪽으로 높은 암석 절벽이 서 있고, 그 사이에 마을이 있다.

	4km		2km		2km		2km	
탈 1700m		카르테 1870m		다라파니 1900m		바가르찹 2160m		다나큐 2200m

거리 10km 누적 거리 44km 진척률 31% 총 소요 시간 4시간

카르테 마을 어귀를 지날 때는 길모퉁이에 하얀 팻말이 서 있나 살펴보자. 초등생 글씨로 '맛있는 김치 있어요'라고 쓰인 팻말을 발견할지도 모른다. 다라파니 마을을 지나면 해발 2,000m를 넘었다가 곧이어 티베트 마을 다나큐에 이른다. 티베트 식당에서 티베트 빵에 히말라야 꿀을 잔뜩 발라 점심을 먹을 수 있다.

	4km		2km		4km		2km	
다나큐 2200m		라타마랑 2400m		탄초크 2570m		코토 2640m		차메 2710m

거리 12km 누적 거리 56km 진척률 40% 총 소요 시간 6시간

다나큐 마을을 벗어나는 길목에는 마니차摩尼車가 길 복판에 기다랗게 놓여 있다. 티베트 불교 사원에는 빠짐없이 있는데, 마니차를 한 번 돌릴 때마다 불교 경전을 한 번 읽는 것과 같다고 한다. 만트라眞言가 새겨진 경통 표면은 사람들 손길에 닳아 매끄럽다.
라타마랑을 지나 차메 마을이 가까워지면서 히말라야 산속임이 점점 실감되어 간다. 멀게만 느껴졌던 하얀 설산들이 조금씩 조금씩 다가오고 있다는 게 느껴지는 것이다.

7km		6km		2km		4km	

차메	브라탕	두쿠르 포카리	어퍼 피상	로워 피상
2710m	2850m	3240m	3310m	3250m

거리 **19km** 누적 거리 **75km** 진척률 **54%** 총 소요 시간 **8시간**

지금까지는 3~4km마다 마을이 나타나곤 했다. 그러나 해발 3,000m에 가까워지면서 마을은 뜸해진다. 차메에서 다음 마을 브라탕까지도 멀다. 그다음 마을 두쿠르 포카리까지도 꽤 멀다. 이곳은 봄까지 눈이 쌓여 있고, 길도 미끄럽다. 체질에 따라선 머리가 약간 띵해지는 고산증세를 처음으로 느낄 수도 있는 구간이다. 거리로만 본다면 지금까지 전체 구간의 50%를 지나왔다. 하지만, 남은 거리의 난이도는 지나온 거리와는 비교할 수 없을 정도로 높다. 고산 경험이 처음이라면 고산 지역에서 자신의 몸이 어떻게 반응할지는 스스로도 알 수가 없다. 일단 음식과 영양 섭취에 만전을 기하고 물을 열심히 마셔주는 게 최소한의 기본 조치다.

피상은 마르샹디강을 사이에 두고 어퍼 피상과 로우 피상, 두 구역으로 나뉜다. 고도가 100m 높은 어퍼 피상에는 불교 사원이 있다. 오래전부터 짓고 있는 '공사 중'인 사원이다. 먼저 로워 피상으로 가서 숙소를 정해 여장을 풀고 나서 홀가분한 몸으로 어퍼 피상까지 올라갔다 오는 게 좋다. 어퍼 피상까지는 수직으로 깎아지른 돌계단이라 배낭 없는 홀몸이라도 쉽지 않다. 사원에서 내려다본 로워 피상 마을과 주변 절경이 머릿속에 오래 남을 것이다.

5km		2km		6km		2km	

로워 피상	응가왈	훔데	브라카	마낭
3250m	3680m	3330m	3450m	3540m

거리 **15km** 누적 거리 **90km** 진척률 **64%** 총 소요 시간 **6.5시간**

피상에서 마낭까지는 아랫길과 윗길, 두 갈래 길이 있다. 계곡을 따라가는 아랫길이 편하다. 아랫길보다 약 400m 더 올라가는 윗길은 힘이 들지만 티베트 전통 마을과 안나푸르나 2봉의 기막힌 장관을 볼 수 있다. 선택은 트레커의 몫이다.

7일차 ### 마낭에서 하루 휴식

마낭은 안나푸르나 서킷 동쪽 구간에서 가장 큰 마을이다. 정상인 쏘롱라까지 가기 위한 전초기지이기도
하다. 대부분의 트레커들은 마낭에서 최소한 하루 정도 쉬어간다. 고산병을 예방하기 위한 사전 조처다. 에
너지가 넘치는 이들은 마낭에 배낭을 맡겨놓고는 2일 동안 틸리초Tilicho(4,919m) 호수까지 트레킹을 다녀
오기도 한다. 마낭에서는 야크 스테이크로 단백질을 보충할 수도 있다. 고산동물인 야크는 해발 4,000m
이상 고원에서만 방목된다. 야크 스테이크는 육질이 질긴 편이지만 맛은 있다.

8일차 ### 마낭 ┈┈▶ 야크 카르카

4km	5km
마낭	굼상	야크 카르카
3540m	3950m	4050m

거리 **9km** 누적 거리 **99km** 진척률 **71%** 총 소요 시간 **7시간**

마낭은 인접한 2개의 7,000m급 봉우리인 안나푸르나 3봉과 강가푸르나와 가장 가까워지는 지점이다. 두
고봉을 감싸고 있는 빙하는 대형 거울과 같다. 마낭을 떠나는 날 아침에는 빙하에 반사된 아침 햇살에 눈이
부셔 설산을 쉽게 바라볼 수 없을 것이다. 히말라야 고산지역에 들어와 있음을 실감하는 순간이다.
마낭에서 1시간가량 가면 계곡이 두 갈래로 나뉘면서 길도 두 갈래로 나뉜다. 왼쪽은 틸리초 호수로, 오른
쪽은 쏘롱라로 향하는 길이다. 마낭부터 머리가 약간 지근지근 아플 수 있는데, 굼상을 지나 해발 4,000m
를 넘어서면서 두통과 메스꺼움을 동반하며 증세가 심해질 수도 있다. 깊은 계곡을 가로질러 놓인 출렁다리
를 건너면 야크 카르카에 도착한다. 이곳부터 남은 일정을 위해 고산병 예방에 가장 유의해야 한다. 다이아
막스 등 고산병 약은 마낭에서 미리 먹어두는 게 좋다. 걷는 속도를 최대한 천천히 유지하는 게 중요하다.

거리 **8km** 누적 거리 **107km** 진척률 **76%** 총 소요 시간 **8.5시간**

야크 카르카를 떠나 'CHULI LEDAR'라 쓰인 높고 긴 출렁다리를 건너면 잠시 후 경사가 급한 능선길로 접어든다. 계곡을 오른쪽 밑에 두고 왼쪽 능선을 타고 쏘롱페디까지 올라간다. 능선 위쪽은 눈이 전혀 없는 황량한 민둥산이고, 오른쪽 계곡 너머는 하얀 설산이다. 계곡을 사이에 두고 극과 극의 대조를 이룬다. 이 능선으로 난 길은 험하지는 않지만 경사가 가팔라 몹시 위험해 보인다. 왼쪽 위에서의 갑작스런 낙석이나 오른쪽 계곡으로의 실족 사고도 가끔 있어 주의를 요하는 구간이다.

쏘롱페디의 식당 안에서는 대부분의 트레커들이 대화를 하기보다는 탁자 위에 엎드려 있다. 의자나 바닥 여기저기 널브러져 있기도 한다. 이미 고산증을 앓고 있거나, 또는 고산증에 대비한 자세를 취하고 있는 것이다. 가끔은 헬기 소리가 요란하게 들릴 수도 있다. 고산병으로 위급해진 환자들은 여기서 구조 헬기를 타고 이송한다. 쏘롱페디에서 하이캠프까지는 1km당 해발고도를 무려 200m 올려야 하는 고난도 구간이다. 깎아지른 급경사 얼음길은 긴장의 연속이다.

하이캠프에 도착하면 숙소에 배낭을 두고 고도차 100m 높이의 뒷산을 엉금엉금 기어서라도 올라갔다 와야 한다. 고소 적응 훈련이면서 다음날 아침 쏘롱라를 넘기 위해 치러야 하는 필수적 예행연습이다.

하이캠프
4850m

쏘롱라
5416m

4km

거리 **4km** 누적 거리 **111km** 진척률 **79%** 총 소요 시간 **4시간**

하이캠프에서는 새벽 4시에는 기상하는 게 좋다. 간단한 아침 식사를 마치고, 늦어도 5시 30분에는 출발한다. 쏘롱라까지 고도 600m를 올라가는 마지막 구간은 특히 난관이다. 소진된 체력으로 고도 1,600m 아래까지 내려가야 하는 하산길도 만만치 않다.

하이캠프를 출발해 랜턴 불빛을 따라 한 발자국씩 앞으로 옮기다 보면 여명이 밝아온다. 이윽고 새벽 하늘을 배경으로 안나푸르나의 설산들이 웅장한 윤곽을 드러낸다. 정상까지는 중간에 대피소가 하나 있다. 난로는 없지만 숨을 고르며 말없이 앉아 있는 트레커들의 온기가 있어 포근한 공간이다.

마침내 쏘롱라에 오르면 긴 줄에 매달린 오색의 깃발들이 만국기처럼 반겨준다. 티베트 불교의 경전을 적어놓은 타르초다. '쏘롱라에 성공적으로 오른 걸 축하한다'는 표지판을 울긋불긋한 타르초 깃발들이 온통 에워싸고 있다. 고개 오른쪽은 야카와강(6,482m), 왼쪽은 카퉁강(6,484m)이다.

6km	4km
쏘롱라 5416m	차라부 4230m	묵티나트 3800m

거리 **10km** 누적 거리 **121km** 진척률 **86%** 총 소요 시간 **5.5시간**

쏘롱라에서의 하산은 1km당 고도 200m를 내려가야 할 정도로 몹시 가파르다. 힘겹게 고개를 넘은 상태라 내려가는 길이 더 힘겨울 수도 있어 주의를 요한다. 일단 차라부에 있는 찻집까지 6km만 내려오면 긴장을 풀어도 된다. 차 한 잔에 다시 힘을 얻어 완만해진 길을 걷다가 기다란 출렁다리를 건너고 나면 이정표와 마을 지도가 있는 묵티나트 입구에 도착한다. 황량한 주변 환경과 함께 신비와 성스러움을 동시에 느끼게 해주는 마을이다.

길 왼쪽으로 있는 묵티나트 사원은 티베트 불교의 성지이면서 카트만두의 파슈파티나트와 함께 네팔에 있는 힌두교 2대 성지 중 하나다. 힌두교 사원과 불교 사원이 아무런 경계 없이 한 울타리 안에 자리 잡고 있다. 사원 안에 있는 108개의 샘물줄기가 유명하다. 이 신성한 물로 몸을 씻으면 이승에서 지었던 죄가 함께 씻겨나간다고 한다. 네팔인이나 인도인들이 '해탈과 구원을 주는' 이곳에 평생 꼭 한 번은 오고 싶어 하는 이유일 것이다.

묵티나트부터는 차량이 다닐 수 있는 도로도 시작된다.

1km	9km	9km
묵티나트 ·-•자르코트	카그베니	좀솜
3800m 3550m	2800m	2729m

거리 **19km** 누적 거리 **140km** 진척률 **100%** 총 소요 시간 **6시간**

쏘롱라 고개를 넘으면서 무스탕 지역이 시작된다. 오래전부터 '은둔의 왕국'이라 일컬어지던 곳이다. 무스탕은 북쪽 티베트와 국경이 맞닿아 있다. 보통 티베트족이 주류인 북쪽 무스탕과 그렇지 않은 남쪽 무스탕으로 구분한다. 북쪽 무스탕은 지금도 제한 구역으로 구분되어 있으며, 이곳을 트레킹하려면 특별 허가증이 필요하다.

묵티나트를 지나 자르코트부터는 트레킹을 하기에 자연환경이 꽤나 열악하다. 거센 바람에 맞서야 하고, 오가는 차량에 자주 길을 비켜서야 한다. 무엇보다도 차량이 일으키는 흙먼지가 강풍과 함께 호흡기를 불편하게 한다. 북쪽 무스탕의 관문 카그베니에 닿고부터는 트레킹 방향이 바뀐다. 이곳부터는 칼리간다키강을 따라 남쪽으로 내려간다.

칼리간다키는 안나푸르나 산군과 다울라기리 산군 사이를 흐르는 강이다. 이 강을 따라 난 길은 옛부터 남쪽 무스탕과 북쪽 무스탕을 연결하며 국경 너머 티베트까지 이어주는 주요 교역로였다. 좀솜은 무스탕 현의 수도다. 비행장도 있다. 대부분의 트레커들은 이곳에서 하루 이틀 휴식한 뒤 차량이나 항공편을 이용하여 포카라로 간다.

※ 엄밀하게는 좀솜에서 타토파니 거쳐 나야풀까지 71km를 더 내려가야 라운드 한 바퀴(211km)가 완성되지만, 필자는 좀솜에서 트레킹을 마쳤다.

트레킹 기초 정보

여행시기

여름철(5월 중순~9월 중순)은 피하는 게 좋다. 겨울철(12월~2월)은 폭설로 쏘롱라가 폐쇄될 수도 있다. 이 두 기간을 제외하고 봄(3월 초~5월 중순)과 가을(9월 중순~11월 말)이 트레킹 적기다. 눈길을 많이 밟고 싶다면 2월 말~3월 초, 또는 11월 말~12월 초가 좋겠다.

교통편

한국에서 네팔 수도 카트만두까지는 대한항공 직항편이 있다. 7시간 반 정도 소요된다. 단, 항공료가 비싸다. 시간은 충분하되 비용을 아끼고 싶으면 중국 청두 등을 경유하는 외국 항공편을 이용하는 게 좋다. 공항에서 하룻밤 노숙을 해야 할 경우도 있다. 카트만두에서는 트레킹 출발지 베시사하르까지 버스로 7시간 정도 걸린다. 카트만두 여행자의 거리 타멜Thamel에서 북쪽으로 3km 거리에 시외버스 터미널이 있다. 이곳에서 베시사하르로 가는 미니버스가 1시간 간격으로 운행된다. 버스비는 500루피 내외다. 베시사하르까지는 길도 험하고 차량도 낡고 실내가 좁아 꽤 쉽지 않은 여정이다. 인원이 3~4명 된다면 지프차를 대절해서 가는 게 더 편하고 효율적이다.

숙박

짧게는 3km, 길게는 10km마다 마을이 있다. 마을에는 일반적인 숙소인 게스트하우스나 롯지들이 여럿 있다. 특별한 경우를 제외하면 사전 예약 없이 가도 숙소 잡는 데 큰 문제는 없다. 물론 숙박할 마을과 숙소에 대한 정보는 인터넷 검색 등을 통해 사전에 숙지하고 아침에 출발하는 게 기본이다. 가이드나 포터를 고용하고 걷는다면 숙소도 그들이 알아서 안내해준다. 숙소는 대부분 난방이 안 된다. 이불 없이 침상만 덩그러니 놓여 있는 숙소도 있다. 따라서 개인 침낭 지참은 필수다.

식사

삼시 세끼 모두 사 먹어야 한다. 보통 아침 저녁은 숙소에서 사 먹는다. 숙박비는 예상보다 저렴한 반면 식사비는 좀 과하다는 느낌이 들 것이다. 저렴한 숙박비로 손님들을 많이 끌고, 식사 대금으로 이익을 취하려는 숙박업소들의 공통된 전략이다. 그래도 크게 비싼 편은 아니다. 식사비는 고도가 높아질수록 점점 비싸진다. 점심은 미리 준비한 간식으로 때우거나 도중에 지나는 마을 식당에서 사 먹는다.

예산

네팔 카트만두까지의 왕복 항공료는 시즌과 조건에 따라 천차만별이다. 비수기에 한두 차례 환승이 필요한 항공권의 경우 90만 원대까지도 구할 수 있지만, 성수기 대한항공 직항 경우 150만 원까지 육박한다. 항공료를 절감하려면 수개월 전에 예약해야 한다. 베시사하르에서 쏘롱라를 거쳐 좀솜까지 올라갔다 내려오는 트레킹 기간은 최저 10일 정도다. 여기에 현지까지 오고가는 일수와 카트만두 및 포카라에 체류하는 일수는 최단 5일. 넉넉하게 잡으면 총 15~20일 여정이 된다.

네팔 루피화 환율은 대략 1달러 100루피로 생각하면 되고, 1루피는 우리 돈 11원 정도이다. 트레킹 현지에서의 롯지나 게스트하우스 하루 숙박비는 2~3인실 방 하나에 400~700루피 수준이다. 2~3인이 분담하면 될 것이고, 하루 세 끼 식비는 1,000~1,500루피이면 적당하다. 따라서 하루 숙식비는 넉넉하게 2,000루피 정도면 족하다. 우리 돈 2만 5천 원이면 하루 먹고 자기에 충분한 셈.

카트만두와 포카라에서의 비용도 이 수준을 크게 벗어나는 건 아니다. 트레킹 전에 취득해야 할 팀스(TIMS)와 퍼밋 비용이 40불, 포터를 고용한다면 하루 기준 1,000~1500루피 수준이다.

네팔은 타 지역에 비해 숙박 등 제반 비용이 조건과 협상에 따라 천차만별이다. 어느 여행이나 마찬가지겠지만 최소 2~3명 정도 일행이 있을 경우 숙박이나 교통비 등 전체 비용을 훨씬 절감할 수 있겠다. 좀솜에서 트레킹을 끝낸 후, 경비행기 또는 소형 지프차나 버스를 타고 포카라까지 내려온다.

트레킹 10일에 현지 체류 10일, 총 20일 네팔 여정이라면 왕복 항공료 빼고 총 90만 원이면 적당하다.

여행 팁

어느 계절에 가든 겨울철 등반에 맞는 복장(다운 점퍼와 침낭)과 장비(아이젠 등)가 기본이다. 해발 3,000m부터 나타날 수 있는 고산병 증세에 대한 대비가 가장 중요하다. 다이아막스나 비아그라 등 고산병 약을 기본적으로 지참해야 한다. 하루에 너무 많은 거리를 걷겠다고 욕심내지 말자. 고도를 서서히 올려가는 것이 고산병 예방에 가장 중요하다. 음주는 가급적 삼간다. 물을 많이 마시고, 마늘 수프 등을 주문해 먹는 것도 도움이 된다. 혼자보다는 2~4명 팀을 이루는 게 안전은 물론 경비 면에서도 유리하다.

트레킹 이후의 여행지

안나푸르나 트레킹을 끝낸 대부분의 사람들은 포카라에서 며칠 쉰다. 해발 820m의 포카라는 네팔 제2의 도시이자 대표적 휴양지이다. 페와 호수에 접한 레이크사이드 지역은 각종 아웃도어 매장, 세련된 카페, 레스토랑도 많다. 바순다라 공원이나 페와 호수에서 바라보는 마차푸차레(6,993m)는 포카라의 상징이다. 히말라야 설산의 아름다움을 한눈에 보여준다. 사랑곳Sarangkot에 올라 패러글라이딩을 경험할 수도 있다. 시내에서 도보로 한 시간 거리의 반디바시니사원에서 힌두 신앙의 정수를 만날 수도 있다.

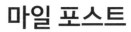

마일 포스트

일자	NO	경유지 지명	해발고도 (m)	거리(km)	누적	진척율
1일차	1	베시사하르 Besisahar	820	0	0	0%
	2	쿠디 Khudi	790	7	7	5%
	3	불불레 Bhulbhule	840	2	9	6%
	4	응가디 Ngadi	890	4	13	9%
	5	바훈단다 Bahundanda	1,310	4	17	12%
	6	게르무 Gherm	1,130	5	22	16%
2일차	7	샹제 Syange	1,100	1	23	16%
	8	자가트 Jagat	1,300	2	25	18%
	9	참제 Chamche	1,385	4	29	21%
	10	탈 Tal	1,700	5	34	24%
3일차	11	카르테 Karte	1,870	4	38	27%
	12	다라파니 Dharapani	1,900	2	40	29%
	13	바가르찹 Bagarchap	2,160	2	42	30%
	14	다나큐 Danaqyu	2,200	2	44	31%
4일차	15	라타마랑 Latamarng	2,400	4	48	34%
	16	탄초크 Thanchowk	2,570	2	50	36%
	17	코토 Koto	2,640	4	54	39%
	18	차메 Chame	2,710	2	56	40%
5일차	19	브라탕 Bhratang	2,850	7	63	45%
	20	두쿠르 포카리 Dhukur Pokhar	3,240	6	69	49%
	21	어퍼 피상 Upper Pisang	3,310	2	71	51%
	22	로워 피상 Lower Pisang	3,250	4	75	54%
6일차	23	응가왈 Ngawal	3,680	5	80	57%
	24	훔데 Humde	3,330	2	82	59%
	25	브라카 Bhraka	3,450	6	88	63%
	26	마낭 Manang	3,540	2	90	64%
7일차		(마낭 휴식)				

8일차	27	굼상 Ghumsang	3,950	4	94	67%
	28	야크 카르카 Yak Kharka	4,050	5	99	71%
9일차	29	레다 Ledar	4,200	1	100	71%
	30	쏘롱페디 Thorong Phedi	4,450	5	105	75%
	31	하이캠프 High Camp	4,850	2	107	76%
10일차	32	쏘롱라 Thorong La	5,416	4	111	79%
	33	차라부 Charabu	4,230	6	117	84%
	34	묵티나트 Muktinath	3,800	4	121	86%
11일차	35	자르코트 Jharkot	3,550	1	122	87%
	36	카그베니 Kagbeni	2,800	9	131	94%
	37	좀솜 Jomsom	2,729	9	140	100%

프랑스 길 Camino Frances

현대인들의 일상이란 몸과 마음속에 쉼 없이 노폐물을 쌓아가는 여정일지 모른다. 쌓인 것들을 어느 정도 씻어내는 진정한 휴식과 자기 정화의 시간이 한 번쯤은 필요하다. 하루 중 먹고 자고 휴식하는 외의 모든 시간을 오로지 걷기만 한다면 몸과 마음에 어떤 변화가 일어날까? 그렇게 꼬박 한 달을 보낸다면 그의 뇌리에는 어떤 세계가 만들어질까? 때로는 우주를 품을 만큼 깊고 원대한 세계가 몸속에 새로이 생겨날 수도 있다. 산티아고 순례길은 그런 기회와 가장 가까워지는 여정이다.

전 세계인이 사랑하는 천 년 성찰의 길,
산티아고 순례길

산티아고Santiago는 베드로, 요한과 함께 예수의 측근 세 제자 중 한 명인 '성聖 야고보'의 스페인식 이름이다. 영어로는 St. James, 스페인어로는 San Tiago다. 헤롯왕에게 붙잡혀 참수되면서 열두 제자 중 최초의 순교자가 되었다. 성인의 유해가 모셔져 있는 산티아고 대성당까지의 순례길은 그 역사가 천 년에 가깝다. 세월의 굴곡과 함께 부침은 있었지만 종교적 열정에 따른 순례는 계속 이어졌다. 현대에 와서는 기업체 중역이던 파울로 코엘료가 1987년도에 이 길을 걷고 《순례자》를 쓰면서 세계인의 관심을 끌게 되었다. 종교인들만의 순례길에서 비로소 일반인들의 사색의 길, 자기 성찰의 길로 유명세를 타게 된 것이다.

스페인어 카미노Camino는 '길'이라는 뜻의 일반명사이면서 '산티아고 가는 길Camino de Santiago'을 줄여서 부르는 고유명사로도 통용된다. 유럽 각지에서 산티아고 대성당으로 가는 순례길은 여러 갈래지만 일반적으로 4개 루트가 많이 알려져 있다. 프랑스 국경 마을 생장 피드포르에서 출발하는 '프랑스 길 Camino Frances'은 스페인 북쪽 지방을 동에서 서로 횡단하는 루트다. 스페인 남부 세비야에서 출발하는 '은의 길Via de la Plata'은 스페인 내륙을 남에서 북으로 종단하는 루트다. 이 루트는 거리가 가장 길어 1,000km가 넘는다. 이베리아 반도 북쪽 해안을 따라가는 '북쪽 길Camino del Norte'은 대서양을 바라보며 걷는 해안길이다. 해안이지만 산악지형이 많고 고저 차가 커서 난이도가 가장 높다.

포르투갈 리스본에서 시작하는 '포루투갈 길Camino Portuguese'은 도로를 걷는 비중이 높고, 풍광도 대체로 평이하다.

일반적으로 가장 많이 알려졌고, 가장 많은 사람들이 걷는 루트는 프랑스 길이다. 우리나라 사람들 역시 산티아고 순례길이라면 대부분은 이 루트를 지칭하고, 이어지는 본문에 소개되는 내용도 프랑스 길에 관한 것이다. 우리나라에는 제주 사람 서명숙 씨가 이 길을 걷고 나서 고향 제주에 돌아가 올레길을 만들면서 더더욱 알려지게 되었다.

산티아고 순례길이 생겨난 역사적 배경도 흥미롭다. 예수가 승천하자 그를 따르던 제자들은 여러 곳으로 뿔뿔이 흩어졌다. 열두 제자 중 세 번째 위치였던 야고보도 이스라엘 땅을 벗어나 흐르고 흘러 스페인 땅에 이르게 되었다. 그는 낯선 이베리아 반도에서 열심히 복음을 전파했지만 성과는 별로 없었다. 그렇게 선교활동을 하다가 7년 후 고향인 팔레스타인 땅으로 돌아왔다. 그곳에서 많은 이들을 그리스도교로 개종시키다 유대인들의 반발을 샀고, 결국은 유다 왕 헤롯 아그리파 1세에게 붙잡혀 참수되었다. 열두 제자 중 최초의 순교였다.

순교하기 전 야고보는 제자들에게 자신이 죽으면 이베리아 땅에 묻어 달라고 유언했다. 제자들은 참수된 스승의 시신을 몰래 수습하여 배에 싣고 바다로 떠났다. 조그만 배는 천사들의 물길 안내를 받으며 지중해를 건너 대서양에

이른 후 이베리아 반도의 북서쪽 해안에 이르렀다. 그러곤 어느 벌판에 제자 둘의 시신과 함께 묻혔다. 야고보에 대한 모든 기억들도 함께 묻혔고, 사람들 머릿속에서도 차츰 잊혀져 갔다.

800년이 지난 어느 날, 한 은둔자가 꿈속에서 야고보 성인의 유해가 묻힌 장소를 계시받았다. 은둔자는 주교에게 꿈 이야기를 들려줬다. 둘은 반짝이는 별의 인도를 받아 찾아간 벌판 한가운데에서 세 사람의 무덤을 발견했다. 이렇게 성인 야고보의 무덤은 세상에 알려졌다. 당시 이슬람 지배 하에서 독립운동 Reconquista을 벌이던 스페인 왕은 야고보의 무덤이 있던 자리에 성당을 지었다. 그 후 이슬람 무어인들과의 싸움에서 야고보 성인이 나타나 기독교 군에게 승리를 안겨줬다는 소문이 나면서 야고보는 스페인의 수호성인이 되었다.

산티아고는 성인 야고보의 스페인식 이름이면서 또한 성인의 유해가 안치된 대성당과 그 도시 이름도 되었다. 정확한 도시 이름은 '별Stella이 반짝

이는 벌판Campus'이란 뜻까지 합쳐진 '산티아고 데 콤포스텔라Santiago de Compostella'다. 이슬람과의 싸움과 스페인 독립 과정을 거치며 성인의 명성은 점차 가톨릭 세상 전반에 퍼져갔다. 유럽 여러 나라의 많은 이들이 성인의 유해가 모셔져 있는 산티아고 성당까지 순례의 길을 걷기 시작했다. 12세기에 이르러서는 이스라엘과 로마와 함께 산티아고도 3대 가톨릭 성지로 선포되었다.

　　중세 때부터 유럽 중부와 북부 여러 나라에서 모여든 순례자들은 프랑스의 4개 지역에서부터 순례를 시작했다. 영국 벨기에 등지에서 온 이들은 파리부터, 독일이나 스위스 등지에서 온 이들은 베즐레Vezelay와 르퓌Le Puy, 그리고 이탈리아에서 온 이들은 프랑스 남동부의 아를Arles부터 각각 순례를 시작했다. 이 네 갈래 길들이 스페인을 향하여 북에서 남으로, 동에서 서쪽으로 각각 이어진다. 이들 중 아를에서 출발한 길을 제외한 나머지 세 갈래 길은 프랑스 마지막 마을 생장 피드포르에서 하나의 길로 모아진다. 그런 다음 피레네산맥을 넘어 스페인 북부 지방을 서쪽으로 횡단해 산티아고 데 콤포스텔라에 이르러 모든 여정을 마친다.

오늘날 산티아고 순례길 중 프랑스 길Camino Frances이라고 하면 프랑스 내륙의 4개 루트는 생략하는 게 일반적이다. 생장 피드포르에서 출발하여 산티아고까지 가는 782km 길만을 일컫는다. 프랑스 길은 나바라Navarra, 라 리오하La Rioja, 카스티야 이 레온Castilla y León, 갈리시아Galicia 등 스페인 4개 지방에 속한 7개의 주를 지난다. 대부분의 순례자들은 프랑스 길 관문인 생장 피드포르에서 하룻밤 머물며 마지막 준비를 마치고 다음날 순례길을 걷기 시작한다. 프랑스 스페인 국경인 피레네 산맥을 넘는 첫날이 전체 일정 중 가장 힘겹게 느껴질 수 있다. 해발 1,450m를 넘는데다가 스페인 첫 마을 론세스바예스까지 거리도 27km에 이르기 때문이다.

론세스바예스부터 시작되는 나바라 지방은 4~5일에 걸쳐 통과한다. 주비리를 지나 아르가강을 따라 한동안은 부담 없는 평지가 이어진다. 같은 이름의

산티아고 순례길 고도표

주 하나로만 이뤄진 나바라 지방의 하이라이트는 역시 주도인 팜플로냐다. 대문호 헤밍웨이가 소설《해는 다시 떠오른다》를 통해 세상에 알린 '산 페르민 축제 San Fermin Fiesta'가 열리는 곳이다. TV나 사진들을 통해 익히 보아왔던 소몰이 축제다. 이곳은 축제 시즌이 아니라도 소몰이 축제 분위기를 실감할 수 있다.

팜플로냐를 떠나면서 넘는 페르돈 고개도 산티아고 순례길에 자주 등장하는 명소다. 해발 800m의 고개 위에 조성한 순례자 형상의 철제 조형물들이 유명하다. 이어서 푸엔테 라 레이나, 에스테야, 로사크로스 등 유서 깊은 스페인 마을들을 지나며 나바라 지방이 끝난다.

그 다음은 라 리오하다. 라 리오하도 나바라처럼 하나의 주로만 이뤄진 자그마한 지방이다. 들어서자마자 바로 만나는 에브로강을 건너면 주도 로그로뇨다. 산업화된 신시가지와 유서 깊은 구시가지가 일정한 구역을 나누며 혼재되어 있는 도시다. 오래된 중세 마을 나바레테, 옛 나바라 왕국의 수도였던 나헤라 등

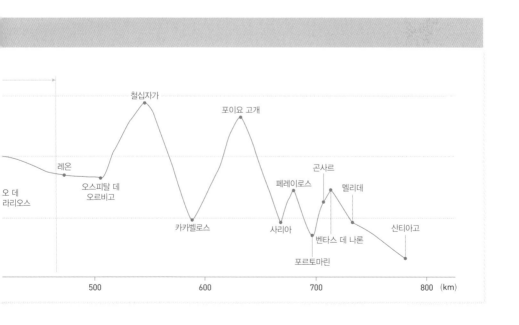

을 지나면 이틀도 안 되어 마지막 마을 그라뇽을 벗어난다.

세 번째 지방인 카스티야 이 레온은 자치 지방을 구성하는 주가 9개로 가장 많다. 스페인 17개 자치 지방 가운데 면적도 가장 넓다. 순례길은 카스티야 이 레온에 속한 9주 중에서 북부에 있는 3개 주(부르고스, 팔렌시야, 레온)를 통과하는데, 이 거리는 전체 순례길의 절반에 해당된다. 그만큼 산티아고 순례길에서 카스티야 이 레온 지방이 차지하는 비중이 높다.

부르고스는 스페인 국민 영웅으로 불리는 엘시드의 고향이다. 이베리아 반도가 이슬람 무어인들에게 오랫동안 점령당하여 그리스도교를 중심으로 독립 운동을 벌일 때 맹활약했던 인물이 바로 엘시드다. 찰톤 헤스톤과 소피아 로렌이 열연한 고전 영화 〈엘시드〉의 주인공이기도 하다.

부르고스의 도심을 벗어나고 얼마 후부터는 유명한 메세타Meseta 고원이 펼쳐진다. 프랑스 길을 크게 3등분한다면 1구간이 생장 피드포르~부르고스의 역동적인 산악지대, 2구간이 부르고스~레온의 메세타 고원지대, 그리고 3구간이 레온~산티아고의 평원과 산악이 절충된 지역이다. 시간이 많지 않거나 체력이 부족한 순례자들은 부르고스에서 레온까지 180km 정도의 이 메세타 고원 지역은 걷지 않고 대중교통으로 건너뛰기도 한다. 광활한 밀밭에서 황량한 아름다움에 젖어들 수도 있지만 그늘 하나 없는 해발 700m의 고원을 걷는 것이 지루하고 힘겨울 수도 있기 때문이다. 레온주의 주도 레온은 산티아고 순례길 노선 상에서 가장 큰 도시이다. 전체 여정의 3분의 2가 끝나는 지점이라 순례자들은 이 도시에서 하루나 이틀을 머물면서 심신을 쉬게 한다.

순례의 최종 목적지가 속한 마지막 지방 갈리시아는 2개의 주로 이뤄져 있다. 레온주 다음에 만나는 루고주와 그다음인 라코르냐주이다. 루고주의 사리아는 전 구간이 아닌 단축 구간 순례를 시작하는 곳이기도 하다. 시간이 없거나 체력이 안 돼 전 구간을 걸을 수 없는 사람들을 위해 이곳부터 산티아고까지 최소 100km만 걸어도 단축 순례 증명서를 내준다.

산티아고 대성당이 있는 산티아고 데 콤포스텔라는 라코르냐주에 속해 있다. 북대서양에 면한 스페인 서북단 지역이다. 산티아고 대성당에 도착하는 여정은 대개 두 가지다. 먼 곳에서 출발해 늦은 오후 시간에 도착하는 경우 다음 날 정오 미사에 참석한다. 마지막 마을 몬테 데 고소Monte de Gozo에서 숙박한 경우는 아침에 5km를 걸어 정오 미사에 맞추어 도착한다. 대성당 광장에서는 30일, 혹은 40일에 걸쳐 순례를 마친 순례자들이 다양한 모습으로 감동을 표현하는 정경을 마주할 수 있다.

산티아고 순례길은 전체적으로 평지가 많다. 하지만 중간에 네 번에 걸쳐 높은 산이나 가파른 고개를 넘어야 한다. 첫날 프랑스 스페인 국경에 자리한 피레네 산맥(146m → 1,429m), 셋째 또는 넷째 날 팜플로냐를 지나 만나

는 페르돈 고개(483m→735m), 순례길 후반부 최고 높이의 만하린 철십자가
(870m→1,495m), 갈리시아 지방으로 들어가는 길목에 있는 마지막 관문 오
세브레이로(921m→1,310m), 이렇게 네 곳이다.

　　산티아고까지 순례길을 다 걸은 이들은 대부분 로마 시대 때 '세상의 끝'
이라고 알려졌던 피니스테레Finisterre까지 여행한다. 90km에 이르는 길을 마저
걷기도 하고 대중교통을 이용해 찾아가기도 한다. 그리고는 마침내 피니스테레
절벽에 서서 대서양 일몰을 마주하며 순례의 대단원을 마친다. 어떤 순례자들은
순례길 내내 신었던 신발을 불태우며 자신을 새롭게 하는 의식을 치르기도 한
다. 절벽 바위 곳곳에는 신발 등이 불에 탄 흔적들이 남아 있다.

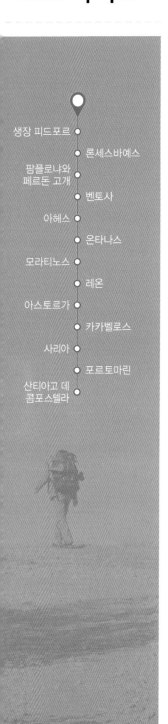

산티아고 순례길

코스 가이드

생장 피드포르
론세스바예스
팜플로냐와
페르돈 고개
벤토사
아헤스
온타나스
모라티노스
레온
아스토르가
카카벨로스
사리아
포르토마린
산티아고 데
콤포스텔라

1일차 생장 피드포르 ·······▶ **론세스바예스**

| | 7km | 14km | 6km | |

생장 피드포르 146m   오리손 730m   레뾔데르 고개 1429m   론세스바예스 952m

거리 **27km** 누적 거리 **27km** 진척률 **3%** 총 소요 시간 **9시간**

보통 오전 8시 이전에 여러 순례자들과 함께 생장 피드포르 알베르게를 출발한다. 마을을 벗어나 한참을 올라가면서도 자주 뒤돌아보게 될 정도로 아름다운 마을이다. 5km쯤 지나 훈또 마을에 이르고, 왼쪽에 아담한 카페가 나타난다. 잠시 배낭을 내려놓고 차 한 잔 하며 한숨을 돌리는 곳이다. 훈또에서 2km를 더 올라가면 오리손 휴게소다. 첫날 하루에 피레네산맥을 넘기 벅찬 사람들은 여기서 묵기도 한다.

이후부터 피레네산맥을 넘는 동안은 마을도 집도 매점도 없으니 유의해야 한다. 피레네산맥은 풍광은 뛰어나지만 순례길을 통틀어 가장 힘든 구간이기도 하다. 고도차가 1,300m가 나기 때문이다. 생장 피드포르에 도착하자마자 시차 적응도 안 된 상태에서 성급하게 순례길에 오르면 피레네산맥을 넘다 혼이 나는 경우가 많다. 컨디션이 최상인 상태에서 출발하는 게 매우 중요하다.

6km	6km	8km
론세스바예스	에스피날	린소아인	수비리
952m	860m	750m	528m

거리 **20km** 누적 거리 **47km** 진척률 **6%** 총 소요 시간 **7시간**

스페인 내륙에서 이동해온 순례자들은 생장 피드포르가 아닌 론세스바예스부터 순례를 시작하는 경우도 많다. 피레네산맥은 생략하는 것이다. 에스피날을 지나 수비리를 향해 호젓한 산길을 걷고 있자면 홀연히 돌무덤 하나와 마주친다. 일본인 순례자 야마시타 신고의 무덤이다. 2002년 이곳을 걷다 64세 나이에 숨졌다고 적혀 있다. 순례길 걷는 동안 이런 형태의 돌무덤을 자주 만난다. 오래 알았던 가까운 사람들의 죽음처럼 느껴져 묘한 감상에 빠져들기도 한다. 수비리는 바스크어로 '다리의 마을'이란 뜻이다. 피레네산맥의 서쪽에서 발원한 아르가강이 남으로 흘러내려와 수비리에서 순례길과 만나 한동안 나란히 함께 간다.

7km	11km
수비리	라라소냐	트리니다드 데 아레
528m	545m	430m

거리 **18km** 누적 거리 **65km** 진척률 **8%** 총 소요 시간 **5시간**

수비리에서 오래된 석조 다리를 건너 계속 아르가강을 따라 걷는다. 강가를 따라 초원과 떡갈나무 숲이 번갈아 이어져 운치가 있다. 라라소냐를 거쳐 6개의 아치가 울사마강 위에 걸쳐 있는 트리니다드 다리를 건너 트리니다드 데 아레까지 가는 길은 첫날 피레네산맥을 넘으면서 보았던 정경에 비하면 다소 지루할 수도 있다. 주변 경치를 돌아보기보다는 그저 고개 숙여 혼자 묵상하며 걷는 구간이라고 생각하면 된다. 그러나 트리니다드 데 아레에 이르면 주변이 갑작스럽게 북적이는 것을 느낄 수 있다. 큰 도시 팜플로냐 인근이라 여러 갈래의 찻길들이 만나기 때문이다.

4km	4km	9km	4km

트리니다드 데 아레   팜플로나   시수르 메노르   페르돈 고개   우테르가
430m   446m   483m   735m   485m

거리 **21km** 누적 거리 **86km** 진척률 **11%** 총 소요 시간 **7시간**

나바라 지방의 주도인 팜플로나는 2,000년 전 로마 장군 폼베이가 성을 짓고 요새화하면서 생겨난 도시다. 로마 식민지와 이슬람의 통치를 거치며 중세에 이르러 나바라 왕국의 수도로 발전했다. 팜플로나는 매년 7월 도심에서 소몰이를 하는 산 페르민 축제가 세계적으로 유명하다. 도심을 거닐다 보면 투우 소와 사람이 좁은 골목에서 위험하게 질주하는 모습을 실물 크기로 만든 조각상을 볼 수 있다. 뛰어가고 넘어지는 사람들 뒤로 성난 투우 소가 예리한 뿔을 숙여 공격해 오는 조각상 모습이 사실적이고 역동적이다. 팜플로나를 벗어나 페르돈 고개를 오르다 보면, 멀어지는 도시의 모습이 근사해 자주 뒤돌아보게 된다. '용서의 고개'라는 뜻의 페르돈 고개는 순례자를 형상화한 철제 조형물이 유명하다. 고갯마루에 서면 지나온 길과 앞으로 가야 할 길이 한눈에 내려다보인다.

3km	5km	7km	6km	9km

우테르가   무루사발   푸엔테 라 레이나   시라우키   로르카   에스테야
485m   440m   346m   450m   483m   426m

거리 **30km** 누적 거리 **116km** 진척률 **15%** 총 소요 시간 **9시간**

'여왕의 다리'라는 뜻의 푸엔테 라 레이나는 아르가강 위에 있는 다리 이름이자 마을 이름이다. 다리를 이루는 반원형 아치들이 강물에 투영되어 우아한 자태를 뽐낸다. 프랑스 여러 지역에서 출발해 거의 800km를 지나온 네 갈래 순례길이 이곳에서 하나로 합쳐진다. 순례길에서는 의미가 큰 곳이다. 에스테야는 중세의 순례자들이 이곳을 '아름다운 별Estella'이라 부르면서 지명이 되었다. 지금은 바스크인, 유대인, 프랑스인 등 다양한 사람들이 어울려 살고 있다. 도심에는 각양각색의 바와 레스토랑, 유서 깊은 건물과 박물관 등 볼거리, 먹거리, 즐길 거리가 많다.

	8km		13km		10km	
에스테야 426m		비야마요르 데 몬하르딘 673m		로스 아르코스 447m		토레스 델 리오 477m

거리 31km 누적 거리 147km 진척률 19% 총 소요 시간 10시간

에스테야에서 비야마요르 데 몬하르딘까지는 꽤나 가파른 오르막이다. 도중에 아예기 마을과 아스케타 마을을 지난다. 두 마을의 중간지점인 이라체 수도원에서는 와인을 무료로 제공해준다. 이라체 와인창고라고 쓰여 있는 간판 아래에는 두 개의 수도꼭지가 있는데 하나에서는 물, 다른 하나에서는 와인이 나온다. 순례자들에게 빵과 와인을 무료로 제공하던 옛 전통을 살린 것이다. 높은 언덕 위의 작은 마을 비야마요르 데 몬하르딘부터는 끝이 보이지 않는 포도밭과 밀밭 사이로 난 길을 여러 시간 걷는다. 로스 아르코스는 중세 나바라 왕국과 카스티야 왕국의 국경에 걸쳐 있어 그로 인한 역사적 부침을 겪은 도시다. 조그만 산속 마을을 지나면 언덕 기슭에 자리한 그림처럼 아름다운 토레스 델 리오 마을이 나타난다. 팔각형 모양의 산토 세플크로 성당은 이 마을의 명소다.

	10km		10km		11km	
토레스 델 리오 477m		비아나 478m		로그로뇨 384m		나바레테 512m

거리 31km 누적 거리 178km 진척률 23% 총 소요 시간 9시간

마키아벨리가 영감을 얻고 《군주론》 모델로 삼은 인물은 르네상스 시대 이탈리아 전제군주였던 체사레 보르지아다. 토레스 델 리오에서 언덕을 넘어가면 만나는 비아나는 체사레 보르지아의 땅이었다. '나바라의 총수'로 불렸던 그는 이 마을 산타 마리아 성당에 묻혀 있다. 비아나를 떠나 에브로강을 건너면 로그로뇨에 이른다. 순례길 전체에서 몇 안 되는 대도시 중 하나다. 산업화된 신시가지와 유서 깊은 구시가지가 일정한 구역을 나누며 혼재되어 있다. 비에하 거리와 마요르 거리 사이 구역에서는 로그로뇨의 중세 때 시가지 모

습을 볼 수 있다. 로그로뇨를 벗어나 그라헤라 공원을 지나면 숲과 호수로 난 길을 산책하듯 걷는다. 풍경에 취해 걷다 뒤돌아보면 어느새 그라헤라 언덕을 넘어서 있다. 그만큼 편안한 길이다. 이어서 로그로뇨보다도 더 오래된 중세 마을 나바레테에 이른다. 높은 언덕에 위치한 성 주변 마을이다.

8일차 나바레테 ······▶ 아소프라

4km	12km	6km
나바레테	벤토사	나헤라	아소프라
512m	655m	485m	559m

거리 22km 누적 거리 200km 진척률 26% 총 소요 시간 7시간

나바레테에서 벤토사 마을과 산 안톤 고개까지는 약간의 오르막이지만, 지금까지 걸어온 여정 중 가장 완만한 평지 코스다. 나헤라 마을로 들어가는 어귀에는 제임스 윈터스라는 젊은이의 무덤이 있다. 무덤 옆에 서 있는 묘비명의 글귀가 잠시 길을 멈추게 한다. '나는 자유로워요. 나로 인해 슬퍼하지 마세요. 난 지금 그 길을 따라가요. 신이 나를 인도하는 길을. 신이 지금 나를 원했어요. 그가 나를 자유롭게 해 줄 거예요.' 산 안톤 고개를 내려오면 나헤리아강과 만난 후 옛 도시 나헤라에 도착한다. 로마 시대에 세워진 이후 옛 나바라 왕국의 수도였던 마을이다. 나헤라는 아덴트라는 구시가지와 아푸에라라는 신시가지로 나뉜다. 아소프라는 중세 때 이슬람 왕국에 속해 있었던 옛 아랍인들의 마을이다. 마요르 거리를 지나다 보면 옛 도시의 고급스러운 영화가 살짝 엿보인다.

9km	6km	6km	5km
아소프라	시루에냐	산토 도밍고 데 라 칼사다	그라뇽	레디시야 델 카미노
559m	704m	639m	724m	745m

거리 26km 누적 거리 226km 진척률 29% 총 소요 시간 9시간

아소프라에서 드넓은 포도밭을 지나 멋진 골프장이 있는 시루에냐 마을까지는 다소 지루한 오르막길이다. 이후 산토 도밍고 데 라 칼사다까지는 걷기 편한 완만한 내리막길이 이어진다. 이곳은 산토 도밍고라는 성인의 이름이 그대로 마을 이름이 되었다. 마을에는 성인의 일화와 전설이 깃든 곳이 여럿 있다. 그라뇽은 라 리오하주의 마지막 마을이다. 마을로 들어서기 직전 길 왼쪽으로 커다란 십자가가 세워져 있다. 크루스 데 로스 발리엔테스 십자가Cruz de los Valientes, 즉 '용감한 자들의 십자가'로 불린다. 이 십자가에는 산토 도밍고와 그라뇽 마을 사이에 있었던 역사적 분쟁의 사연이 깃들어 있다.

12km	5km	7km
레디시야 델 카미노	벨로라도	토산토스	비야프랑카 몬테스 데 오카
745m	772m	800m	948m

거리 24km 누적 거리 250km 진척률 32% 총 소요 시간 9시간

부르고스주에 속하는 레데시아 델 카미노 마을부터 카스티야 이 레온 지방이 시작된다. 스페인 17개 자치 지방 중 가장 규모가 큰 지역에 들어서는 것이다. 초원과 밀밭이 끝없이 이어진 카스티야 들판을 뚜벅뚜벅 걷다 보면 묘한 운치가 느껴지며 그 기억이 오래 남을 것이다. 이후 완만한 오르막을 따라 카스틸델가도, 빌로리아 데 리오하, 비야마요르 델 리오하를 거쳐 벨로라도에 이른다.
벨로라도는 꽤 규모가 있는 중세 도시다. 마요르 광장에는 아름다운 테라스 건물과 레스토랑이 즐비해, 잠시 쉬어가기 좋다. 티론강을 건너며 벨로라도와 헤어진다. 완만한 오르막을 따라 걷다 오카강을 건너면 이어서 비야프랑카 몬테스 데 오카 마을이다. 오카산 끝자락에 위치해 있다.

	13km		3km	

비야프랑카 몬테스 데 오카
948m

산 후앙 데 오르테가
1010m

아헤스
971m

거리 **16km** 누적 거리 **266km** 진척률 **34%** 총 소요 시간 **5시간**

비야프랑카 몬테스 데 오카를 떠나면서 산토 도밍고부터 나란히 걸어왔던 N120 차도와 헤어진다. 그만큼 지형도 달라진다. 참나무와 소나무가 우거진 숲을 따라 해발 1,100m 고지인 모하판 고개에 오른다. 비야프랑카 몬테스 데 오카와의 고도차는 150m다. 고개에서 잠시 내려와 페로하 개울을 건너 다시 오르막을 오르면 페드라하 고개다. 다시 한 번 더 내리막과 오르막을 반복해 카르네로 고개를 넘으며 산 후앙 데 오르테가 마을에 닿는다. 10여 km 구간 동안 다양한 지형을 통과한 셈이다. 이어 나타나는 아헤스는 아담한 전원 마을이다. 예쁜 집들 돌담 사이로 송이송이 피어난 꽃들이 아름다워 아늑한 느낌을 준다. '산티아고까지 518km' 남았다는 이정표가 순례길 3분의 1을 지나왔음을 일깨워준다.

	6km		4km		13km	

아헤스
971m

크루세이로
1080m

오르바네하 리오피코
880m

부르고스
860m

거리 **23km** 누적 거리 **289km** 진척률 **37%** 총 소요 시간 **7시간**

아헤스 마을을 벗어나면 삼거리에서 왼쪽으로 난 오르막으로 들어선다. 숲길을 따라가면 잠시 후 크루세이로 고개에 이른다. 고개에는 높다란 십자가상이 장엄하게 서 있다. 대성당을 비롯한 부르고스 시내가 드넓은 평원 위에 처음으로 모습을 드러낸다. 다시 평지로 내려와 오르바네하에 이르면 길은 두 갈래다. 카스타나레스를 거치는 왼쪽길과 비야프리아를 거치는 오른쪽 길이다. 두 길은 부르고스 시내 초입에서 만난다. 어디로 가든 시간은 비슷하게 걸린다.

부르고스는 스페인 국민 영웅 엘시드의 고향이다. 엘시드는 무어인들로부터 스페인 독립을 위해 싸웠던 레콩키스타Reconquista 운동의 영웅이다. 시내 복판 대로변에 그의 기마 동상이 웅장한 자태로 서 있다. 부르고스 대성당에는 엘시드 장군 부부의 유해가 안치되어 있다. 대성당 광장 한편 벤치에는 피곤한 모습으로 앉아 있는 순례자 동상이 인상 깊다. 호롱박 달린 지팡이를 들고 지친 듯이 널브러져 앉은 모습이다.

10km	10km	6km	5km
부르고스 860m	타르다호스 827m	오르니요스 델 카미노 825m	아로요 산 볼 910m	온타나스 867m

거리 31km 누적 거리 320km 진척률 41% 총 소요 시간 9시간

부르고스는 팜플로냐와 로그로뇨에 이어 순례길에서 세 번째 만나는 대도시다. 셋 중에서도 가장 크다. 이곳을 출발해 켈트인이 정착해 살았다는 타르타호스 마을을 지나면 잠시 후 중세 분위기의 작은 마을 라베에 이른다. 이후부터의 길은 지금까지와는 전혀 다른 광활한 밀밭이 끝도 없이 이어진다. 사방이 그저 지평선만 보이는 메세타 고원이 시작되는 것이다.

오후가 저물면서 날이 점차 어둑해지는데도 목표한 마을이 나타나지 않는다고 걱정할 필요는 없다. 어느 순간 내리막길이 시작되면서 곧 온타나스 마을 이정표가 나타난다. 마을이 골짜기 아래 분지에 자리 잡고 있어 멀리서는 지평선만 보였던 것. 메세타 지역에서는 흔한 현상이다.

6km	4km	10km	9km	6km
온타나스 867m	아르코 데 산 안톤 820m	카스트로헤리스 808m	이테로 데 라 베가 772m	보아디야 델 카미노 790m	프로미스타 783m

거리 35km 누적 거리 355km 진척률 45% 총 소요 시간 10시간

이른 아침 온타나스 숙소를 나서면 2시간 만에 아르코 데 산 안톤 마을을 지난다. 다시 1시간을 더 가면 첫 느낌부터 범상치 않은 자그마한 산과 그 아래 마을 하나가 나타난다. 카스트로헤리스 마을이다. 늦은 아침 햇살에 비친 신비로운 정경 위로 신성한 기운이 뿜어 나오는 듯하다. 오랜 세월 종교인들만의 순례 길이었던 이 길을 일반인들에게도 사색과 성찰의 길로 대중화시킨 파울로 코엘료가 가장 사랑했던 바로 그 마을이다.

오르막을 지나 내리막으로 들어서는 마을 끝자락에 정겨운 약수터가 있어 순례자들을 잠시 멈추어 쉬게 한다. 이곳을 지나 급격한 오르막을 오르면 모스텔라레스 고개다. 꽤나 넓은 고개 정상을 지나 내리막으로 접어들면 대평원이 아득하게 펼쳐진다. 피수에르가강을 건너고 티에라 대평원을 지난다. 카스티야 운하의 시원한 물길을 따라 해발 800m의 메세타 고원을 걷다 보면 어느새 프로미스타에 이른다.

	4km		12km		5km	

프로미스타　　포블라시용 데 캄포스　　　　　　　　　　비야카사르 데 시르가　　　카리용 데 로스 콘데스
783m　　　　　792m　　　　　　　　　　　　　　　　　809m　　　　　　　　　839m

거리 21km 누적 거리 376km 진척률 48% 총 소요 시간 7시간

피수에르가강을 건너면서 부르고스주가 끝나고 팔렌시아주가 시작된다. 프로미스트 알베르게 옆에 있는 산 마르틴 교회의 새벽 정경은 여명의 동쪽 하늘과 대비되어 상당히 장엄하다. 어둑한 새벽길을 따라 교회를 떠나면 길은 계속 자동차 도로와 나란히 붙어서 이어진다. 도보 대신 자전거로 카미노를 종주하는 사이클족들이 신나하는 구간이다. 반면 트레커들에게는 단조롭다. 이 구간은 매 1km마다 거리 표지판이 서 있어 현 위치를 파악하기 쉽다. 카리용 데 로스 콘데스까지 계속 자동차 도로 옆을 걷는 게 지루하다면 포블라시용 데 캄포스부터 우시에사강을 따라 오솔길을 걷는 대체 코스를 택할 수 있다. 카리용 데 로스 콘데스는 순례길 총거리의 절반이라는 지리적 위치도 중요하고, 또한 역사적으로도 의미가 많은 중세 도시이다.

	10km		7km		6km		3km		4km	

카리용 데　　　　　　　　카레테라 데　　　　칼사디야 데 라　　　레디고스　　테라디요　　모라티노스
로스 콘데스　　　　　　　부스티요　　　　　쿠에사　　　　　　880m　　　　데 로스　　　860m
839m　　　　　　　　　850m　　　　　　858m　　　　　　　　　　　　템플라리오스
　　　　　　　　　　　　　　　　　　　　　　　　　　　　　　　　　　　913m

거리 30km 누적 거리 406km 진척률 52% 총 소요 시간 9시간

카리용 데 로스 콘데스에서 칼사디야 데 라 쿠에사까지 17km도 전형적인 메세타 고원이다. 해발 850m 고원은 사방에 지평선만 보일 뿐 나무 한 그루도 없고 그늘도 없다. 충분한 물과 간식거리를 잘 준비해야 한다. 특히, 오후보다는 이른 아침부터 걷기 시작하는 게 좋다. 주변에는 드넓은 밀밭뿐이라서 다소 지루할 수도 있다. 묵상하며 걷기엔 최적의 구간이다. 칼사디야 데 라 쿠에사에서 N120 차도를 건너면

길은 쿠에사강을 따라 이어지다가 잠시 후 강변길이 끝나며 테라디요 데 로스 템플라리오스에 이른다. 이곳 알베르게에 머물 수도 있고, 조금 더 걸어 템플라리오스강 건너 조그만 마을 모라티노스까지 가는 것도 좋다. 모라티노스는 팔렌시아주의 마지막 마을이다.

	10km		5km	6km	7km	11km	
모라티노스		사아군	칼사다 델 코토	베르시아노스 델	엘 부르고 라네로		렐리에고스
860m		816m	860m	레알 카미노	875m		836m
				850m			

거리 **39km** 누적 거리 **445km** 진척률 **57%** 총 소요 시간 **11시간**

모라티노스를 떠나 세키요강을 건너면 레온주로 들어선다. 카스티야 이 레온 지방에 속한 세 번째 주이자 마지막 주다. 순례길이 지나는 17개 주 중에서 인구가 가장 많고 가장 큰 주이기도 하다. 사아군까지 10km도 전날 오전과 마찬가지로 아무런 편의시설이 없는 단조로운 길이다. 사아군은 정복자 이슬람과 기독교를 신봉한 레온 왕국 간에 갈등이 많았던 유서 깊은 곳이다. 드넓은 광장과 대성당, 박물관과 상가 등 유려한 건축물들이 오랜 역사의 향기를 품고 서 있다. 세아강의 로마노 다리를 건너 사아군을 벗어나면 다시 밀밭이 끝없이 이어진다. 포도밭 언덕에 자리 잡은 칼사다 델 코토 마을을 지나 렐리에고스까지는 2개의 루트가 있다. 칼사디야 데 로스 에르마니오스를 거치는 우측길과 베르시아노스 델 레알 카미노를 거치는 좌측길이다. 전자는 전형적인 메세타 고원을 걷는 길이지만, 후자는 차도 옆을 따라 걷는 길이라 단조로움은 덜하다.

	7km		6km		9km		6km	
렐리에고스 836m		만시야 데 라스 뮬라스 799m		푸엔테 데 비야렌테 804m		아르카우에하 850m		레온 838m

거리 **28km** 누적 거리 **473km** 진척률 **60%** 총 소요 시간 **8시간**

렐리에고스에서 1시간 정도 가면 에슬라강과 만난다. 그다음에 만나는 마을이 만시야 데 라스 뮬라스다. 규모가 있는 중세 도시이면서도 깔끔하고 도회적인 분위기이다. 이 마을까지는 푸에르타 카스티요를 거치는 서쪽길과 아르코 데 산타 마리아를 거치는 동쪽길, 두 갈래가 있다. 두 길은 구시가지 중심인 포소 광장에서 하나로 합쳐진다.

만시야를 벗어나 푸엔테 데 비야렌테까지는 주도로인 N601 차도 옆을 따라 걷는다. 푸엔테 데 비야렌테로 들어가는 길목에 있는 아치형 다리가 인상적이다. 포르마 운하를 건넌 후 완만한 오르막이 시작되는 아르카후에하는 번잡한 대도시로 들어가기 위해 잠시 숨고르기를 하는 곳이다. 차량 통행이 빈번한 N601 도로를 건너 포르디요 언덕에 오르면 내리막 멀리 레온 시가지가 웅장한 모습을 드러낸다.

	7km		7km		6km	
레온 838m		비르젠 델 카미노 906m		산 미구엘 델 카미노 898m		비야당고스 델 파라모 890m

거리 **20km** 누적 거리 **493km** 진척률 **63%** 총 소요 시간 **6시간**

레온은 카스티야 왕국의 수도였다. 이사벨 여왕이 다스렸던 카스티야는 1492년 콜럼버스가 신대륙을 발견한 이후 100년 동안 스페인을 통일하고 무적함대 시대를 열었던 왕조다. 이사벨 여왕은 아라곤 왕국의 페르난도 왕과 결혼한 후 그라나다를 함락시킴으로써 스페인을 통일했다. 레온은 순례길을 통틀어 가장 큰 도시인만큼 이곳에서는 하루를 더 쉬어 가는 순례자들이 많다.

레온 대성당을 벗어나 5분 거리에는 위대한 건축가 가우디의 좌상이 있다. 그의 건축 작품 중 하나인 카사 데 로스 보티네스 앞 벤치에 앉아 뭔가를 메모하는 근사한 모습이다. 레온 시내가 끝날 즈음 산 마르코스 건물 앞에서 만나는 조각상도 인상 깊다. 십자가에 머리를 기댄 채 두 눈을 지그시 감고 앉은 순례자 상이다. 레온 시 근교 라 비르젠부터 발베르데와 산 미구엘 마을을 거쳐 비야당고스 델 파라모까지 전 구간은 N120 도로 왼쪽을 따라 걷는 단조로운 길이다.

20일차   비야당고스 델 파라모 ⋯⋯▶ 아스토르가

4km	7km	5km	10km

비야당고스 델 파라모 890m   산 마르틴 델 카미노 880m   오스피탈 데 오르비고 820m   산티바네스 데 발데이글레시아스 842m   아스토르가 870m

거리 **26km** 누적 거리 **519km** 진척률 **66%** 총 소요 시간 **8시간**

비야당고스 델 파라모를 벗어나 1시간쯤 가면 대형 저수조 건물이 있는 산 마르틴 델 카미노 마을에 도착한다. 계속 N120 자동차 전용도로를 따라 걷지만 교통량은 그다지 많지 않다. 흙길을 원한다면 지나온 비르젠 델 카미노에서 왼쪽으로 비야 데 마사리페를 거쳐 가는 대체 코스를 선택하면 된다.

산 마르틴 델 카미노에서 7km 떨어진 오스피탈 데 오르비고는 오르비고강이 흐르는 아름답고 쾌적한 마을이다. 강을 건너는 스무 개 아치의 석조 다리가 운치 있다. 다리의 이름은 명예로운 통행교Puente del Passo Honroso다. 산티바네스 데 발데이글레시아스와 산 후스토 데 라 베가를 지나 도착하는 아스토르가는 산타마리아 대성당 등 카미노 역사가 남긴 다양한 유산과 유물들을 감상할 수 있는 곳이다. 공립 알베르게 앞에 서 있는, 가방을 둘러멘 순례자 상이 눈길을 끈다.

3km	9km	8km	7km	4km	5km
아스토르가 870m	• 무리아스 데 레치발도 870m	엘 간소 1060m	라바날 델 카미노 1150m	철십자가 1495m	만하린 1460m	엘 아세보 1147m

거리 **36km** 누적 거리 **555km** 진척률 **71%** 총 소요 시간 **11시간**

아스토르가를 벗어난 길에서는 돌무덤과 십자가를 유난히 자주 만난다. 엘 간소 마을 직전에는 '트루디Trudy'라는 이름의 여성 묘비가 있다. 묘비 사진 속 여인은 큼지막한 호랑이를 무릎에 재우며 화사하게 웃고 있다. 라바날 마을에서는 십자가만 있는 무명의 묘비도 지나고, 만하린 마을 입구에선 '에바Eva'란 여성의 묘비도 만난다. 모두 이 근처, 또는 순례길과 어떤 사연을 품고 있는 망자들이다.

아스토르가부터 계속되는 오르막길의 끝, 해발 1,495m의 정상에는 철십자가 크루스 데 페로가 서 있다. 산티아고 순례길을 통틀어 가장 높은 지점이다. 철십자가에서 2km 지나 만나는 만하린 알베르게 앞에는 세계 여러 도시까지의 거리를 표시한 이정표가 있다. 산티아고 222km, 피니스테레 295km, 로마 2,475km, 예루살렘 5,000km, 마추픽추 9,453km다. 잠시 오르막이 끝나면 이후는 급경사 내리막길이다. 엘 아세보는 내리막 중턱에 자리한 조그만 마을이다.

9km	8km	4km	5km	7km
엘 아세보 1147m	몰리나세카 585m	폰페라다 541m	콜룸브리아노스 530m	캄포나라야 492m	카카벨로스 483m

거리 **33km** 누적 거리 **588km** 진척률 **75%** 총 소요 시간 **9시간**

엘 아세보에서 몰리나세카까지는 급경사 내리막이다. 이후 카카벨로스까지 24km는 아주 완만한 내리막이다. 중간 지점인 폰페라다는 로마 시대부터 이 지역 경제의 중심 도시였다. 12세기에 축조된 '템플기사단의 성채가 웅장하다. 보에사강을 건너는 마스카론 다리를 통해 구도심으로 들어가 성채 등 유적지들을 둘러본 후 폰페라다를 나선다. 캄포나라야를 지나는 길에는 이 지방에서 나는 유명 와인 비에르소Bierzo를 재배하는 드넓은 포도밭이 펼쳐져 있다. 오르막 고개를 넘으면 화사하고 예쁜 카카벨로스 마을이 갑자기 나타난다.

8km	11km	5km

카카벨로스	비야프랑카 델 비에르소	트라바델로	베가 데 발카르세
483m	504m	578m	630m

거리 24km 누적 거리 612km 진척률 78% 총 소요 시간 6시간

카카벨로스에서 마요르 다리를 건너면 마을과 헤어진다. 비야프랑카 델 비에르소를 지나 트라바델로까지는 밭 사이로 난 흙길을 밟으며 걷는다. 시골 마을을 지나는 운치 있는 길이다. 똑같은 구간을 운치 없는 차도를 따라 곧바로 갈 수도 있다. 그러나 차도는 단순하고 편할 수는 있지만 오고가는 차량들이 신경 쓰이고 산만하다. 트라바델로부터 베가 데 발카르세 마을까지는 우회로가 없어 자동차 도로 옆을 따라가야만 한다. 역시 몹시 산만하다. 이 마을은 카스티야 이 레온 지방의 거의 끝부분에 자리한다. 다음 날 아침에는 갈리시아 지방으로 들어선다.

8km	5km	9km	3km

베가 데 발카르세	라 파바	오세브레이로	포이요 고개	폰프리아
630m	921m	1310m	1330m	1290m

거리 25km 누적 거리 637km 진척률 81% 총 소요 시간 9시간

첫날 피레네산맥 넘는 것을 시작으로, 순례길을 통틀어 높은 고개나 산을 네 번 넘는다. 오늘은 마지막 네 번째 고비다. 순례 여정이 후반을 훌쩍 넘은 탓에 체력이 고갈되어 힘든 하루가 될 수도 있다. 베가 데 발카르세를 떠나 1시간쯤 가면 차도를 벗어나 왼쪽 산길로 접어든다. 본격적인 오르막이 시작된다. 산 중턱에 자리한 라 파바 마을에 작은 마트와 카페가 있어 쉬어가기 좋다. 이곳에서는 전날 오후부터 지금껏 지나온 발카르세 계곡이 한눈에 내려다보인다.
다음 마을 라구나 데 카스티야를 지나면 카스티야 이 레온 지방이 끝난다. 산 정상에 자리한 오세브레이로 마을부터 갈리시아 지방이다. 오세브레이로는 파울로 코엘료가 깨달음을 얻었다고 알려진 마을이다. 순례길에서 가장 오래되고 신비로운 마을이기도 하다. 거센 바람에 잘 견디도록 독특한 모양으로 지붕을 만든 고대 켈트족의 전통가옥 팔로사Paloza가 인상적이다. 1시간 후에 만나는 산 로케 언덕은 대형 조각상으로 유명하다. 순례자들 대부분은 바람에 날리는 모자를 붙잡고 선 순례자 조각상 앞에서 인증사진을 찍는다. 포이요 고개를 넘어서면 이후부터는 내리막길이다.

| | 10km | | 4km | | 7km | | 4km | | 6km | |

| 폰프리아 | | | 트리아카스테야 | 리오카보 언덕 | | | 푸렐라 | | 칼보르 | | 사리아 |
| 1290m | | | 665m | 910m | | | 700m | | 520m | | 453m |

거리 **31km** 누적 거리 **668km** 진척률 **85%** 총 소요 시간 **9시간**

폰프리아에서 밤나무 숲 사이로 난 좁은 산길을 따라 내려오면 오르비오 계곡으로 내려선다. 계곡의 첫 마을 트리아카스테야는 중세 시대 '3개Tri의 성Castillo'이 있었다는 데서 마을 이름이 유래되었다. 지금은 어떤 흔적도 남아 있지 않다. 트리아카스테야를 벗어나 삼거리에서 오른쪽 길로 들어서면 아 발사에 닿는다. 이곳에서 차도를 벗어나 산 페드로 예배당 쪽으로 난 숲길을 잠시 올라가면 산실이다.

산실에서부터 오르막이 시작되어 이날 코스 중 가장 높은 리오카보 언덕을 넘는다. 이후 푸렐라와 칼보르를 거쳐 사리아까지는 완만하고 편안한 내리막길의 연속이다. 트리아카스테야에서 사리아까지는 사모스를 경유하는 남쪽 루트가 하나 더 있다. 오르막길은 거의 없이 우리비우강을 따라가는 우회로인 만큼 거리는 조금 더 길다. 이 우회로는 칼보르를 조금 지난 지점에서 북쪽 루트와 합쳐진다. 사리아에 도착하면 산티아고까지 114km가 남는다. 전 코스를 종주할 여건이 안 되는 이들은 사리아부터 단축 순례를 시작하기도 한다.

| | 4km | | 9km | | 9km | | 7km | |

| 사리아 | 바르바델로 | | 페레이로스 | | 포르토마린 | | 곤사르 |
| 453m | 570m | | 710m | | 387m | | 600m |

거리 **29km** 누적 거리 **697km** 진척률 **89%** 총 소요 시간 **7시간**

사리아부터는 다시 오르막길이다. 기찻길을 건너고 축축한 원시림 숲길을 걷다 보면 작은 마을 바르바델로에 닿는다. 중세 시대 수도원이 있었다지만 지금은 아무런 흔적도 남아 있지 않다. 이곳에서 완만한 오르막길을 걸어 브레아 마을을 지나면 'K.100'이라고 쓰인 오래된 표지석을 만난다. 산티아고까지 100km 남았다는 표지석이다. 지나온 길들을 주마등처럼 떠올리게 하는 지점이다. 표지석은 순례자들의 낙서가 많아 정겹기도 하면서 한편으론 다소 너저분해 보이기도 한다. 다음 마을 페레이로스를 지나고부터 포르토마린까지는 다소 가파른 내리막길이다. 강폭이 넓고 물살이 거센 미노강 위에 놓인 넓고 견고한 다리를 건너면 포르토마린에 닿는다. 이 마을에서는 산 니콜라스 요새 성당Iglesia Fortaleza de San Nicolas 의 웅장함과 아름다움에 감탄하며 잠시 휴식을 취한다. 다음 마을 곤사르까지는 한적한 자동차 도로를 따라가는 가파른 오르막길이다.

27일차   곤사르 ······▶ 카사노바

5km		12km		5km	2km
곤사르	벤타스 데 나론			팔라스 데 레이	폰테 캄파냐 카사노바
600m	730m			574m	510m 476m

거리 **24km** 누적 거리 **721km** 진척률 **92%** 총 소요 시간 **6시간**

포르토마린에서 시작된 오르막은 곤사르를 지나서도 계속된다. 벤타스 데 나론 마을의 카페에서 한숨 돌린 후 해발 730m의 고개를 넘는다. '왕의 궁전'이라는 이름의 팔라스 데 레이 마을을 지나 폰테 캄파냐 마을로 들어가는 숲길 어귀에는 산티아고까지 67.5km 남았다는 표지석이 서 있다. 폰테 캄파냐 마을에 이어 나타나는 카사노바 마을은 갈리시아 지방의 루고주가 끝나는 마지막 마을이다. 이후부터도 역시 갈리시아 지방이지만 주가 바뀐다. 루고주에서 아코르냐주로 들어서는 것이다.

28일차   카사노바 ······▶ 아르수아

4km	7km	8km	3km	3km

카사노바	로브레이로	멜리데	카스타녜다	리바디소 다 바이소	아르수아
476m	440m	455m	430m	305m	390m

거리 25km 누적 거리 746km 진척률 95% 총 소요 시간 6시간

아코르냐주로 들어서 세코강과 푸렐로스강을 건넌 후 만나는 멜리데는 문어Pulpo요리로 유명한 마을이다. 카미노 노선 상에 있는 가르나차Pulperia a Garnacha 식당이나 루고 에비뉴에 있는 엑세키엘Exequiel 식당이 문어요리로 많이 알려져 있다. 멜리데를 벗어나면 소나무가 우거진 숲길을 따라가 보엔테 마을에 닿는다. 이곳을 지나 계곡을 따라 그늘진 오르막 숲길을 거치면 포르텔라를 넘어 이소 강가로 내려온다. 강 위에 걸쳐진 정교한 중세 다리를 건너면 리바디소 다 바이소 마을이다. 이곳에서 아르수아까지는 차도를 따라 걷는다.

29일차   아르수아 ······▶ 산티아고 데 콤포스텔라

15km	3km	8km	5km	5km

아르수아	산타 이레네	페드로우소	라바코야	몬테 데 고소	산티아고 데 콤포스텔라
390m	405m	300m	303m	370m	258m

거리 36km 누적 거리 782km 진척률 100% 총 소요 시간 10시간

아르수아에서 산타 이레네 언덕까지는 완만한 내리막길과 오르막길이 이어지지만 거의 평지나 다름없다. 계곡을 세 번 지나는데, 대부분 숲길이다. 특히, 산타 이레네 언덕을 넘어가면 장대 같은 나무들이 들어찬 숲길이라 몹시 쾌적하다. 순례길의 종착점 산티아고 데 콤포스텔라에 가까워지는 라바코야부터 차도를 따라 걷는다. 마지막 마을이자 마지막 고개인 몬테 데 고소 언덕에 서면 산티아고와 대성당 탑이 아련하게 첫 모습을 드러낸다. 이 언덕의 이름이 '기쁨의 언덕Monte de Gozo'이다. 중세의 순례자들이 천신만고 끝에 이 언덕에 도착했을 때의 느낌이 그대로 지명이 되었다.

많은 순례자들은 이곳 몬테 데 고소에 멈추어 하룻밤을 묵고 다음날 12시 산티아고 대성당 미사에 맞추어 오전 일찍 출발하기도 한다. '별 Stella이 반짝이는 들판Compos'이었다는 산티아고 데 콤포스텔라 중심부로 들어서면 멀리 건물 사이로 높은 탑 하나가 뾰족하게 드러나 보인다. 산티아고 대성당 탑이다. 차도와 골목길을 번갈아 가며 10분 정도 걸으면 대성당이 있는 오브라도이로 광장에 닿는다. 카미노 순례의 종착점이다. 순례자들은 서로 포옹하고 눈물짓는 등 각양각색으로 순례를 마친 기쁨을 나눈다.

대성당 미사

대성당 미사는 매일 12시에 열린다. 전날 오후 늦게 산티아고에 도착했거나 당일 아침 몬테 데 고소를 출발한 이들은 오전 11시 30분쯤 성당 자리를 하나씩 꿰차고 앉는다. 누구에게나 익숙한 그레고리언 성가류의 코러스와 건반 음악이 성당 안에 울려퍼진다. 순례자들은 종교에 관계없이 그리고 미사 절차와 관계없이 각자 나름의 염원들을 담아 기도한다. 미사가 끝나면 순례자들은 긴 줄을 서서 성 야고보의 동상에 다가가 성인의 어깨나 등에 양손을 얹으며 다시 무언가를 기원한다. 그런 다음 지하로 내려가 야고보 성인의 유골함과 교황 요한 바오로 2세의 어록을 둘러본 뒤 광장으로 나온다. 이것으로 모든 순례 여정이 끝난다.

스페인 땅끝 마을 피니스테레

대부분의 순례자들은 산티아고 대성당 앞에서 트레킹을 마친다. 그러나 일부 열혈 순례자들은 산티아고에서 서쪽으로 90km 떨어진, 대서양과 접한 스페인 땅끝 마을 피니스테레까지 찾아가기도 한다. 일부는 3~4일을 더 걸어가기도 하지만 대부분은 대중교통을 이용한다. 피니스테레Finistere는 '땅Terre'과 '끝나다Finis'라는 두 단어의 합성어다. 대서양 바닷가 끝자락에 자리한 이 조그마한 어촌 마을을 옛날 로마인들은 '세상의 끝'이라고 여겼다. 우리네 시골 항구와 흡사해 정경이 무척 낯익다.

산티아고에서 피니스테레로 가는 버스는 하루에 3회 운행된다. 소요 시간은 약 3시간이다. 항구를 등지고 40분 정도 좁은 아스팔트 길을 따라 올라가면 땅이 끝남을 알 수 있다. 0.00km 표지석이 있는 해안 절벽에 이르러서다. 순례자들은 이곳에서 카미노를 걸으며 입었던 옷이나 신발 등을 태우기도 한다. 마음을 짓누르던 거추장스러운 짐들을 대서양 바다로 날려 보내는 나름의 의식을 치르는 것이다. 가파르지 않은 절벽 위 여기저기에는 타다만 물품과 불태우던 자국들이 남아 있다.

트레킹 기초 정보

여행시기

통계적으로 순례객이 가장 많이 몰리는 시즌은 7~8월이다. 한 달 이상 걸리는 장기 여정인 만큼 휴가나 방학 시즌을 많이 이용하기 때문이다. 한여름 기간에 메세타 고원을 걷는 것은 너무 무더워 고역일 수 있다. 뿐만 아니라 붐비는 숙소 문제도 적지 않은 애로가 뒤따른다. 또, 겨울 시즌은 눈 때문만이 아니라 문 닫는 숙소들이 많다는 게 문제다. 직장이나 학교에 얽매이지 않는 입장이라면 걷기 쾌적하고 숙소도 여유가 있는 봄가을이 적기이다. 봄철 4~5월과 가을철 10~11월이 가장 적합하다.

교통편

항공편은 파리로 들어가서 마드리드나 바르셀로나에서 나오는 동선이 가장 효율적이다. 파리 샤를드골 공항에서 메트로를 이용해 몽파르나스Montparnasse역으로 이동한 뒤 그곳에서 바욘Bayonne행 TGV에 오른다. 바욘까지는 5시간 정도 걸린다. 바욘에서 시골 열차로 갈아타면 1시간 후 생장 피드포르에 도착한다. 순례길은 첫날부터 피레네산맥을 넘는 여정이라 몹시 고되다. 따라서 파리나 생장 피드포르에서 최소한 하루나 이틀쯤 푹 쉰 후 순례를 시작하는 게 좋다. 생장 피드포르로 가기 전 TGV가 멈추는 바욘도 하루 머물렀다 가기에 괜찮은 곳이다.

숙박

산티아고 순례길은 길 안내와 숙박 등 장거리 트레일로서의 인프라가 아주 잘 되어 있다. 특히, 숙박 시설이 많고 저렴하다는 게 산티아고 순례길의 큰 장점이다. 짧게는 5km, 길게는 20km마다 시골 마을이나 소도시를 거친다. 순례자 숙소를 일컫는 알베르게Albergue도 쉽게 찾아갈 수 있다. 사전예약을 하지 않고 가도 특별한 경우를 제외하곤 별 문제가 없다. 알베르게는 성당이나 수도원 등 과거 종교 목적의 건물을 숙소로 개조한 것이다. 대규모 다인실 숙소가 많아 숙박비가 저렴하다. 적게는 5유로에서 많게는 15유로로 하룻밤 묵을 수 있다. 혼자 묵어도 걱정할 일 없이 안전하나. 부넷보나노 선 세계에서 온 순례사들과 함께 친분을 나눌 수 있어 좋다.

식사

취사 시설이 잘 갖춰진 알베르게가 많다. 저녁 식사는 인근 마트에서 구입한 식자재로 숙소 주방에서 음식을 조리해 먹는 경우가 많다. 생면부지의 외국인들끼리 함께 장을 보고 함께 조리하기도 한다. 아침식사는 대개 숙소에서 무료로 제공하는 토스트와 우유로 해결한다. 아니면 인근 카페에서 사 먹는다. 점심은 미리 준비한 간식이나 지나는 마을 레스토랑을 이용한다.

예산

파리나 마드리드, 어디로 들어가느냐에 따라서 항공 등 교통비 차이가 있다. 순례를 끝낸 후 추가 여행을 어디로 가느냐에 따라서도 비용 차이가 크다. 그러니 여기서는 순례 기간에 필요한 경비만 따져보자.

산티아고 여정의 숙소인 알베르게들은 기본적으로 모두 다인실 도미토리이다. 적게는 2인실이나 4인실도 있지만 대개는 2층 침대들이 열지어선 넓은 공간에 10~30명이 함께 묵는다. 적게는 기부금 5유로만 내는 경우도 있고 많게는 15유로까지다. 평균 10유로로 보면 하루 숙박비로 우리 돈 대략 1만 5천 원 정도 소요된다. 물론 중간중간 만나는 도시에서 조금이나마 편하게 쉬고 싶다면 30~50유로 정도의 일반 숙소 요금이 추가된다.

매일 체력 소모가 많기 때문에 식사는 물론 잘 해야 한다. 아침은 알베르게에서 준비된 토스트로 때우고 점심도 미리 준비한 간식으로 해결하고, 저녁만은 듬직하게 영양 보충하는 게 일반적이지만 아침과 점심에도 레스토랑이나 카페가 보이면 가급적 충분한 양으로 사 먹는 게 좋다. 간식이나 음료 등을 포함하여 하루 3만 원 정도 식비로 잡으면 충분하다. 숙소 인근 마트에서 식품들을 사다가 알베르게에 마련된 주방에서 조리해 먹으면 식비를 많이 줄일 수 있다.

순례길 걷는 비용은 숙박과 식음료 비용이 전부다. 하루 숙박비 1만 5천 원, 식음료 비용 3만 원, 2~3일에 한 번씩 자동 세탁비와 기타비 5천 원 정도 추가하면 하루 5만 원 정도가 소요된다. 한 달에 총 150만 원 정도면 넉넉한 금액이다.

순례가 진행되면서 체력 소모가 커진 순례객들이 배낭 운반 서비스를 이용하기도 한다. 홀가분한 몸으로 걷기 위해서다. 이 경우, 숙박한 알베르게에 전날 문의하면 5천 원에서 1만 원 정도 비용으로 다음날 숙박할 알베르게까지 배낭을 운반해준다.

여행 팁

산티아고 순례길 완주를 위해서 가장 중요한 건 배낭 무게를 최소화하는 것이다. 우선, 기본 물품은 구태여 휴대하지 않아도 된다. 매일 마을을 지나기 때문에 현지에서 그때그때 조달이 가능하다. 순례길 종주는 걷기에 자신 있을 경우 25~30일, 여유롭게 잡으면 35~40일이 걸린다. 여기에 순례 전과 후의 경유지 일정을 1주일 정도 잡으면 된다. 스페인 사람과는 생각보다 영어로 소통이 어렵다. 그래도 스마트폰 동시통역 애플리케이션 등 다양한 방법을 활용하면 쉽게 의사소통이 가능하다. 스페인어 기초만이라도 익히고 가면 그만큼 더 유익한 여행이 될 수 있다.

트레킹 이후의 여행지

순례를 마친 후 피니스테레Fisterra와 무시아Muxia를 최소 이틀 정도 방문하고 다시 산티아고로 돌아오는 것이 일반적이다. 포르투갈까지 여행한다면 산티아고에서 포르토Porto, 남쪽으로 신트라Sintra, 호카곶Cabo da Roca, 리스본Lisboa까지 이어지는 여행 루트를 짤 수 있다. 포르투갈까지 돌아보려면 최소 일주일쯤 필요하다. 리스본에서 스페인 남동쪽 안달루시아 지방으로 내려가면 세비야Sevilla, 말라가Malaga, 그라나다Granada 등이 한국인이 많이 찾는 관광지이다. 보통 10일 정도 걸린다. 이후 마드리드에서 2~3일 정도 보낸 후 북동쪽 카탈루냐 지방으로 이동해 바르셀로나에서 여행을 마친다. 이렇게 하면 걸어서 북부를 횡단하고, 중부와 남부는 대중교통으로 종단과 횡단을 한 셈이 된다. 이베리아 반도 전체를 한 바퀴 돌게 되는 것이다.

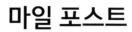

마일 포스트

일자	NO	경유지 지명	해발고도 (m)	거리(km)	누적	진척율
1일차	1	생장 피드포르 St.Jean Pied de Port	146	0	0	0%
	2	오리손 Orisson	730	7	7	1%
	3	레뢰데르 고개 Col de Lepoeder	1,429	14	21	3%
	4	론세스바예스 Roncesvalles	952	6	27	3%
2일차	5	에스피날 Espinal	860	6	33	4%
	6	린소아인 Linzoain	750	6	39	5%
	7	수비리 Zubiri	528	8	47	6%
3일차	8	라라소냐 Larrasoana	545	7	54	7%
	9	트리니다드 데 아레 Trinidad de Arre	430	11	65	8%
4일차	10	팜플로냐 Pamplona	446	4	69	9%
	11	시수르 베노르 Cizur Menor	483	4	73	9%
	12	페르돈 고개 Alto del Perdon	735	9	82	10%
	13	우테르가 Uterga	485	4	86	11%
5일차	14	무루사발 Muruzabal	440	3	89	11%
	15	푸엔테 라 레이나 Puente la Reina	346	5	94	12%
	16	시라우키 Cirauqui	450	7	101	13%
	17	로르카 Lorca	483	6	107	14%
	18	에스테야 Estella	426	9	116	15%
6일차	19	비야마요르 데 몬하르딘 Villamayor de Monjardin	673	8	124	16%
	20	로스 아르코스 Los Arcos	447	13	137	18%
	21	토레스 델 리오 Torres del Rio	477	10	147	19%
7일차	22	비아나 Viana	478	10	157	20%
	23	로그로뇨 Logrono	384	10	167	21%
	24	나바레테 Navarrete	512	11	178	23%
8일차	25	벤토사 Ventosa	655	4	182	23%
	26	나헤라 Najera	485	12	194	25%
	27	아소프라 Azofra	559	6	200	26%
9일차	28	시루에냐 Ciruena	704	9	209	27%

9일차	29	산토 도밍고 데 라 칼사다 Santo Domingo de la Calzada	639	6	215	27%
	30	그라뇽 Granon	724	6	221	28%
	31	레디시야 델 카미노 Redecilla del Camino	745	5	226	29%
10일차	32	벨로라도 Belorado	772	12	238	30%
	33	토산토스 Tosantos	800	5	243	31%
	34	비야프랑카 몬테스 데 오카 Villafranca Montes de Oca	948	7	250	32%
11일차	35	산 후앙 데 오르테가 San Juan de Ortega	1,010	13	263	34%
	36	아헤스 Ages	971	3	266	34%
12일차	37	크루세이로 Cruceiro	1,080	6	272	35%
	38	오르바네하 리오피코 Orbaneja Riopico	880	4	276	35%
	39	부르고스 Burgos	860	13	289	37%
13일차	40	타르다호스 Tardajos	827	10	299	38%
	41	오르니요스 델 카미노 Hornillos del Camino	825	10	309	40%
	42	아로요 산 볼 Arroyo San Bol	910	6	315	40%
	43	온타나스 Hontanas	867	5	320	41%
14일차	44	아르코 데 산 안톤 Arco de San Anton	820	6	326	42%
	45	카스트로헤리스 Castrojeriz	808	4	330	42%
	46	이테로 데 라 베가 Itero de la Vega	772	10	340	43%
	47	보아디야 델 카미노 Boadilla del Camino	790	9	349	45%
	48	프로미스타 Fromista	783	6	355	45%
15일차	49	포블라시용 데 캄포스 Poblacion de Campos	792	4	359	46%
	50	비야카사르 데 시르가 Villalcazar de Sirga	809	12	371	47%
	51	카리용 데 로스 콘데스 Carrion de los Condes	839	5	376	48%
16일차	52	카레테라 데 부스티요 Carretera de Bustillo	850	10	386	49%
	53	칼사디야 데 라 쿠에사 Calzadilla de la Cueza	858	7	393	50%
	54	레디고스 Redigos	880	6	399	51%
	55	테라디요 데 로스 템플라리오스 Terradillo de los Templarios	913	3	402	51%
	56	모라티노스 Moratinos	860	4	406	52%

일자	NO	경유지 지명	해발고도 (m)	거리(km)	누적	진척율
17일차	57	사아군 Sahagun	816	10	416	53%
	58	칼사다 델 코토 Calzada del Coto	860	5	421	54%
	59	베르시아노스 델 레알 카미노 Bercianos del real Camino	850	6	427	55%
	60	엘 부르고 라네로 El Burgo Ranero	875	7	434	55%
	61	렐리에고스 Reliegos	836	11	445	57%
18일차	62	만시야 데 라스 뮬라스 Mansilla de las Mulas	799	7	452	58%
	63	푸엔테 데 비야렌테 Puente de Villarente	804	6	458	59%
	64	아르카우에하 Arcahueja	850	9	467	60%
	65	레온 Leon	838	6	473	60%
19일차	66	비르젠 델 카미노 Virgen del Camino	906	7	480	61%
	67	산 미구엘 델 카미노 San Miguel del Camino	898	7	487	62%
	68	비야당고스 델 파라모 Villadangos del Paramo	890	6	493	63%
20일차	69	산 마르틴 델 카미노 San Martin del Camino	880	4	497	64%
	70	오스피탈 데 오르비고 Hospital del Orbigo	820	7	504	64%
	71	산티바네스 데 발데이글레시아스 Santibanez de Valdeiglesias	842	5	509	65%
	72	아스토르가 Astorga	870	10	519	66%
21일차	73	무리아스 데 레치발도 Murias de Rechivaldo	870	3	522	67%
	74	엘 간소 El Ganso	1,060	9	531	68%
	75	라바날 델 카미노 Rabanal del Camino	1,150	8	539	69%
	76	철십자가 Cruz de Ferro	1,495	7	546	70%
	77	만하린 Manjarin	1,460	4	550	70%
	78	엘 아세보 El Acebo	1,147	5	555	71%
22일차	79	몰리나세카 Molinaseca	585	9	564	72%
	80	폰페라다 Ponferrada	541	8	572	73%
	81	콜룸브리아노스 Columbrianos	530	4	576	74%
	82	캄포나라야 Camponaraya	492	5	581	74%
	83	카카벨로스 Cacabelos	483	7	588	75%
23일차	84	비야프랑카 델 비에르소 Villafranca del Bierzo	504	8	596	76%
	85	트라바델로 Trabadelo	578	11	607	78%
	86	베가 데 발카르세 Vega de Valcarce	630	5	612	78%
24일차	87	라 파바 La Faba	921	8	620	79%
	88	오세브레이로 O'Cebreiro	1,310	5	625	80%

24일차	89	포이요 고개 Alto do Poio	1,330	9	634	81%
	90	폰프리아 Fonfría	1,290	3	637	81%
25일차	91	트리아카스테야 Triacastela	665	10	647	83%
	92	리오카보 언덕 Alto de Riocabo	910	4	651	83%
	93	푸렐라 Furela	700	7	658	84%
	94	칼보르 Calbor	520	4	662	85%
	95	사리아 Sarria	453	6	668	85%
26일차	96	바르바델로 Barbadelo	570	4	672	86%
	97	페레이로스 Ferreiros	710	9	681	87%
	98	포르토마린 Portomarín	387	9	690	88%
	99	곤사르 Gonzar	600	7	697	89%
27일차	100	벤타스 데 나론 Ventas de naron	730	5	702	90%
	101	팔라스 데 레이 Palas de Rei	574	12	714	91%
	102	폰테 캄파냐 Ponte Campana	510	5	719	92%
	103	카사노바 Cazanova	476	2	721	92%
28일차	104	로브레이로 Lobreiro	440	4	725	93%
	105	멜리데 Melide	455	7	732	94%
	106	카스타녜다 Castaneda	430	8	740	95%
	107	리바디소 다 바이소 Ribadiso da Baixo	305	3	743	95%
	108	아르수아 Arzua	390	3	746	95%
29일차	109	산타 이레네 Santa Irene	405	15	761	97%
	110	페드로우소 Pedrouzo	300	3	764	98%
	111	라바코야 Labacolla	303	8	772	99%
	112	몬테 데 고소 Monte de Gozo	370	5	777	99%
	113	산티아고 데 콤포스텔라 Santiago de Compostella	258	5	782	100%

03

뉴질랜드 /

밀포드 트랙
Milford Track

'세상에서 가장 멋진 길'이란 문구를 인터넷에 검색해보자. 걷기에 좋다는 온갖 길들이 다 뜰 것이다. 어디가 '멋진 길'인지 판단이 어렵다면, 같은 말을 영어로 번역해보면 어떨까. 답이 확실해진다. 구글 검색창에 'The Finest Walk in The World'라고 쳐보자. 오직 하나의 길, 'Milford Track'에 대한 자료들만 검색된다. 20세기 초반 영국의 한 언론 매체가 서방 세계에 소개한 이래, 뉴질랜드의 밀포드 트랙은 이후 백년이 넘는 오늘날까지 '세상에서 가장 멋진 길'이란 수식어를 한 번도 놓쳐본 적이 없다.

오클랜드

웰링턴

뉴질랜드

밀포드 트랙

퀸즈타운

세상에서 가장 아름다운 길,
남태평양 밀포드 트랙

남태평양의 아름다운 섬 뉴질랜드는 수도 웰링턴과 오클랜드가 있는 북섬과 곳곳이 천혜의 자연인 남섬으로 이뤄진다. 남섬의 대자연을 대표하는 지역은 서남단을 중심으로 광활하게 펼쳐진 피오르드랜드 국립공원이다. 섬 전체에 등뼈처럼 길게 뻗은 채 만년설로 뒤덮인 서던 알프스 산맥에 속한다. 피오르드랜드Fiordland 지형은 빙하가 침식해 생긴 수직의 U자형 계곡에 바닷물이 들어와 형성된 좁은 만(灣)을 일컫는다. 빙하기에 광대하게 형성된 지형으로 노르웨이의 송네피오르드Sognefjord와 뉴질랜드의 피오르드랜드Fiordland가 세계적으로 유명하다.

뉴질랜드 피오르드랜드의 진수는 밀포드에 있다. 타스만해의 거대 바닷물이 남섬 서남부 가장자리에서 내륙 깊숙이까지 들어와 협만Sound을 이루고 있다. 밀포드 트랙은 남섬 최고의 테아나우 호수Lake Te Anau를 건너 원시 우림과 습지 그리고 강과 계곡과 산악 지역을 3박 4일간 걸어 밀포드 사운드 앞까지 도달하는 59km 루트를 말한다.

네팔과 함께 트레킹 천국으로 불리는 뉴질랜드에는 아홉 개의 걷기 좋은 길이 '9 Great Walks'로 지정되어 있다. 환경청Department of Conservation(DOC)에서 지정하여 정부 차원에서 환경보존 관리를 하고 있다. 이들 9개 트레킹 코스는 북섬과 남섬 그리고 최남단 스튜어트섬까지 전국에 골고루 흩어져 있다.

북섬에는 아홉 개 중 3개가 속해 있다. 동부 호숫가를 걷는 와이카레모아나 호수길(Lake Waikaremoana Track, 46km)과 북섬 중부지역의 화산지대를 걷는 통가리로 노던 서킷(Tongariro Northern Circuit, 52km) 코스 그리고 카누와 카약을 타고 강을 탐험하는 황가누이강 탐험 (Whanganui River Journey, 145km) 코스다. 남섬 서북단에는 아벨타스만 해안 트랙(Abel Tasman Coast Track, 60km)과 히피 트랙(Heaphy Track, 78km)이 있다. 화강암 절벽과 밀림 숲이 어우러진 수정 같은 타즈만 해안 길과 강 하구를 함께 느끼며 걷는 코스다.

남섬 최남단에 위치한 큰 섬인 스튜어트 아일랜드를 누비는 라키우라 트랙(Rakiura Track, 36km)도 있다. 남섬의 서남단 피오르랜드 국립공원에는 3개의 그레이트 웍스Great Walks가 서로 인접해 있다. 3개 모두 해발 1,100m 이상까지 올라가는 산악 트레킹 코스다. 60km의 케플러 트랙Kepler Track과 59km의 밀포드 트랙 그리고 32km의 루트번 트랙Routeburn Track이다. 케플러와 밀포드는 각각 3박 4일, 루트번은 2박 3일이 소요된다.

　아홉 개의 그레이트 웍스 중 제왕은 역시 세계적으로 유명한 밀포드 트랙이다. 빅토리아 여왕의 도시 퀸스타운에서 3시간 버스를 타고, 이어서 작은 배로 테아나우 호수를 건너면 호수 북단의 그레이드 선착장에 내린다. 밀포드 트랙은 이 선착장에서 강과 계곡을 끼고 산을 넘어 밀포드 사운드의 샌드플라이포인트까지 이어지는 원시림 길이다. 이 루트의 개척자인 퀸틴 맥키넌의 이름을 딴 해발 1,154m의 맥키넌 패스를 정점으로 이틀씩 오르고 내려오는 여정이다.

　밀포드 트레킹에 참여하는 방법은 두 가지이다. 가이드를 동반한 패키지 트레킹Guided Walk과 개별적으로 혼자 하는 자유 트레킹Independent Walk이 있다. 두 경우마다 각각 3박에 해당하는 3개의 숙소가 있다. 패키지 트레킹의 숙소인 롯지Lodge 세 곳은 레스토랑을 갖춘 준호텔급 수준이지만, 자유 트레킹의 숙소인 헛Hut에는 넓은 건물 안에 2층짜리 침대들만 나란히 놓여 있고, 주방에는 물과 가스만 공급된다. 전등도 없고 전기 시설도 없기 때문에 전자기기 충전도

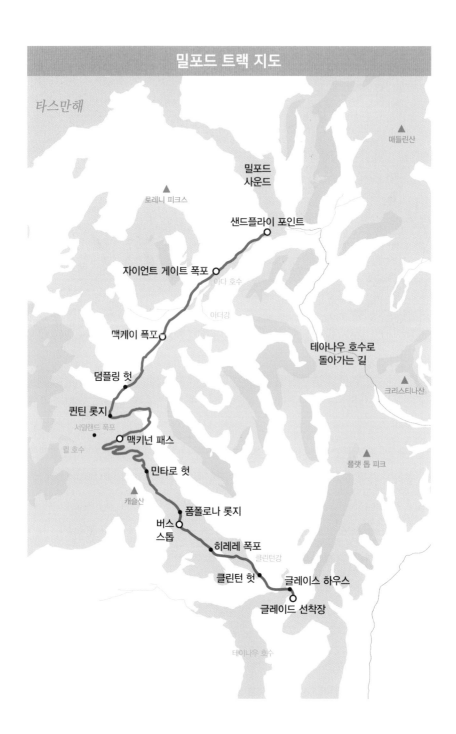

밀포드 트랙 지도

타스만해

매들린산

밀포드
사운드

로레니 피크스

샌드플라이 포인트

자이언트 게이트 폭포

이다 호수

이더강

맥케이 폭포

테아나우 호수로
돌아가는 길

덤플링 헛

크리스티나산

퀸틴 롯지

서덜랜드 폭포

퀼 호수

맥키넌 패스

민타로 헛

플랫 톱 피크

캐슬산

폼폴로나 롯지

버스
스톱

히레레 폭포

클린턴강

클린턴 헛

글레이스 하우스

글레이드 선착장

테이나우 호수

불가능하고 와이파이 등 통신 인프라도 전무하다. 식품이나 물건을 살 수 있는 곳도 전혀 없기 때문에 3박 4일 동안은 전적으로 본인이 배낭에 지참한 음식들로만 조리해 먹어야 한다. 당연히 개인 침낭도 필수다.

비용 차이가 큰 만큼 패키지 트레킹은 식사, 숙박, 길 안내와 다양한 정보 등을 가이드에 의존할 수 있어 편하다. 반면 자유 트레킹은 전적으로 개인 스스로가 모든 걸 해결해야 한다. 약간의 경험만 있다면 저비용으로 하는 자유 트레킹이 만족도는 훨씬 높을 것이다.

밀포드 입산 인원은 하루 90명 이내로 제한된다. 6개 숙박지의 하루 수용 인원도 모두 합쳐 최대 90명이다. 가이드 트레킹을 위한 고급 숙박지인 3개의 롯

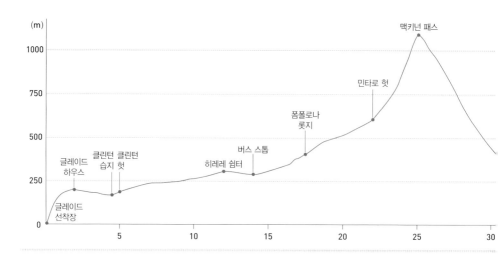

밀포드 트랙 고도표

지가 각각 최대 수용인원 50명, 개별 자유 트레커들을 위한 3개의 헛은 수용인원이 각각 40명씩이다. 우리와는 정반대 계절인 만큼 늦은 봄인 10월 말에 개장하여, 초가을로 접어드는 5월부터는 동절기라 모두 문을 닫는다. 따라서 오픈 기간 6개월에 180일이면 연간 입산 인원은 1만 6천 명 수준을 넘지 못한다. 이런 입산 제한 때문에 매년 6월 중에 실시되는 인터넷 예약 접수는 전 세계인들의 동시 접속으로 단기일 안에 마감돼 버린다.

하루 숙박료는 자유 트레킹의 경우 3개 숙소 헛 모두 뉴질랜드 달러 70불이다(1N$=약 780원/2019년 4월 기준). 뉴질랜드 환경청 홈페이지(www.doc.govt.nz)나 그레이트 웍스 홈페이지(www.greatwalks.co.nz)를 통해서 숙박 등을 예약한다.

한국에서 밀포드 트레킹만을 목적으로 뉴질랜드에 간다면 최소 8박 9일 정도 필요하다. 왕복 항공기에서 2박, 거점인 퀸스타운에서 2박, 밀포드 트레킹 3박 그리고 여유 1박이다. 밀포드 트랙 3박 4일 만으로는 짧아서 그 분위기를

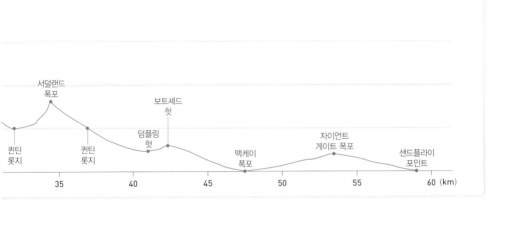

서덜랜드
폭포

보트셰드
헛

덤플링
헛

퀸틴
롯지

퀸틴
롯지

맥케이
폭포

자이언트
게이트 폭포

샌드플라이
포인트

35　　　　40　　　　45　　　　50　　　　55　　　　60 (km)

더 맛보고 싶다면 바로 인근의 루트번 또는 케플러 트랙을 더 걷는 것도 좋을 것이다. 12시간 가까운 비행시간과 비싼 왕복 항공료를 감안한다면 밀포드 외에 추가 트레킹 또는 다른 관광지와 연계한 최소 2주 정도의 여정이 합리적이다.

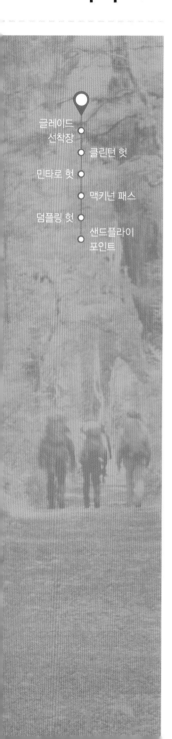

밀포드 트랙

코스 가이드

글레이드
선착장
클린턴 헛
민타로 헛
맥키넌 패스
덤플링 헛
샌드플라이
포인트

퀸스타운Queenstown은 인구 2만의 자그마한 호반 도시다. 밀포드 트랙으로 향하는 사람들은 대개, 영국의 빅토리아 여왕처럼 아름답다는 이 도시에서 아침 버스를 탄다. 버스의 종착지인 피오르드랜드 국립공원의 테아나우 호수까지는 두 시간 반 거리이다. 퀸스타운의 상징인 와카티푸 호수Lake Wakatipu가 버스 차창으로 스쳐 사라지고 나면 드넓은 평원이 펼쳐진다. 한가로이 풀을 뜯는 양떼들의 이국적인 모습이 시야 가득 들어온다. 녹색 캔버스에 흰색 물감 방울을 무수히 뿌려놓은 듯하다. 뉴질랜드는 인구 450만이 안 되지만 양들의 숫자는 4,000만 마리가 넘는다. 양떼들이 저렇게 열심히 풀을 뜯어 자신들 숫자의 10분의 1에 불과한 인간들을 먹여 살리고 있는 셈이다.

멀리 설산들이 나타나기 시작하고, 잠깐 졸음에 빠질 즈음 버스는 테아나우에 도착한다. 방문객센터에서 간단한 입산 절차를 마치고 선착장으로 이동하여 유람선에 오른다. 테아나우 호수는 뉴질랜드에서 두 번째로 넓다. 서울 면적의 절반이 넘는 규모이다. '바다 같은 호수'가 딱 어울리는 표현이다. 한 시간 이상 주변 설산들의 위용에 넋을 빼앗기다 보면 어느 순간 배는 호수의 북단인 글레이드 선착장에 이른다. 배에서 내리며 가장 먼저 하는 일은 신발 소독이다. 소독제가 들어 있는 넓은 용기 속에 잠시 신발을 담그고 나오면 비로소 밀포드로 들어갈 자격이 주어진다. 바로 앞 녹색 이정표에는 'Milford Track'이라는 노란색 글씨가 선명하게 트레커들을 반긴다. 밀포드 트레킹이 시작되는 것이다.

| 1.5km | | 3km | | 0.5km | |

글레이드 선착장   글레이드 하우스   클린턴 계곡 습지   클린턴 헛
180m   200m   180m   190m

거리 5km 누적 거리 5km 진척률 8% 총 소요 시간 1.5시간

짙은 적갈색 흙길에 발이 닿는 느낌이 첫걸음부터 푹신하게 느껴진다. 좌우 울창한 숲속에는 생소한 나무들이 가지마다 이끼 식물들로 얽히고설킨 채 치렁치렁 늘어져 있다. 이미 죽거나 잘려나간 나무들을 진득한 생명력의 이끼들이 감싸고 있는 모습은, 마치 두 겹 세 겹 끼워 입은 갑옷처럼 두터워 보인다. 영화 〈반지의 제왕〉에서 봤을 법한 묘한 분위기의 숲이 계속되다 끝나는 순간, 갑자기 확 트인 초원이 펼쳐진다. 멀지 않은 숲 너머 거대한 산이 길을 막고 서 있다. 산 밑에 통나무집 다섯 동이 가지런히 있다. 글레이드 하우스는 자유 트레커가 아닌, 가이드를 동반한 패키지 트레커들이 묵는 럭셔리한 숙소다. 배에서 내려 걷기 시작한 지 20분도 안 되는 가까운 거리에 있다. 주변 정경이 좋아 그냥 지나치긴 아깝다. 숙소 앞 넓은 잔디밭에 놓인 벤치에 배낭 내려놓고 잠시 쉬어갈 만하다.

밀포드 트레킹 나흘 중 하루 하고도 반나절은 클린턴강Clinton River을 바로 옆에 끼고 걷는 여정이다. 출발할 때는 숲에 가려졌던 강이 글레이드 하우스 앞 잔디밭에서부터 자태를 드러낸다. 백여 미터 길이로 구름처럼 떠있는 글레이드 다리를 건너면, 왼쪽으로 흐르던 강물은 오른쪽으로 그 위치를 바꾸며 트랙과 나란히 따라간다. 유영하는 물고기의 지느러미까지 생생히 보일 정도로 강물이 맑다.

7km	5.5km	4.5km

클린턴 헛
190m

히레레 쉼터
310m

폼폴로나 롯지
410m

민타로 헛
610m

거리 **17km** 누적 거리 **22km** 진척률 **37%** 총 소요 시간 **6시간**

수용인원 40명인 클린턴 산장은 도착하는 순서대로 침대가 정해진다. 추울 때라면 따뜻한 안쪽부터 침대가 차서 늦게 도착하면 출입구 쪽 침대만 남아 있을 것이다. 이어지는 여느 산장이나 다 그렇다. 산장 주방 벽에 붙어 있는 글귀 한 줄은 아침 발걸음을 더 가볍게 해준다. '먼 길도 웃으며 가면 짧게 느껴진다 Long smiles make short miles.' 클린턴강은 두 지류로 나뉘고, 길은 왼쪽 지류를 따라 이어진다.

가끔 길 한편에서 버너를 피워 커피를 끓여 마시다가 지나는 이들에게 한 잔씩 권하는 이들도 만난다. 비가 많고 늘 습한 곳이라 산불은 별로 문제가 안 되는 모양이다. 울창한 숲길이 끝나면 확 트인 시야 양편에 거대한 산들이 나타난다. 깎아지른 화강암 절벽 봉우리들이 하나같이 흰 눈을 뒤집어썼다. 한참 걸어 가까이 가면 높고 굵은 폭포 앞이다. 히레레 쉼터 지붕 밑에서 바라보는 히레레 폭포의 위용이 꽤나 거세고 힘차다. 버스가 올 일이 없는 산속에 'Bus Stop' 팻말이 세워져 있기도 하다. 그 뒤로 시골 버스정류장처럼 소박하게 양철로 엮은 쉼터가 있어 지나는 이들을 쉬어가게 한다.

어느 순간부터 주변에 숲도 사라졌고 나무들의 키도 낮아진다. 고도가 높아졌음을 알 수 있다. 크고 작은 돌더미들이 큰 강처럼 가로막는 너덜지대를 지나면 폼폴로나 롯지 앞이다. 전날 글레이드 하우스처럼 가이드를 동반한 패키지 트레커들이 이튿날 날 묵는 숙소다. 자유 트레커들이 묵는 산장들과 달리 식사와 침구 등 모든 게 완벽하게 제공된다.

'Bus Stop' 이후로는 경사가 심해진다. 오르고 또 오르다 보면 다시 폭포 앞이다. 낙차 230m의 퀸틴 폭포St. Quintin Falls는 이전의 히레레 폭포보다 위용은 덜하지만 많은 땀을 흘린 다음이기에 바라보는 시원함은 훨씬 더하다. 기다란 철재 다리를 건너 다시 장대한 물줄기의 폭포를 지나 급격한 오르막을 견뎌내면 반가운 이정표가 나타난다. '민타로 산장까지 2분, 맥키넌 패스까지 2시간 30분.'

	3km		7km		2.5km	2.5km		4km	

민타로 헛	맥키넌 패스			퀸틴 롯지	서덜랜드 폭포	퀸틴 롯지		덤플링 헛
610m	1154m			250m	400m	250m		110m

거리 **19km** 누적 거리 **41km** 진척률 **69%** 총 소요 시간 **8시간**

밀포드 트레킹 4일 일정 동안, 비를 한 번도 안 만날 확률은 매우 낮다. 특히 정상에서 비나 눈을 만날 확률이 꽤 높다. 대개는 이튿째 날 오후 서너 시쯤 민타로 산장에 도착하게 되는데, 날씨가 화창하고 체력이 남아 있다면 배낭을 산장에 두고 정상인 맥키넌 패스까지 예습 삼아 올라갔다 내려오는 것도 좋은 방법이다. 이를테면 다음날의 눈비가 올 경우를 대비하여 정상을 미리 올라보는 것이다.

셋째 날 아침 민타로 산장을 나오면 여지없이 오르막이 이어진다. 전날 이미 산 중턱까지 고도를 높여 왔기 때문에 정상인 1,154m 패스까지는 고도차 500m 정도 올라가면 되지만, 대체로 몹시 힘겨운 구간이다. 급경사를 완충하기 위한 지그재그를 열한 번째 꺾으며 땀을 쏟고 나면 비로소 정상의 드넓은 초원에 이른다. 주변을 에워싼 봉우리들은 11월 여름일지라도 흰 눈으로 덮여 있다.

맥키넌 패스 정상에는 십자가를 꽂아놓은 석탑이 장엄한 모습으로 서 있다. 석탑 50m 뒤로는 거의 1,000m에 이르는 수직 낭떠러지가 입을 벌리고 있다. 위험 표지판이 모두의 간담을 서늘하게 한다. 석탑에는 '1888년 이 길을 개척하고 1892년 테아나우 호수에서 사망한 퀸틴 맥키넌 경을 기리며 이 기념비를 세운다'는 글귀가 있다. 주변을 감싸는 짙은 안개구름과 어울려 한층 더 영적인 기운을 불러온다. 첫날 테아나우 호수에서 느꼈던 기운과 비슷하다. 호수를 건너는 배 위에서 주변 설산들 위용에 넋을 잃던 어느 순간, 수면 위에 떠 있는 하나의 십자가에 눈길이 꽂힌 바 있다. 바로 퀸틴 맥키넌 경의 수중 묘비였다. 100여 년 전에 살았던 한 사람의 개척 정신이 오늘날까지 이어져, 전 세계의 트레커들을 이곳으로 불러들이고 있는 것이다.

맥키넌 패스 정상부터는 아더 계곡을 따라 아더강Arthur River 하류에 이르는 길이다. 아더강의 발원지는 퀼 호수Lake Quill이다. 밀포드 트랙을 벗어나 한참을 가야 만날 수 있는 호수다. 호수 앞에는 세계에서 다섯 번째로 높다는, 낙차 580m의 서덜랜드 폭포가 웅장한 자태로 폭포수를 쏟아내고 있다. 이 폭포를 처음 발견한 도널드 서덜랜드의 이름이 곧바로 폭포 이름이 되었다. 정상에서 평지로 내려온 트레커들은 퀸틴 롯지 옆 휴게소에 들러 배낭을 잠시 내려놓는다. 홀가분한 몸으로 퀼 호수까지 가서 이 거대한 폭포를 만나고 오기 위함이다. 왕복 한 시간 반이 소요된다. 비 오는 날이라면 폭포는 몬스터처럼 사납다. 다시 퀸틴 롯지로 돌아와 배낭을 둘러메면, 밀포드에서의 마지막 밤을 보낼 덤플링 산장까지는 1시간 거리이다.

6.5km	6km	5.5km
덤플링 헛 110m	맥케이 폭포 105m	자이언트 게이트 폭포 100m	샌드플라이 포인트 0m

거리 18km 누적 거리 59km 진척률 100% 총 소요 시간 5.5시간

스페인 산티아고 순례길에서는 빈대류인 베드버그가 악명 높지만, 이곳에서는 파리의 일종인 샌드플라이가 위협적인 존재다. 둘 다 흡혈성 곤충이라 물린 후의 가려움증은 꽤나 성가시다. 밀포드의 아름다움에 취해 쉽게 떠나지 못하는 이들을 얼른 쫓아내기 위하여 마오리족 여신이 이 곤충들을 풀어놨다고 한다. 밀포드의 아름다움이 훼손되지 않고 오래오래 보존되도록 하기 위한, 전설 속 여신의 배려인 것이다. 밀포드 트랙의 종착지이자 나흘째 마지막 거점 이름도 '샌드플라이 포인트'이다.

숲에 가려 보이지 않지만 왼쪽 어딘가에서 거센 강물을 하류로 쏟아내는 듯 요란하게 자신의 존재를 알려오는 아더강을 따라 덤플링 산장을 출발한다. 나흘째 마지막 날은 아더 계곡과 아더강을 따라 걷는 평탄한 길이다. 멋진 구름다리를 건너면서 왼쪽에 있던 아더강 위치가 오른쪽으로 바뀐다. 벨 락Bell Rock에서 맥케이 폭포를 바라보고 잠시 후 포세이돈 크릭Poseidon Creek을 지난다. 첫날 출발 지점부터 얼마나 왔는지를 막대 이정표가 수시로 나타나 킬로미터와 마일 단위로 알려준다. 밀포드 홍보 사진에 자주 등장하는 자이언트 게이트 폭포와 그 앞 구름다리를 건너면 얼마 후 아다 호수Lake Ada가 나타난다.

이윽고 눈앞에 멋진 지붕 하나가 보인다. 잠시 후 지붕 밑으로 발을 들이면 노란 문 두 개가 서 있다. 왼쪽 문에는 'Welcome to Sandfly Point'란 환영 문구와 함께 'Independent Walkers'란 글씨가 뚜렷하다. 개별로 온 자유 여행가를 위한 휴게실이다. 오른쪽 문에는 'Guided Walks'라 적혀 있다. 가이드를 동반한 패키지 여행가들이 쉬는 고급 휴게실이다. 창문으로 보이는 두 휴게실의 인테리어나 그 분위기가 뚜렷이 구별된다.

소박한 일반실로 들어가면 의자만 썰렁하게 놓여 있다. 벽에 붙어 있는 한 장의 영어 편지를 읽다 보면 가슴이 뭉클해진다. '밀포드 트랙을 종주한 특별한 사람들 대열에 이제 당신도 합류를 하게 되었다. 스스로 자부심을 가져도 될 것이다'라고 적혀 있다. 1년에 1만 6천 명밖에 안 되는 사람들에게만 입산이 허락되는 밀포드인 것이다. 자부심을 가져도 될 만하다.

밀포드 사운드 크루즈 여행

뉴질랜드 남섬 맨 아래 쪽 사우스랜드 안에서도 왼쪽 서부의 약 4분의 1 면적이 피오르드랜드 국립공원이다. 이 국립공원 안에 뉴질랜드 9대 트레일 중 세 개인 밀포드 트랙, 케플러 트랙, 루트번 트랙이 있다. 밀포드 트랙이 끝나는 서남부 가장자리에는 내륙 깊숙이 바닷물이 들어온 협만Sound이 있는데 이 지역이 바로 밀포드 사운드이다.

산속 퀼 호수에서 시작된 아더 강물은 아다 호수를 거쳐 이곳 밀포드 사운드로 흘러나온다. 일부는 이곳에 머물고 일부는 조수를 따라 저 멀리 타스만 해로 흘러나가 남태평양이나 인도양 넓은 바다와 만난다. 배를 타고 이 협만을 따라 타스만 해 앞까지 나갔다 돌아오는 크루즈 여행이 세계적인 관광 상품으로 유명하다.

밀포드 트레킹을 마친 이들이 바로 인근에서 승선하는 이 크루즈 여행을 놓친다면 아까운 일이다. 이 일대는 사방이 온통 복잡한 피오르드 지형으로 둘러싸여 한번 들어오기도 쉽지 않기 때문이다. 크라이스트 처치나 오클랜드 등 북쪽 도시로 올라가려 해도 남쪽의 퀸스타운을 거쳐야 한다. 첫날 배를 탈 때 선착장이 있던 테아나우 다운스Te Anau Downs를 거쳐 퀸스타운으로 돌아가기까지 네다섯 시간이나 걸리는 장거리이다. 들어오고 나가기 복잡한 밀포드 사운드까지 걸어서 도착한 만큼 크루즈 여행을 생략하는 건 아쉬운 일이다.

샌드플라이 포인트를 떠나기 위해선 뱃길밖에 없다. 밀포드 사운드 선착장까지 건너가는 배가 하루에 두 번, 오후 두 시와 세 시 반에 있다. 샌드플라이 포인트에서 승선하고 20분도 안 되어 협만 맞은편 선착장에 내린다. 퀸스타운으로 돌아갈 이들은 버스정류장으로 이동하고 밀포드 사운드를 여행할 이들은 크루즈에 오른다. 바다 위로 솟아오른 거대한 산봉우리들이 점차 시야에서 가려지면서 거대한 절벽들이 협만 양측에 늘어선다. 그 절벽들 위로 수백 미터 낙차를 타고 내리는 수많은 폭포수들이 절벽 위 울창한 숲과 그 아래 코발트 빛 바다와 어우러져 장관을 이룬다. 두 시간 가까운 동안 수백만 년 전 원시지구로 시간 여행을 떠난 것 같은 경이로움과 함께 한다.

타스만 해의 수평선을 마주하고 다시 선착장으로 돌아와 배를 내리면 보엔 폭포Bowen Falls 밑에서 맞았던 청량한 폭포수 물방울들 감촉이 여운으로 남을 것이다. 다시 협만 쪽으로 뒤를 돌아다 보면 해발 1,623m의 마이터 피크Mitre Peak가 다른 여러 멋진 봉우리들 중에서도 군계일학처럼 삼각형의 멋진 능선을 자랑하며 솟아 있다.

트레킹 기초 정보

여행시기

매년 11월부터 다음 해 4월까지만 입산이 가능하고 그 외 6개월은 거의 입산이 불가능하다. 남반구 겨울철의 각종 위험 요인들 때문이다. 여름휴가가 시작되는 12월 중반 이후부터 2월 중순까지는 뉴질랜드 관광지로 사람들이 많이 몰려들어 다소 복잡하다. 이 시기를 피하고 싶다면 11월에서 12월 중순까지, 그리고 2월 중순부터 4월까지가 다소 여유롭겠다. 이 기간 3개월이 전형적인 봄가을 날씨이기도 하다. 그러나 밀포드 트레킹 시기는 자신이 선택하기는 어렵다. 인터넷 예약 시스템으로 전 세계 트레커들과 경쟁하여 숙소 예약을 따내야 하기 때문이다. 대개는 자신이 원했던 시기보다는 예약이 가능한 타이밍으로 정해질 수밖에 없다.

교통편

북섬의 오클랜드까지는 대한항공 직항이 있다. 11시간 넘게 걸린다. 시간 여유가 있고 항공료를 절약하고 싶으면 상하이 푸동공항 등을 거치는 외국 항공사를 이용하는 게 좋다. 직항이 아닌 경우 인천 출발 후 오클랜드에서 내리기까지 거의 24시간 또는 그 이상 걸릴 수도 있지만 가격 차이는 크다. 오클랜드에서 국내선 비행기로 갈아타면 2시간 후 남섬 퀸스타운에 도착한다. 퀸스타운에서는 여행자 안내센터인 I-site를 찾아가면 밀포드를 가고 오는 버스 예약 등 각종 여행정보까지 얻을 수 있다. 퀸스타운은 작은 도시라서 I-site 찾아가는 데에도 별 어려움이 없다. 뉴질랜드 전역에는 80여 개의 I-site가 체계적으로 운영 중이라 여행자에겐 큰 도움이 된다. 퀸스타운에서 하루나 이틀 머문 후 이른 아침 예약된 버스에 오르면 세 시간 가까이 걸려 테아나우 호수에 도착한다. 입산 신고를 한 후 배를 타고 호수를 건너면 곧바로 트레킹을 시작한다.

숙박

가이드가 이끄는 패키지 트레커들을 위한 숙소는 3개가 있다. 글레이드 하우스Glade House, 폼폴로나 롯지Pompolona Lodge, 퀸틴 롯지Quintin Lodge이다. 식사와 침구 등 모든 시설이 완벽한 준호텔급 숙소로, 고가이며 시즌 6개월만 오픈한다. 자유 트레커들을 위한 산장도 3개가 있다. 클린턴 헛Clinton Hut, 민타로 헛Mintaro Hut, 덤플링 헛Dumpling Hut이다. 물과 가스만 공급되는 기본 취사 시설이 있고, 넓은 방에는 침상들만 놓여 있다. 침낭과 식자재 등 일체를 본인들이 짊어지고 가야 한다.

식사

롯지를 이용하는 패키지 트레커들이야 고비용에 계약을 한 만큼 매 끼니마다 좋은 음식들이 기다리고 있다. 반면에 자유 트레커들은 아침과 저녁 식사를 스스로 조리해 먹어야 한다. 점심은 간식으로 때워야 한다. 식품을 사거나 음식을 사 먹을 수 있는 곳은 전혀 없다. 3박 4일 동안 먹을 식자재를 배낭에 넣고 출발해야 하기 때문에 중량과 부피가 적게 나가는, 콤팩트하고 고칼로리인 식자재들을 요령껏 구비해야 한다. 쌀은 물론 비닐을 제거한 라면과 견과류, 오징어포, 고추장, 일회용 수프 등이 도움이 된다.

예산

가장 컴팩트한 밀포드 트레킹 여정은 다음과 같다. 아침에 오클랜드 공항 도착, 국내선 낮 비행기로 퀸스타운 도착, 퀸스타운 1박, 다음날 테아나우 호스까지 버스로 이동한 후, 배로 테아나우 호수를 건너자마자 트레킹을 시작한다. 밀포드 트랙 내에서 3박(자유 트레킹) 또는 4박(가이드 트레킹) 후 퀸스타운으로 돌아와 1박, 다음날 아침 국내선 비행기 타고 오클랜드로 이동 후 야간 비행기로 출국 또는 다음날 오전 비행기로 출국하는 여정이다.

국내 여행사를 통한 가이드 동반 패키지 상품들은 통상 퀸스타운 1박-밀포드 4박-퀸스타운 1박-오클랜드 1박 여정의 상품이다. 비용은 대개 400~450만 원 수준을 요구한다. 패키지로 갈 경우 밀포드 트랙 내 숙소나 음식 등 모든 일정은 안락하다.

개별 자유 트레킹 경우 밀포드 산장 예약이 가장 관건이다. 매년 6월경에 특정 날짜를 발표하여 인터넷 사이트(www.doc.govt.nz.)에서 일괄 예약을 받는다. 전 세계 트레커들이 몰리므로 예약 경쟁이 치열하다. 퀸스타운에서 버스로 출발하여 밀포드에서 3박 4일 트레킹하고 퀸스타운으로 돌아오기까지 숙박비와 교통비는 40만 원 가량 소요된다. 트레킹 동안에는 매점 등이 일절 없어 각자 배낭에 가져가야 하는 식품 비용은 제외한 비용이다. 여기에 인천-오클랜드 왕복 항공료, 오클랜드-퀸스타운 왕복 국내선 항공료, 그리고 퀸스타운 2박, 오클랜드 1박 비용만 합쳐지면 6박 7일 뉴질랜드 여정에 필요한 총 금액이 산정된다.

여행 팁

패키지가 아닌 자유 트레킹을 선택했다면 배낭 속 내용물 구성이 가장 중요하다. 3박 4일간 먹을 식품들 선정이 최우선이다. 무게와 부피가 적게 나가는 고칼로리 식품 위주로 배낭을 꾸려야 한다. 나흘 중 하루나 이틀은 우천 그리고 정상에선 눈을 만날 가능성이 크므로 이를 대비한 우비와 방한복도 챙기자.

트레킹 이후의 여행지

본문에 자세히 언급한 것처럼 밀포드 사운드 크루즈 여행 두 시간을 빠트리지 않는 게 좋다. 이후 퀸스타운으로 돌아온 후 남섬 북쪽으로 여행한다. 크라이스트 처치를 남섬 마지막 경유지로 삼는다면, 위로 올라가면서 마운트 쿡, 프란츠 조셉 빙하, 데카포 호수 등을 여행할 수 있다. 이후 북섬으로 넘어와서 오클랜드를 거점으로 하여 원하는 곳을 여행하면 된다.

마일 포스트

일자	NO	경유지 지명	해발고도 (m)	거리(km)	누적	진척율
1일차	1	글레이드 선착장 Glade Wharf	180	0	0	0%
	2	글레이드 하우스 Glade House	200	1.5	1.5	3%
	3	클린턴 계곡 습지 Clinton Valley Wetland	180	3	4.5	8%
	4	클린턴 헛 Clinton Hut	190	0.5	5	8%
2일차	5	히레레 쉼터 Hirere Shelter	310	7	12	20%
	6	폼폴로나 롯지 Pompolona Lodge	410	5.5	17.5	30%
	7	민타로 헛 Mintaro Hut	610	4.5	22	37%
3일차	8	맥키넌 패스 Mackinnon Pass	1,154	3	25	42%
	9	퀸틴 롯지 Quintin Lodge	250	7	32	54%
	10	서덜랜드 폭포 Sutherland Falls	400	2.5	34.5	58%
	11	퀸틴 롯지 Quintin Lodge	250	2.5	37	63%
	12	덤플링 헛 Dumpling Hut	110	4	41	69%
4일차	13	맥케이 폭포 Mackay Falls	105	6.5	47.5	81%
	14	자이언트 게이트 폭포 Giant Gate Falls	100	6	53.5	91%
	15	샌드플라이 포인트 Sandfly Point	0	5.5	59	100%

04

일본 /
규슈 올레
九州オルレ

2012년 2월, 규슈에 4개 올레길이 동시에 열리면서 '규슈 올레'라는 이름이 세상에 처음 나왔다. 제주도에 올레길이 열린 지 5년 만이다. 하나로 이어진 제주 올레와 달리 규슈 올레는 각 코스들이 떨어져 있다. 코스 간 이동에 차량 이용이 불가피하다. 규슈에서 한두 량짜리 시골 기차를 타고 여행하는 건 정말이지 매력적이다. 멀지 않은 곳으로 떠나 이국적인 풍경과 맞닥트리고 싶다면 규슈 올레를 걸을 일이다. 아기자기하면서 지극히 일본적인, 우리의 남쪽과는 확연히 다른 그런 분위기에 취할 수 있다.

일본

후쿠오카
규슈
가고시마

일본 근대화의 첨병인 규슈,
또 하나의 올레

'1592년 도요토미 히데요시는 각 다이묘들에게 명령하여 조선에 대한 침략을 시작했다. 그러나 이순신 장군이 이끄는 조선 수군과 의병으로서 봉기한 민중이 반격을 가해 일본군을 남해안까지 격퇴시켰다. 1597년 강화교섭이 결렬됨으로써 히데요시는 재차 침략을 명령했으나 이때도 일본군은 패퇴를 거듭해 다음 해 가을에 철수했다. 7년간에 걸친 전화는 조선 반도 전역에 미치고 큰 피해를 주었다.'

우리나라가 아닌 일본 박물관에서 읽은 문구다. 규슈 올레 가라쓰 코스 중간에 있는 나고야성 박물관에서다. 규슈는 우리 한반도와는 악연이 깊은 곳이다. 임진왜란 당시 도요토미 히데요시는 조선과의 해상 거리가 가장 가까운, 규슈의 북쪽 지역 가라쓰에 히젠 나고야성을 세우고 전국의 영주들과 군대를 주둔시켜 조선 침략의 전진 기지로 삼았다. 일본 전역에서 이곳을 거쳐 배에 실린 물자와 왜군들에 의해 조선 반도가 7년간 수탈을 당했다.

이런 아픈 역사와는 달리 지금의 규슈는, 부산에서 비행기로 50분밖에 안 걸리고 하카타와의 크루즈 왕복선도 수시로 들락거린다. 우리와 아주 가깝고 친근해졌다. 제주 올레가 일본에 수출되어 규슈 올레가 되면서 우리와는 '길'을 통하여 더욱더 친숙해졌다. '올레'라는 브랜드의 사용과 제반 컨설팅을 포함하는, '제주 올레'와의 협약 결과이다. 규슈 올레는 2012년 초에 열린 이래 매

년 3~4개씩 새로운 코스를 추가하면서 2019년 2월 현재는 20개 코스에 총거리 235km로 늘어났다. 28개 코스에 총거리 425km로 양적 성장을 거의 마친 제주 올레에 비하면 아주 빠른 성장 속도이다.

두 올레의 가장 큰 차이는, 하나는 '연속적'이고 다른 하나는 '단속적'이라는 것이다. 모두 이어져 있는 제주 올레는 차량 이용이 거의 불필요한, 이를테면 트레킹만으로 제주를 한 바퀴 돌 수 있는 가장 효율적인 트레일이다. 반면에 규슈 올레는 20개 코스가 섬 전체에 각기 따로따로 분산되어 있다. 한 코스를 걷고 나면 대중교통을 이용하여 다음 코스로 이동해야만 한다. 오로지 걷기만이 목적이면 단점일 수도 있겠으나 '여행다운 여행'의 묘미를 고려하면 오히려 장점이 된다. 제주에서와 똑같은 올레 이정표가 길을 안내하고 우리 말 안내판들도 자주 눈에 띈다. 그러나 눈에 들어오는 정경들은 지극히 일본적이고 이국적이다.

일본은 본섬인 혼슈를 중심으로 위로는 홋카이도, 아래로는 시코쿠와 규슈라는 큰 섬 4개가 열 지어 선 섬나라이다. 그중에서도 규슈는 현해탄과 대마도를 사이에 두고 우리 한반도와 가장 가까우면서 역사적 사연도 우리 선조들과 가장 많이 쌓아왔다. 우리나라 면적 3분의 1을 훌쩍 넘기는 거대한 섬 규슈는 열도의 변방이지만 일본 근대화 과정에서는 첨병 역할을 담당했던 지역이다. 일본 역사를 빛낸 수많은 영웅들이 이 섬에서 나왔고 그만큼 섬 전체는 역사적 사연과 스토리들로 채워져 있다.

일본 근대사에서 하이라이트 역할을 했던 사쓰마 번은 바로 규슈의 최남단 가고시마현의 옛 이름이다. 메이지 유신의 영웅 3인 중 사이고 다카모리와 오쿠보 도시미치가 사쓰마 번에서 배출되었다. 일본인들이 가장 사랑한다는 인물 사카모토 료마의 흔적도 현재의 가고시마에 많이 남아 있다.

오늘의 일본을 있게 한 이런 걸출한 인물들이 규슈에서 많이 배출될 수 있었던 건 이유가 있다. 16세기 중반에 포르투갈 상선이 입항하면서 일본 최초로 해외무역이 시작된 곳이 바로 규슈였기 때문이다. 또한 도쿠가와 이에야쓰의 외국인 참모로서 에도 막부의 해외 정책에 막대한 영향을 미쳤던 네덜란드 인 미우라 안진이 표류해 온 곳도 바로 이곳 규슈였다. 그만큼 일찍부터 해외문물에 눈뜰 수 있는 환경과 여건들을 규슈는 고루 갖추고 있었던 것이다.

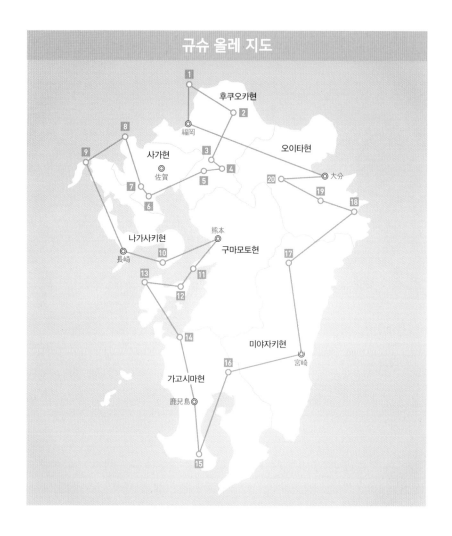

규슈 올레 지도

규슈는 후쿠오카, 사가, 나가사키, 구마모토, 가고시마, 미야자키, 오이타라는 7개의 현으로 구성된다. 20개 올레 코스는 모든 현에 골고루 분포되어 있어서, 전 코스를 종주한다는 것은 규슈 전체를 한 바퀴 순회하는 것과 같다. 제주도 면적의 20배가 넘는 규슈는 각 올레 코스마다 그 지역 특징들을 고스란히 담고 있어서 사전에 여행 주안점들을 잘 파악하고 가는 게 좋다.

현(県) 이름	NO	코스 이름	거리(km)	개장 시점	개장 순서
후쿠오카	1	무나카타 · 오시마宗像 · 大島	11.4	2014.03월	12
	2	지쿠호 · 가와라筑豊 · 香春	11.8	2018.03월	21
	3	구루메 · 고라산久留米 · 高良山	8.6	2015.11월	16
	4	야메八女	11	2014.12월	13
	5	미야마 · 기요미즈야마みやま · 清水山	11.5	2017.02월	19
사가	6	우레시노嬉野	12.5	2014.03월	11
	7	다케오武雄	14.5	2012.02월	1
	8	가라쓰唐津	11.2	2013.12월	10
나가사키	9	히라도平戸	13	2013.02월	5
	10	미나미시마바라南島原	10.5	2015.11월	17
구마모토	11	아마쿠사 · 이와지마天草 · 維和島	12.3	2012.03월	3
	12	아마쿠사 · 마쓰시마天草 · 松島	11.1	2013.02월	6
	13	아마쿠사 · 레이호쿠天草 · 苓北	11	2015.02월	15
가고시마	14	이즈미出水	13.8	2017.02월	18
	15	이브스키 · 가이몬指宿 · 開聞	12.9	2012.03월	4
	16	기리시마 · 묘켄霧島 · 妙見	11	2013.02월	8
미야자키	17	다카치호高千穂	12.3	2013.02월	7
오이타	18	사이키 · 오뉴지마佐伯 · 大入島	10.5	2018.03월	20
	19	오쿠분고奧豊後	11.8	2012.03월	2
	20	고코노에 · 야마나미九重 · やまなみ	12.2	2013.12월	9
총 거리(km)			235		

※ 코스 이름 앞의 번호는 '효율적인 동선' 기준임

　　산티아고 순례길처럼 제주 역시 오로지 걷기만을 위한 여행이 가능하다. 올레로 이어진 전 코스 425km를 20여 일 동안 연이어 걸을 수도 있지만 규슈 올레는 불가능하다. 한 코스 끝나 다음 코스로 이동하기 위해선 열차든 버스든 대체로 한두 번은 차를 갈아타야 한다. 오로지 다음 코스에서의 걷기만을 위한 대중교통 이용이라면 매우 불편하고 번거로운 일이다. 그러나 버스나 기차를 타는 시간 자체가 여행의 일부로 느껴진다면 규슈 여행이 주는 즐거움은 배가된다. 더구나 코스와 코스 사이를 이동하면서 그 주변에 있는 도시 또는 역사 문화적 명소들을 방문한다면 일석삼조의 여행이 된다.

규슈 올레는 걷기와 주변 명소 여행을 병행할 때 그 즐거움과 의미가 더 커진다. 히로시마에 원폭이 투하되고 며칠 후 나가사키에도 원폭이 투하되었다. 올레 히라도 코스로 이동하기 전 또는 후에는 나가사키시에 있는 원폭 전시관을 견학할 필요가 있다. 히로시마에 이어 두 번째 원폭이 나가사키에 투하된 바로 그 지점에 전시관이 있다. 너무나 사실적이고 생생한 현장감에 많은 사람들이 놀란다.

아마쿠사 세 자매 올레 코스로 이동하기 위해 구마모토시에 들어가면 인

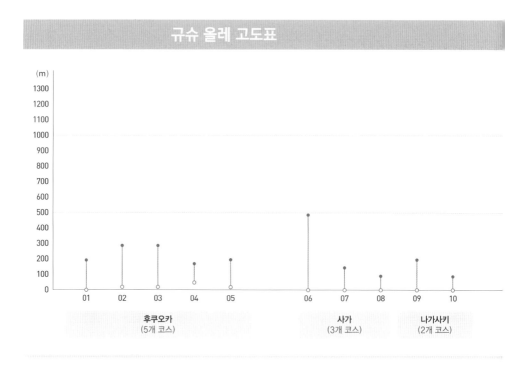

규슈 올레 고도표

근 아소산 여행을 겸할 수도 있다. 2016년 말에 발생한 폭발적 분화 때문에 부분적으로 교통 제약이 따르긴 한다. 규슈 남단의 올레 3개 코스를 걷기 위해선 가고시마로 가야 한다. 화산섬 사쿠라지마를 반나절 둘러보면서 여전히 화산활동이 이뤄지는 모습을 현장에서 실감할 수 있다.

　　가고시마 시내의 메이지 유신관에서는 일본 근현대사의 생생한 현장들을 자료들로나마 체험해볼 수도 있다. 시간 여유가 있다면 1박 2일 또는 2박 3일 여정으로 원시림 야쿠시마를 여행할 수도 있다. 신화의 고장인 미야자키현 다카치호 코스를 걷고 나면 저녁에는 그냥 쉬지 말고 연극 한편을 보는 게 좋다. 코스 초입인 다카치호 신사에서 매일 저녁 한 시간씩 공연되는 연극 요카구라夜神樂다. 일본 개국 신화의 일부를 해학적으로 표현하는 내용이다. 일본의 태양신 아

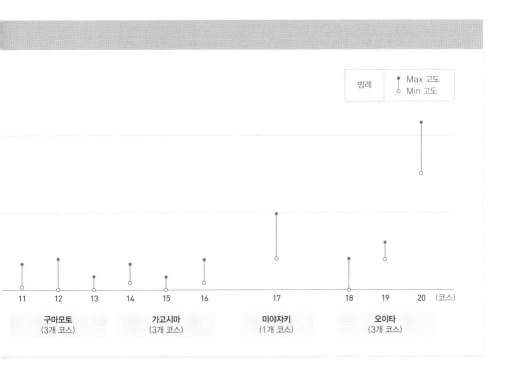

115

마테라스의 손자가 땅에 내려와, 아침 햇살이 찬란하고 저녁노을이 아름다운 곳이라며 나라를 다스릴 궁을 세웠다는 곳이 바로 이곳 다카치호 마을이다.

마지막으로 오이타현에 세 개 코스를 걷고 나면 온천욕을 즐길 일이다. 우리나라 관광객들에게 온천 목적의 여행지로 많이 알려져 있기도 하다. 이미 다른 코스를 걸으며 온천욕을 경험했다면 구태여 이곳 벳푸나 유휴인 온천을 경험할 필요는 없을 것이다. 사가현 다케오 코스에 우리 동네 목욕탕 같은 다케오 온천도 있다. 입장료가 우리 돈 5천 원에 불과하지만 무려 1,300년 동안 이어져온 전통 있는 온천이다. 공짜 온천도 많다. 히라도, 아마쿠사 · 마쓰시마, 기리시마 · 묘켄, 고코노에 · 야마나미, 이런 코스들의 종점에 있는 무료 족탕이 오랫동안 기억에 남을 수도 있다. 먼 길을 걷고 난 후 졸졸 흐르는 따뜻한 온천물들에 발 담갔던 추억은 쉽게 쌓을 수 있는 경험이 아니다. 규슈 올레에서만 누릴 수 있는 호사이다.

코스 자체도 물론 중요하지만 한 코스 끝내고 다른 코스로 이동하는 교통수단과 동선이 규슈 올레에서는 몹시 중요하다. 신칸센 고속철, JR열차나 시골 열차 또는 버스들이 각 코스의 출발점과 종착점에 편리하게 배치되어 있다. 관광객을 끌어 모으기 위한 일본인들의 상술이 교묘하고 뛰어난 건 세상에 잘 알려진 사실이다. 규슈 사람들도 마찬가지이지만 그런 그들에게 거부감은 조금도 느껴지질 않는다. 오히려 그들이 올레를 걷는 외지인들에게 쏟는 관심과 애정이 너무나 감탄스럽고 감사할 따름이다.

문제는 비용이다. 숙박비와 교통비로 지출되는 비용이 만만치 않다. 제주 올레에는 매 코스마다 저렴한 다인실 게스트하우스들이 보편화되어 있지만 규슈 올레는 그렇지 못하다. 전통 일본식 료칸들에 고가의 숙박비를 지불해야 할 경우가 많다.

규슈 올레
코스 가이드

📍 후쿠오카현 올레 소개

- 무나카타 · 오시마 코스(11.4km, 4~5시간)
- 지쿠호 · 가와라 코스(11.8km, 4~5시간)
- 구루메 · 고라산 코스(8.6km, 3~4시간)
- 야메 코스(11km, 3~4시간)
- 미야마 · 기요미즈야마 코스(11.5km, 4~5시간)

후쿠오카는 규슈의 관문이기에 짧은 일정의 여행객들이 많이 몰린다. 관광도 좋지만 잠깐 짬을 내어 규슈 올레 한두 코스라도 트레킹해보고 싶을 경우에 접근성이 좋은 곳이다. 한 코스만 고른다면 하카타역에서 가장 가까운 무나카타 · 오시마 코스를 추천한다. 배를 타고 들어가야 하는 섬 중의 섬 코스다. 현해탄을 마주하는 운치가 대단하다. 경남 거제시와 자매 결연을 맺은 야메시의 야메 코스도 추천할 만하다. 광활한 녹차밭과 고대의 고분들을 만날 수 있다.

0.3km	0.9km	0.4km	3km	0.9km
오시마항 페리 터미널 0m	무나카타대사 나카쓰궁	미다케산 정상 200m	시이다케산 등산로 50m	나카쓰와세 숲길	풍차전망대 산책로 50m

0.8km	1.2km	1.2km	1km	1.7km
오시마항 페리 터미널 0m	간스 해수욕장	오시마 커뮤니티 50m	오키노시마 요배소 0m	군도 90m	

거리 11.4km 누적 거리 11.4km 진척률 5% 총 소요 시간 4~5시간

오시마 섬은 후쿠오카현 무나카타 시에 속해 있는 조그만 섬이다. 무나카타는 기타큐슈와 후쿠오카 중간 에 위치하고 있어 옛부터 교통 요충지였다. 페리에서 내리면 터미널 왼쪽으로 올레 코스가 시작된다. 곧 바로 만나는 신사는 무나카타 타이샤 3대 신사 중 하나인 나카쓰미야이다. 무나가타 타이샤는 태양신의 세 딸인 3대 여신을 모시는 신사로, 일본 전 지역 7천여 개 신사들의 총본산이다. 이 지역은 옛날부터 일 본이 대륙으로 통하는 해상의 요충지였고, 이 때문에 이곳에 세 여신을 모심으로서 바닷길의 안녕을 빌 었다는 것이다. 신사 뒤로 가파른 산길을 따라 전망대를 지나고 잠시 후면 미다케산 정상이다. 이후로는 계속 편안한 내리막길이다.

풍차 전망대로 가는 길은 바람에 휘날리는 억새풀들이 주변 하늘과 바다를 배경으로 근사한 정경을 선사 한다. 날개 없는 풍차만 남아 있는 풍차 전망대에 서면, 대마도를 사이에 두고 한반도 남해와 일본 규슈 를 잇는 대한해협 200km, 현해탄이 눈앞에 펼쳐져 있다. 러시아 발틱 함대를 격퇴해서 러일전쟁을 승리 로 이끈, 일본 제독 도고 헤이하치로의 대마도 해전 지역이 바라다보이는 곳이다. 당시의 일본군 전사자 들을 위한 위령비가 세워져 있고 일본군이 태평양 전쟁 때 만들어놓은 포대와 벙커까지 남아 있다. 바닷 가로 내려오면 오키노시마 요배소이다. 50km 떨어진 북쪽 현해탄 오키노시마섬을 위해, 여성들이 참배 하는 곳이다. 코스 종착지 근처인 간스 해수욕장 맞은편은 꿈의 섬, 유메노사요지마이다. 밀물 때만 섬 이고 썰물 때는 육지로 연결된다.

119

	1.2km	1.1km	1.3km	2.1km
JR가와라역 20m	가와라 신사	모토코간지의 큰 녹나무 40m	가미타카노 칸논지	60척 철교 50m

	1.8km	0.6km	0.5km	1.1km	2.1km
JR사이도쇼역 70m	야야마산 300m	금산 터 130m	간마부 공원 70m	아마기바시	

거리 **11.8km** 누적 거리 **23km** 진척률 **10%** 총 소요 시간 **4~5시간**

후쿠오카현은 북쪽의 기타큐슈, 서쪽의 후쿠오카, 남쪽의 지쿠고筑後 그리고 가운데 지역인 지쿠호筑豊, 이렇게 4대 지역으로 나뉜다. 후쿠오카란 이름은 크게는 현, 보다 작게는 지역, 아주 작게는 시, 이렇게 3개 이름으로 쓰이고 있다. 가와라香春는 지쿠호 지역에 있는 인구 1만 명의 조그마한 도시다. 가와라역에서 북쪽으로 한 구간 다음인 사이도쇼銅所역까지는 철도 거리로 7km 정도 된다. 두 역 사이의 아름다고 의미 있는 곳들을 꼬불꼬불 거쳐 가는 루트가 지쿠호 · 가와라 코스다. 이를테면 철길 주변 여행 코스인 것이다.

마지막 구간 한 시간 정도의 오르막길이 다소 힘들지만 해발 300m의 야야마산 정상이 하이라이트이다. 그 이전은 대체로 평이하고 단조롭다. 종착지인 사이도쇼역의 현 모습은 기본적으로 백여 년 전 외관 그대로라고 한다. 오래된 기찻길이 주는 운치와 함께 에도 막부 시대의 향취와 흔적을 느껴볼 수 있는 코스다. 사이도쇼는 한자로 '채동소', 즉 동을 채굴하는 곳이란 뜻이다. 신라에서 이곳에 구리 재련 기술을 전수했다는 점에서 우리와 연결이 되기도 한다. 가와라역을 출발해 곧 만나는 가와라 신사에는 '신라국에서 신이 내려와 그 신이 모셔졌다'고 한다. 2018년 3월에 개장되었다. 현재의 20개 코스 중에서는 가장 막내다.

| 1.5km | 0.6km | 1.2km | 1.9km |

JR구루메 대학역
10m

부부신과 사랑의
아기 동백꽃
100m

맹종 금명
죽림
190m

오쿠미야
260m

| 1.3km | 0.3km | 0.6km | 1.2km |

JR미이역
10m

왕자
연못

묘켄
신사
150m

고라대사
240m

구루메 삼림
철쭉 공원
300m

거리 **8.6km** 누적 거리 **32km** 진척률 **14%** 총 소요 시간 **3~4시간**

구루메시는 인구 50만에 규슈에선 8위, 후쿠오카현에선 기타큐슈 다음인 3위 규모의 도시다. 시 남동쪽에는 아담한 고라산이 자리 잡아 서울의 남산처럼 은은하게 도시를 내려다보고 있다. 구루메 고라산 코스는, 시내의 기차역에서 두 시간 정도 걸어 고라산까지 올라갔다가 같은 거리만큼 걸어 한 구간 옆 기차역까지 되돌아오는 루트다. 구루메라는 도시 이름에 산 이름이 더해져 올레 이름이 되었다.

구루메 대학역을 출발해 시내를 벗어나면 가지가 이어진 두 그루의 삼나무를 만난다. 미야자키의 다카치호 올레 코스에 있는 '부부 삼나무'와 똑같은 이름이다. 혼자라면 모를까 파트너가 있다면 함께 손잡고 나무 주위를 한두 바퀴 돌 일이다. 사랑과 우애가 깊어질 것이다. 곧이어 쭉쭉 뻗은 대나무 숲을 지나면 신성한 물이 솟아난다는 성지인 오쿠미야이다. 계속 이어진 힘든 오르막은 일차로 여기서 끝난다. 고라산 정상의 능선을 한 바퀴 돌아 철쭉 공원에 이르고부터는 내리막길을 따라 고라 대사까지, 코스의 하이라이트 구간이 이어진다. 산 아래 펼쳐진 강과 들과 벌판의 모습은 그야말로 절경이다. 그리곤 누군가의 시험 합격을 기원할 수 있는 묘켄 신사를 거쳐 왕자 연못으로 내려오면 잠시 후 시내로 접어들며 미이역에 이른다.

무나카타 오시마 코스와 함께 후쿠오카시에 가장 인접한, 기차 30분 거리의 올레 코스이다. 후쿠오카시 여행 중에 서두르면 반나절 정도의 짬으로도 걸을 수 있다는 장점이 있다. 가고 오는 교통편도 JR열차가 잘 연결되어 편리하다.

1.3km	2.1km	3km	0.9km	0.8km	1.1km	1.8km

| 야마노이 공원 50m | 이누오 성터 180m | 야메 중앙 대다원 150m | 이치 넨지 30m | 에자키 식품 | 마루야마 쓰카고분 50m | 야메 재활병원 | 이와토야마 역사문화 교류관 50m |

거리 **11km** 누적 거리 **43km** 진척률 **18%** 총 소요 시간 **3~4시간**

다케오 코스와 함께 후쿠오카에서 가깝다는 이점이 있는 야메 코스는 우레시노 코스처럼 녹차와 녹차밭으로도 유명하다. 하이누즈카 역에서 호리카와 버스를 타고 30분 후에 내리는 까미야마구치 버스 정류장이 올레 야메 코스의 시작점이다. 정류장 편의점 유리창에 '규슈 올레 야메 코스에 잘 오셨습니다'라는 우리말 환영 문구를 바라보며 출발한다. 아담한 신사가 있는 야마노이 공원을 지난다. '물과 녹색이 아름다운 마을'이라는 소개글을 보며 마을 뒷산으로 오른다. 녹색은 물론 녹차를 의미한다.

우리 경주에서와 비슷한 도난잔 고분에 이르면 야메시 카미야마구치 마을이 한눈에 내려다보인다. 이누오 성터에서부터 '중앙 대다원'이라는 이름의 야메 녹차밭이 나타난다. 정규 코스를 벗어난 왕복 700m 거리에 대다원 전망대가 있는데 충분히 다녀올 만하다. 광활한 녹차밭을 다 지나면 시골 농가가 이어지다가 아담한 절 이치넨지를 지난다. 주신구라로 유명한 48명의 사무라이 중 최후의 1인이 이곳에 숨어들었다고 한다. 전원주택들 사이로 훈훈한 시골길이 이어지고, 마루야마쓰까 고분에 이르면 야메시 전체가 그 모습을 드러낸다. 코스 종착지에 역사문화 교류관이 있어서 둘러보는 게 좋다.

0.6km	1km		3.1km	0.3km	0.6km

하치라 우부메타니 조야마 사적 기요미즈데라 오백 기요미즈데라
쿠카이 교단 수문 삼림공원 전망대 혼보 정원 나한 삼층탑
10m 30m 200m 70m 100m 170m

1.1km	2km	2.8km

미치노에키 미야마 규슈 신칸센 규슈 자동차 도로
10m 10m

거리 **11.5km** 누적 거리 **54km** 진척률 **23%** 총 소요 시간 **4~5시간**

미야마는 후쿠오카의 남쪽 끝 구마모토현에 인접한 작은 도시다. 시 북동쪽에는 단풍으로 유명한 기요미즈산清水山이 있다. 일본 전국의 걷기 좋은 길 500선에도 선정될 정도로 절경이다. 미야마시의 기요미즈산 기슭을 따라 울창한 숲과 유서 깊은 절들을 찾아 걷는 길이 미야마 · 기요미즈야마 코스다. 신흥 교단인 하치라쿠카이를 출발하여 마을을 벗어나면 길이 좁아지며 오르막 산길로 접어든다. 하늘 높이 치솟은 굵은 대나무들이 사방을 둘러싸며 주변 분위기를 압도한다.

6세기 것으로 추정된다는 야마우치 고분군山内古墳群의 석실 무덤들을 지나면 조야마산 전망대에 이른다. 해발 200m에 불과하지만 산 아래 펼쳐진 모습은 가히 절경이다. 드넓은 평야 뒤로 아리아케해有明海가 펼쳐져 있고 그 너머에는 나가사키 지역이 신기루처럼 아련하게 자태를 드러낸다. 산을 내려와 만나는 기요미즈데라 혼보 정원은 일본 정원의 진수를 보여주는 것으로 정평이 나 있다. 이어 석가모니 제자 500명의 수행모습을 담았다는 오백나한 석상들을 만나보며 한 번 더 산을 오르고 내려오면 남은 4km는 평지다. 단조롭고 지루하게 느낄 수도 있는 구간이다. 현 20개 코스들 중 열여덟 번째로, 2017년 2월에 개통되었다.

♀ 사가현 올레 소개

- 우레시노 코스(12.5km, 4~5시간)
- 다케오 코스(14.5km, 4시간)
- 가라쓰 코스(11.2km, 4~5시간)

일본에서 직선거리로 부산과 가장 가까운 가라쓰는 우리와 악연이 깊은 곳. 임진왜란 당시 왜군과 물자를 실어 나른 전초기지였다. 나고야 성터 등 당시의 유적들이 가라쓰 코스에 남아 있다. 코스에 있는 박물관에서 이순신 장군 화상과 거북선 모형을 만나는 순간엔 감동이 온다. 일본의 박물관이지만 도요토미 히데요시와 동렬로 전시되어 있다. 다케오 코스는 규슈에서 일본적인 요소들을 가장 많이 담아낸 코스로 유명하다. 우레시노 코스에서의 녹차밭과 삼나무 숲길의 조화 또한 오래 기억에 남을 것이다.

6일차 · 우레시노嬉野 코스

| 히젠 요시다 도자기 회관 50m | 1.8km | 니시요시다 다원 200m | 1.2km | 니시요시다의 곤겡불상과 13보살상 300m | 1km | 보즈바루 파일럿 다원 400m | 1.5km | 22세기 아시아의 숲 500m |

| 씨볼트의 족탕 0m | 2.3km | 도도로키 폭포 50m | 1.5km | 시이바 산소 100m | 3.2km |

거리 12.5km 누적 거리 67km 진척률 28% 총 소요 시간 4~5시간

전국 차 품평회에서 5년 연속 최우수상을 받을 정도로 녹차밭이 유명한 우레시노 마을은 차를 담는 도자기로도 유명하다. 그에 걸맞게 이 마을의 히젠요시다 도자기 회관이 코스의 출발점이다. 코스 초입에 다이죠 사와 요시우라 신사를 지나면 마을 전체가 한눈에 내려다보인다. 산길 올라가는 입구에는 대나무로 만든 지팡이를 여러 개 비치해 두고 있다. 가지고 갔다가 하산 지점에 반납하면 되는 것이다. 마을 사람들의 세심한 배려가 엿보인다.

산길로 들어가 급경사의 오르막을 오르고 나면 13보살상이 모셔져 있는 곳을 지난다. 깎아지른 바위 밑으로 샘물이 흐르고 가파른 곳에 묘한 영적 기운도 감돈다. 삼나무 숲을 지나면 녹차밭이 계속 이어진다. 100년 후를 기약하며 조성되었다는 메타세콰이어 숲에는 '22세기 아시아의 숲'이라는 거창한 이름을 붙였다. 녹차 밭과 삼나무 숲으로 이어지는, 최고의 코스다. 쿠마노 신사에서 맛있는 샘물 한 모금 마시고 내려오면 3단 폭포인 두 줄기의 도도로키 폭포를 지나고 버스 터미널까지는 금방이다.

7일차 · 다케오武雄 코스

| JR다케오 온천역 0m | 1.8km | 시라이와 운동 공원 | 1.4km | 키묘지 | 1.6km | 펜션 피크닉 앞 A、B코스 갈림길 | 2.2km | A산악 유보도 통하여 정상 120m |

| 다케오 온천 누문 0m | 1.2km | 사쿠라야마 공원 입구 | 1.4km | 다케오 시청 앞 0m | 1.3km | 다케오 신사 녹나무 | 0.8km | 다케오시 문화회관 30m | 2.8km |

거리 14.5km 누적 거리 81km 진척률 35% 총 소요 시간 4시간

JR다케오 온천역 왼쪽으로 안내 표지와 함께 올레길이 시작된다. 이곳 다케오시는 후쿠오카에서 열차로 1시간 거리에 인구 5만의 전원 도시다. 전원주택들과 시라이와 공원을 가로지르면 오르막 대나무 숲이다. 숲길을 내려오면 일본식 전통 사찰 기묘사, 조그만 연못이 있고 바로 밑에는 납골탑들이 즐비해 있다. 여

섯 동자승 석상들 표정도 앙증맞다. 다시 전원주택 거리를 지나 이케노우치 호숫가에 이르면 나타나는 A, B 두 개의 산길 코스 중 A코스를 올라 정상 지점에서 다케오시 전체를 조망한 후 내려온다.

다케오 신사는 거대한 녹나무로 유명하다. 3000년 동안이나 나무의 생명이 유지되어 왔다는 게 신비롭다. 다케오 사람들에게 정신적 위안과 에너지를 준다고 한다. 로마 가도를 연상하는 나가사키 가도를 지나면 코스 막바지인 온천촌 골목인데, 다케오 온천을 상징하는 입구인 로몬이 코스의 종착지다. 밴딩 머신으로 입장료 400엔, 타올 값 180엔의 티켓을 끊고 들어가면 전통적인 온천탕이다. 오래된 목욕탕에서 나는 퀴퀴한 냄새는 전혀 없고 오히려 물 냄새가 상큼하다. 미야모토 무사시와 다테 마사무네 등 일본 역사의 영웅들이 다케오 온천을 즐겼다. 온천욕 한두 시간 포함하여 총 대여섯 시간 동안 일본의 정서를 제대로 느껴볼 수 있는 코스다.

8일차 · **가라쓰**唐津 **코스**

거리 11.2km 누적 거리 93km 진척률 39% 총 소요 시간 4~5시간

'마에다 토시이에 진영터'라는 안내판 밑에 '규슈 올레 가라쓰 코스 스타트 지점'이라고 쓰인 우리말 안내를 보며 트레킹을 시작한다. 임진왜란 당시 조선 침략의 전초기지로서 도요토미 히데요시의 엄명에 따라 전국의 영주들과 군대가 이곳 가라쓰에 주둔하였다. 영주들 중에서도 특히 히데요시의 평생 친구였던 마에다 토시이에의 진영터가 이 코스 시작점인 것이다. 몇몇 영주들의 진영터를 지나고 차엔 가이게쓰라는

다원에 잠시 들른다. 수려한 일본식 정원에서 분말 녹차인 말차 한잔에 일본 전통 다도의 분위기를 느껴본다.

임진왜란 관련 자료들을 모아놓은 나고야성 박물관에서는 이순신 장군 화상과 모형 거북선이 히데요시와 대등한 위치에 당당하게 배치되어 있다. 은근한 감동을 준다. 장군 옆에 쓰여 있는 임진왜란에 대한 설명 또한 일본 위주가 아닌, 보다 객관적 입장에서 설명되어 있다. 나고야성 천수대에 올라 확 트인 현해탄 바다를 바라보노라면 잠시 무아지경이 된다. 하도미사키 해수욕장 백사장 끝에는 우리 제주도의 돌하르방이 반갑게 맞아준다. 가라쓰 코스의 종점임을 알리는 상징물이다. 종점의 포장마차에서 4개에 500엔 주고 사먹는 소라구이의 맛이 쫀득쫀득하니 일품이다.

- 히라도 코스(13km, 4~5시간)
- 미나미 시마바라 코스(10.5km, 3~4시간)

일본 최초의 개항지이자 근대 해외무역의 전초기지였던 나가사키는 우리의 충남 태안반도처럼 바다로 돌출되어 있다. 북단 해안과 남단 해안에 조성된 두 개의 올레 코스에는 다도해가 풍겨주는 향취가 그윽하다. 한때 서쪽의 도읍이라 불릴 정도로 번창했던 시절의 흔적들이 나가사키 올레 코스 곳곳에 남아 있다. 짬뽕을 한 그릇 주문하여 한국에서 먹었던 나가사키 짬뽕맛과 비교해보는 건 나가사키 여행의 필수다. 히로시마와 함께 '원폭'이란 단어로 각인되는 지역인 만큼, 여행 중 그 흔적을 찾아보는 것도 의미 있을 것이다.

9일차 　　　　히라도平戶 코스

| 1.2km | 3.5km | 2.1km | 2.4km | 2km | 1.8km |

| 히라도항 교류 광장 0m | 사이 쿄지 | 가와치토오게 인포메이션 센터 200m | 가와치토오게 캠프장 190m | 히라도 종합운동 공원 110m | 히라도 자비엘 기념교회 | 히라도 온천 족탕 0m |

거리 13km 누적 거리 106km 진척률 45% 총 소요 시간 4~5시간

히라도는 포르투갈 상선이 입항하면서 일본 역사상 최초로 해외 무역을 시작한 항구로 유명하다. 이후 네덜란드와도 무역 교류를 시작했다. 다비라히라도구치 기차역에서 버스로 15분이면 코스 출발지점인 히라도항이다. 항구를 벗어나 산속으로 들어서면 유명한 절 사이쿄지를 지난다. 빨간 턱받이를 한 아기들 불상이 인상 깊다. 임신중절이나 뱃속에서 사산한 아기들의 극락왕생을 비는 뜻이다.
코스의 정점은 해발 200m의 가와치 고개다. 유명 시인이 여기서 바라보는 바다와 섬들의 정경에 감탄하여 쓴 시 한 구절이 한편에 쓰여 있다. '청산벽수라 감탄하며, 여행자인 나는 히라도를 가슴 깊이 바라다본다.' 여러 곳의 정자를 지나고 인적 없는 산 속을 내려오고 나면 그제야 민가가 나타난다. 코스 시작점이었던 종점으로 돌아오면 온천에 발 담그는 무료 족탕에 들른다. 물에 샴푸를 잔뜩 풀어놓은 듯 미끌거리고 감촉이 좋다. 섬을 벗어나는 건 들어올 때와 반대다. 버스를 타고 15분이면 멋진 다리를 건너며 히라도섬을 벗어나 다비라히라도구치역에 도착한다. 일본에 있는 기차역 중에서는 가장 서쪽 끝에 위치한다는 의미가 있는 역이다.

0.8km	0.3km	0.8km	0.5km	1km	1.4km	0.8km

구치
노츠항
0m

야쿠모
신사
80m

풍유
갓파상

노다
제방

노로시야마산
90m

환상의 노무키
소나무
60m

다지리
해안
0m

0.5km		3.6km	0.8km

구치노츠 역사
민속 자료관
0m

구치노츠
등대
30m

용나무
군락

세즈메자키
등대

거리 **10.5km** 누적 거리 **116km** 진척률 **49%** 총 소요 시간 **3~4시간**

시마바라는 나가사키현 남동부에 툭 튀어나온 반도의 이름이다. 시마바라 만을 사이에 두고 구마모토현과 면하고 있다. 시마바라 반도는 중앙에 운젠산雲仙岳을 사이에 두고 북부는 시마바라시島原市, 서부는 운젠시, 남부는 미나미 시마바라시南島原市로 이뤄져 있다. 이 반도의 남단 해안선을 한 바퀴 도는 루트가 미나미 시마바라 코스이다. 출발점인 구치노츠항은 16세기 유럽 상선이 내항하면서 일본 해외 무역 거점 역할도 했던 의미 있는 항구다. 이 해안에 첫 닻을 내렸던 유럽인 베이가 선장의 동상을 만나며 항구 마을을 걷는다.

고요한 야쿠모 신사를 지나면 귀여운 캐릭터와 만난다. 풍유갓파豊乳河童 석상, 바가지 머리에 개구리 입 모양의 괴한 어른 아이의 자태다. 다산을 상징하듯 유독 풍만한 가슴이 돋보인다. 숲길을 지나 인공저수지인 노다 제방 주변을 걷고, 나지막한 노로시야마산에 오르면 시마바라 만을 사이에 둔 구마모토현의 아마쿠사가 그윽이 펼쳐진다. 환상의 노무키 소나무가 있던 자리는 송충이 피해 때문에 소나무 대신 벚꽃들이 심어져 있다. 이어서 해안선을 따라 오래된 등대와 용나무 군락지를 걷다 보면 종착지인 구치노츠 역사민속 자료관에 이른다.

• 아마쿠사 · 이와지마 코스(12.3km, 4시간)
• 아마쿠사 · 마쓰시마 코스(11.1km, 4~5시간)
• 아마쿠사 · 레이호쿠 코스(11km, 4~5시간)

규슈의 허리를 지탱하는 지역이 구마모토다. 일본 역사상 최초의 대규모 농민 봉기였던 시마바라 사건의 유적들을 만나는 코스들이다. 봉기의 주동자였던 16세 소년 장군과 초기 기독교인들의 박해에 관한 슬픈 이야기들이 3개 코스 곳곳에 스며 있다. 저렴한 숙박지를 찾는 데 애를 좀 먹을 수도 있다. 다른 지역으로 이동할 때 기차나 버스로 아소산 바로 인근을 지나게 되는데, 몇 년 전의 지진과 화산 분화 활동을 떠올리면 느낌이 오싹해질 수도 있다.

11일차   아마쿠사天草 · 이와지마維和島 코스

	2.5km		3km	0.9km	2.7km		1.6km	1.6km
센자키 버스정류장 20m		조조 어항		이와 사쿠라 꽃 공원 120m	다카 야마 160m	호카부라 자연해안 20m	시모야마 마을	센조쿠 천만궁 20m

거리 12.3km 누적 거리 128km 진척률 55% 총 소요 시간 4시간

규슈 서해안 시마바라 반도 앞에는 여러 개의 섬들이 모여 있는데 이 다도해 지역을 아마쿠사라 부른다. 이 섬들 중 세 곳에 올레 코스가 있는데 그들 중 하나가 아마쿠사 · 이와지마 코스이다. 이와지마 센자키에서 출발한다. 센자키 고분이라는, 옛날 옛적 힘 있는 이곳 사람들의 무덤 자리를 산속에서 보고 내려오면 다시 해안이다. 일본이라는 느낌은 별로 없고 우리의 남해와 분위기가 많이 닮았다. 이곳 조조항은 에도 막부 시절 시마바라 반란 사건의 주동자로 16세의 어린 나이에 비운의 삶을 마친 소년 장군 아마쿠사 시로의 고향이다. 농민 4만이 가담했고 막부군 수십만이 진입에 참여했던, 일본 역사 최대의 농민봉기 사건이었다. 이와지마 코스 전체에 소년 장군에 대한 후세 고향 사람들의 흠모가 스며 있다.

다까야마 전망대는 해발 160m에 불과하지만 이 섬에선 제일 높은

산에 위치한다. 360도로 펼쳐지는 다도해의 파노라마가 장쾌하다. 호카부라 자연 해안을 걷는 30여 분 동안은 태곳적 바다의 모습이 이러했으리라 상상된다. 낚시꾼이나 밭일하는 노인들 외에는 인적이 거의 없다. 코스 내내 자연 그대로의 산속 숲길과 해안길의 연속이다. 종착지는 센조쿠텐만구 신사 앞이다. 이와지마섬을 들고나는 관문인 대형 다리 히가시오이바시東大維橋가 깊은 인상을 남긴다.

12일차 — 아마쿠사天草 · 마쓰시마松島 코스

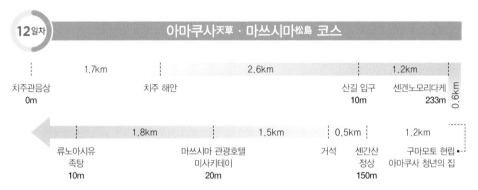

	1.7km		2.6km		1.2km	
치주관음상		치주 해안		산길 입구	센겐노모리다케	
0m				10m	233m	0.6km

	1.8km		1.5km	0.5km	1.2km	
류노아시유		마쓰시마 관광호텔	거석	센간산	구마모토 현립	
족탕		미사키테이		정상	아마쿠사 청년의 집	
10m		20m		150m		

거리 11.1km 누적 거리 139km 진척률 59% 총 소요 시간 4~5시간

아마쿠사에는 두 개의 큰 섬이 인접해 붙어 있다. 동쪽으로는 내륙에 면한 가미시마섬이고, 서쪽으로는 동지나해에 면한 시모시마섬이다. 아마쿠사 마쓰시마 코스는 가미시마섬의 북쪽 산악지형을 서에서 동으로 잇는다. 시작점인 치주 마을 버스정류장에서 논밭들 사이를 지나 산길로 접어들면 얼마 후 해발 233m의 정상 센간노모리다케에 이른다. 역시 360도 파노라마에 한쪽은 다도해요 반대편은 드넓은 논밭이 펼쳐졌다. 조금 내려오고 다시 잠시 오르면 센간산이다. 소년 장군 아마쿠사 시로가 농민군 대장들을 모아 국자로 술잔을 돌리며 격려했던 출정식 자리다.

아마쿠사가 우리 충청남도와 자매 결연이 되어 있음을 알리는 팻말도 보인다. 산을 내려오곤 관광호텔 미사키테이를 지나 마쓰시마 전망대에 이르면 다시 시원한 다도해가 펼쳐진다. 이 섬과 마에지마섬을 잇는 빨간색의 멋진 대교도 인상 깊다. 코스의 종점은 마쓰시마 온천 '용의 족탕'이다. 용의 머리에서 흘러나오는 온천물에 발 담근다는 뜻으로 붙여진 이름이다. 물론 무료다.

토미오카항	토미오카성		곤겐잔 유보도		토미오카 해수욕장	오카노야 료칸	
0m	60m		30m			0m	0.7km

1km · 1.6km · 1.9km · 0.8km

온천 센터	시키 성터		시라키오•	크리스찬 공양비	구로세 화과자 가게	토미오카 신사
30m	50m		0m			

0.5km · 3.3km · 0.4km · 0.4km · 0.4km

거리 **11km** 누적 거리 **150km** 진척률 **64%** 총 소요 시간 **4~5시간**

구마모토현은 임진왜란의 악명 높은 두 왜장, 고니시 유키나가와 가토 기요마사의 땅이다. 특히 3개의 올레 코스가 집중된 이곳 아마쿠사는 고니시 유키나가의 영지였다가 내전에서 그가 패장으로 죽은 후 승자인 가토 기요마사에게 넘겨진 땅이다. 레이호쿠 코스는 아마쿠사의 서쪽 시모시마섬의 북단에 걸쳐 있다. 도미오카항에서 트레킹을 시작하면 곧이어 도미오카성으로 올라간다. 400년 전 시마바라 난 때 소년 장군 시로가 막부 진압군과 결전을 벌였던 곳으로 그에 대한 각종 자료들이 전시되어 있다. 웅장한 도미오카성이 새하얀 성벽과 주변을 둘러싼 숲 그리고 파란 하늘과 바다에 극명하게 대비되어, 내려오는 내내 뒤를 돌아보게 된다.

평지로 내려와 섬의 내륙으로 들어서면 이 코스에서 유명한 빵집 구로세를 만난다. 잠시 들러 가끼 다이쇼라는 떡을 하나 사먹어도 좋다. 곶감을 잘라 그 속에 노란 팥을 잔뜩 넣어 달콤하기 이를 데 없는 빵이면서 과자이다. 녹차 한 주전자를 같이 내놓는 노부부의 친절함이 인상에 남을 것이다. 천인총은 시마바라 난 당시 참수된 천주교도 천 명 중 330여 명의 수급을 모아 한데 매장한 곳이다. 공양비가 세워져 있다. 코스 종착지는 세 시간 거리인 온천 센터이다.

- 이즈미 코스(13.8km, 4~5시간)
- 이브스키 · 가이몬 코스(12.9km, 3~4시간)
- 기리시마 · 묘켄 코스(11km, 4~5시간)

학창 시절 역사 시간에 '사쓰마'란 이름은 많이 들었지만 정작 일본 어디에 있는지는 몰랐던 이들이 많을 것이다. 바로 가고시마의 옛 이름, 오늘의 강국 일본을 있게 한 본산이다. 일본인들이 가장 좋아하는 역사 인물 중 한 명인 사카모토 료마가 신혼 시절, 아내와 즐겨 걸었던 산책로가 가고시마의 기리시마 · 묘켄 코스다. 일본 최초의 허니문 여행지로도 유명하다. 규슈의 남쪽 끝에 있는 이브스키 · 가이몬 코스는, 일본 최남단 기차역에서 걷기 시작하는데 꽤 운치가 있다. 세 군데 올레 코스 외에도 가고시마 시내에서 메이지 유신의 유적들을 둘러보는 것도 유익할 것이다.

14일차   **이즈미**出水 **코스**

3.5km	2.5km	2.4km	0.8km	2.4km	2.2km

이쓰쿠시마 신사	메노쓰강 논 지대	고가와 댐 호수	산악 산책로	고메노쓰강 청류	오만석 수로터	이즈미 후모토 무사가옥군
150m	110m	120m	60m		40m	40m

거리 **13.8km** 누적 거리 **164km** 진척률 **70%** 총 소요 시간 **4~5시간**

세계 최초의 고속철인 일본 신칸센新幹線은 일본 전역을 하나의 선으로 잇고 있다. 북쪽 홋카이도에서 출발하면 남으로 남으로 내려와 규슈섬의 남단인 가고시마현의 가고시마시에서 멈춘다. 이즈미시는 규슈 신칸센이 통과하는 가고시마현의 최북단이자 관문인 도시다. 철새 도래지로 유명한데 세계 흑두루미의

90%가 겨울을 나기 위해 이곳 평야로 찾아온다고 한다. 이즈미 코스는 그런 이즈미 평야의 강물 소리를 들으며 전원 농촌마을과 논밭과 벌판을 따라 걷는 길이다.

출발지인 이쓰쿠시마 신사는 농사에 필요한 물을 관장하는 여신을 모신다고 한다. 강과 호수와 논과 밭과 전원 마을이 이어지는 코스의 출발지답다. 삼나무와 대나무가 쭉쭉 뻗은 숲길을 지나고 드넓은 논밭들과 전형적인 농촌 마을로 이어진다. 논길과 마을길이 반복되는 것이다. 코스 중반부쯤에서는 이즈미에서 가장 큰 호수인 고가와 댐 호수와 만난다. 1970년대에 댐을 건설하며 조성했던 호수 주변 산책로가 40여 년 동안 방치되었다가, 2017년 2월 이즈미 올레 코스가 개장되면서 복원되었다. 오랜 세월 방치되었음은 야생이 살아 있다는 것을 의미한다. 호수와 이어진 고메노쓰가와 강변을 따라 걷다 보면 종착지인 이즈미후모토에 이른다. 4백 년 전 고위 무사들이 살았다고 한다. 무사 마을 보존지구로 지정된 곳인 만큼 일본 전통 분위기를 한껏 느껴볼 수 있다.

15일차 이브스키指宿 · 가이몬開聞 코스

```
         3.2km                    1.9km          0.5km  0.5km
JR                        소나무            레저센터 •   가와지리 가와지리
니시오야마역                숲              카이몬        해안     어항
50m                       20m                          0m
                                                                  1.3km

   0.3km     1.6km            1.5km                2.1km
 JR •    히라키키       가가            JR                       가이몬
가이몬역    신사        미이케         히가시가이몬역              산록 허브원
40m       50m        40m                                        30m
```

거리 12.9km 누적 거리 177km 진척률 75% 총 소요 시간 3~4시간

가고시마의 니시오야마역은 일본 최남단 역이다. 대합실도 없는 이 무인역이 코스의 출발점이다. 사쓰마의 후지산이라 부르는 해발 964m의 가이몬다케 주변을 도는 코스이다. 어느 방향에서건 흐트러짐 없이 반듯한 정삼각형 모습을 보여주고 있는 산이다. 지역 이름인 이브스키와 산 이름인 가이몬을 합쳐서 이브스키 · 가이몬 코스로 명명되었다. 제주 올레길과 너무나 비슷한 밭길을 지나고 그다지 울창하진 않지만 소나무 숲길도 길게 이어진다.

해송 숲을 벗어나면 가와지리 해안이다. 해안을 덮은 검은 모래가 독특한 정경을 보여준다. 가이몬산이 화산 폭발하면서 분출된 광물질들이 검은 모래가 되었다. 맨발로 걸어보면 뜨거워서 30m를 못 간다. 가이몬산이 연못에 비치는 모습이 마치 거울 같은 '가가미 이케(거울 연못)'를 지나 히라키키 신사까지 둘러보면 막바지다. 바로 인근에 있는 가이몬역이 코스의 종착지이다.

1km	1km		3km		2km		4km(료마 산책길, 해발 200m)	
묘켄 온천가 60m	와케유	이누카이 폭포 120m	산길, 강길		와케 신사 150m		시오히타시 온천 료마 공원 150m	

거리 **11km** 누적 거리 **188.1km** 진척률 **80%** 총 소요 시간 **4~5시간**

묘켄 온천 거리를 지나 산속으로 접어들면 김이 모락모락 나는 조그만 노천 온천을 만난다. 1300년 전부터 있었다는 와케유 온천이다. 아주 뜨겁지도 않고 적당히 뜨듯하다. 굉음이 들린다 싶으면 시원한 폭포가 나타난다. 이 코스가 자랑하는 높이 36m의 폭포 이누카이노타키 앞에서 잠시 숨 고르기를 한다. 그리고는 200~300m 거리는 될 법한, 거대 삼나무나 편백나무가 열대우림처럼 우거진 숲을 지난다. 어두침침한 숲길을 지나는 동안 폐 속으로 싸한 기운이 퍼지듯 시원해진다. 도로 상에 무인 야채가게를 보고 신기해하다 보면 와케 신사가 있는 와케 공원에 닿는다.

공원에서 '사카모토 료마와 부인 오유의, 일본 최초의 신혼여행지'라는 안내글을 만난다. 료마와 그의 부인 모습을 여러 엠블럼으로 만들어 여기저기 배치해 놓았다. 와케 신사 뒷길로 이어지는 계단을 한참 올라가면, 료마 부부가 기리시마 온천에 머물 당시의 산책길이 3km 정도 이어진다. 그가 생전에 남겼던 의미 있는 말들이 쓰여진 나무 팻말을 거의 100m 간격마다 세워놓았다. 료마가 자주 올랐다는 108계단에는 '그의 기를 느끼며 올라보라'는 안내 문구까지 있다. 이윽고 종착지인 시오히타시 온천 료마 공원에 이르면 공짜 족욕탕에서 신발을 벗고 이십여 분 느긋하게 발을 담근다.

📍 미야자키현 올레 소개

• **다카치호 코스**(12.3km, 5~6시간)

미야자키역에 내리면 '신화의 고장에 온 것을 환영합니다'라는 입간판이 반겨준다. 일본 조상신이 하늘에서 강림했으면서 고유의 개국 신화를 잔뜩 품고 있는 땅이 미야자키다. 신화의 땅인 만큼 규슈 올레 전 코스 중 접근성이 가장 어렵다. 유일한 코스인 다카치호까지 가려면 기차와 버스를 여러 번 갈아타야 한다. 어렵게 도착한 만큼 코스는 전반적으로 신비롭고 환상적이다. 트레킹을 마친 저녁에는 코스 초입의 신사에서 요카구라 공연을 관람하면 좋다. 일본 개국 신화를 표현하는 연극이다.

| 0.9km | 0.6km | 0.5km | 1.3km | 0.2km | 2.6km |

다카치호
안내소
330m

다카치호
신사
220m

다카치호 협곡
·신바시

다카치호 협곡
·마나이노 폭포

다카치호
타로 묘

나카야마 산성터
캠프장
380m

무코오야마 신사
참배길 입구
500m

0.9km

| 1.7km | 1.8km | 1.8km |

가마다세
시장
330m

오토노타니
현수교
190m

구 무코야마키타
초등학교

마루오노
녹차밭
350m

거리 12.3km 누적 거리 200km 진척률 85% 총 소요 시간 5~6시간

일본 조상신이 하늘에서 강림했다는 곳인 만큼 산속 깊은 오지에 있어 교통편이 여의치 않다. 복잡한 경로를 거쳐 다카치호에 내리면 버스정류장이 곧 트레킹 출발점이다. 가장 먼저 만나는 곳은 다카치호 신사다. 2000년 전에 창건된 신사로 이 지역 88개 신사의 제신을 한곳에 모아뒀다. '신과 인간이 즐겁게 화합하며 산다' 정도의 의미가 있는 액자 속 문구가 신사의 분위기를 엿보게 해준다. 신사 안 수백 년 된 삼나무 두 그루가, '부부 삼나무'란 이름으로 사이좋게 붙어 서 있다.

해발 300m의 신사를 벗어나 경사 심한 돌계단을 한참 내려가면 관광지로 유명한 다카치호 협곡이다. 아소산의 화산활동으로 뿜어져 나온 분출물이 고카세강을 따라 띠 형태로 흐르다가 급격하게 냉각되면서 주상절리 절벽을 만들었다. 절벽에서 수직으로 내리꽂는 마나이노 폭포의 위세가 가히 압도적이다. 이 협곡은 규슈 올레가 아니더라도 미야자키 관광지로선 필수코스다. 거대한 수목이 우거진 숲과 무코야마 신사 입구를 지나면 눈에 익은 녹차밭과 만난다. 야메의 그 눈에 선한, 광활한 녹차밭과 비견할 수는 없는 정도지만 소박하면서 운치 있다. 마루우노 마을의 녹차 밭을 지나고 산속 깊이 계곡을 가로지르는 오토노타니 현수교를 지나 잠시 후면 종착점인 가마다세 시장이다.

- **사이키 · 오뉴지마 코스**(10.5km, 3~4시간)
- **오쿠분고 코스**(11.8km, 4~5시간)
- **고코노에 · 야마나미 코스**(12.2km, 4~5시간)

우리나라 패키지 관광객들이 온천 여행을 많이 가는 지역이 바로 오이타현이다. 예전에는 벳푸 온천이 인기 있었지만 요즘은 유후인 쪽으로 대세가 바뀌고 있다. 유후인 근교의 올레 코스인 고코노에 · 야마나미 코스는 아주 역동적이다. 높이 200m 허공에 뜬 일본 최대의 현수교를 건너보고, 《설국》의 작가 가와바타 야스나리가 집필 활동을 했던 산골 마을도 지난다. 오쿠분고 코스에서는 거대한 마애석불과 주상절리가 인상에 남을 것이다. 사이키 · 오뉴지마 코스는 지쿠호 · 가와라 코스와 함께 가장 최근에 개장했다.

18일차

사이키佐伯 · 오뉴지마大入島 코스

거리 **10.5km** 누적 거리 **211km** 진척률 **90%** 총 소요 시간 **3~4시간**

벳푸와 유후인 온천으로 유명한 오이타현은 규슈섬의 동북단에 위치한다. 오이타현에서 가장 넓은 지역을 차지하는 사이키 시는 남쪽으론 미야자키현에, 동쪽으론 바다를 가운데 두고 시코쿠四国에 면해 있다. 사이키시의 북동쪽 바다에는 오뉴지마섬이 있는데, 사이키 · 오뉴지마 올레 코스는 이 섬을 샅샅이 뒤지며 종단하는 루트이다.

캥거루 광장의 쇼쿠사이칸을 출발하여 20~30분이면 바다 위를 걷듯, 후나카쿠시만의 좁은 제방 둑을 건넌다. 오르막길이 시작되어 해발 160m를 올랐다 내려서면 하늘 전망소가 나타난다. 날씨에 따라선 광활한 바다 멀리 시코쿠 지역이 아련히 보이기도 한다. 수십 년 전 이 섬의 아이들이 학교로 통학

하던 산길이었다 하니 아련한 느낌이 따른다. 평지로 내려와 걷다가 두 번째 오르막을 만나면 30여 분 후 도미오산 전망소에 이른다. 사이키 시가지와 사이키만이 360도 파노라마로 펼쳐진다.

제주 올레를 걷는 중에 우도와 가파도 코스를 걷는 식이다. 큰 섬에 속한 작은 섬으로의 여행은 나름의 운치가 크다. 오뉴지마섬으로 오고 나가기 위해선 사이키항에서 페리를 타야 한다. 후쿠오카의 무나카타ㆍ오시마 코스와 함께, 규슈 올레 20개 코스 중 배를 타고 가야 하는 2개 코스 중 하나다.

19일차

오쿠분고奧豊後 코스

	1.8km		2.2km		1.7km	
JR아사지역 250m		유자쿠 공원 300m		후코지		묘센지 갈림길 260m

1.2km

	0.5km	0.7km		1.5km		1km		1.2km	
JR분고 다케타역 260m	16개의 나한상	오카성 주차장 260m		치카도구치		오카 산성터 후문		소가와 주상절리	

거리 **11.8km** 누적 거리 **223km** 진척률 **95%** 총 소요 시간 **4~5시간**

'아사지역에 잘 오셨습니다'라는 한글 입간판만 덩그러니 서 있는 무인역이 코스의 출발점이다. 일본의 전형적인 농촌 마을을 지나면 에도 시대 이곳 영주에게 막부가 별장 정원으로 하사했다는 유자쿠 공원을 관통한다. 수백여 그루의 단풍나무와 벚꽃이 만발한 거의 완전한 자연산 정원 속을 고요하게 걷는다.

우리말로는 보광사로 읽히는 절, 후코지에는 절벽 같은 암벽에 20m 높이의 거대 석불이 새겨져 있어 눈길을 끈다. 규슈에서는 최대 크기의 마애석불이다. 코스 중간을 넘어 7km 지점에서는 소가와 주상절리를 만난다. 팸플릿에는 거창하게 소개되어 있지만 우리 동해안 경주 주상절리 등에 비하면 매우 소박하다.

이 코스의 하이라이트는 오카 산성터이다. 에도 시대에 난공불락으
로 지어졌다는 산성이지만, 지금은 성벽 사이사이에 돌이끼만 잔뜩
끼었고, 성벽 위에는 건물 등의 흔적은 전혀 없는 공터이다. 성이 상
당히 높게 쌓여 있고 한쪽은 완전한 절벽이다. 무심코 가까이 갔다
가 위험 표지 하나 없는 천길 낭떠러지 성벽에 식겁할 수 있다. 멀리
아소산 등으로 이어진 거대 산맥의 정경이 매우 장쾌하다. 성 아래로
내려오면 다케타 마을이다. 옛날에는 작은 교토라고도 불렸다고 한다. 안내 팸플릿에 첫 번째로 소개된
닭요리 맛집, 다케타 마루호쿠 식당에서의 600엔짜리 닭요리로도 저녁 한 끼가 풍족하다. 인근의 분고
다케타역이 코스 종점이다.

20일차

고코노에九重 · 야마나미やまなみ 코스

1km	2.8km	2.3km	2.3km	2.1km	1.7km
고코노에 꿈의 현수교 780m	•▸ 우케노구치 온천	밀크랜드팜 880m	고코노에 자연관	고코노에 · 야마나미 목장 950m	시라미즈가와 폭포 990m	초자바루 · 다데와라 습원 1030m

거리 12.2km 누적 거리 235km 진척률 100% 총 소요 시간 4~5시간

'고코노에 꿈의 현수교'는 사람이 건널 수 있는 현수교로는 일본 제일이다. 길이 400m에 높이는 200m
에 가깝다. 500엔 주고 건너갔다 돌아오는 동안 살짝 아찔한 느낌이 든다. 대부분 우리 한국과 중국 관
광객들로 붐빈다. 벳푸와 유후인에 온천 여행 왔던 관광객들이 버스를 타고 잠시 와서 둘러보고 가는 코
스이다. 현수교를 벗어나 걷기 시작하자마자 우케노구치 온천 마을이다. 《설국》의 작가 가와바타 야스나
리가 도시를 떠나 머물며 집필 활동을 한 곳임을 안다면 더 운치를 느낄 수 있다.
잔잔한 계곡 물소리를 들으며 숲길을 빠져나오면 밀크랜드팜에서부터 한다 고원이 펼쳐진다. 우리의 대
관령 목장 지대와 분위기가 비슷하다. 연인들의 드라이브 길로 유명한 야마나미 하이웨이를 따라 두 사
람이 겨우 걸을 수 있는 좁은 길이 계속 된다. 주변 목장에서 기르는 말들이 다니는 말길이다. 말길이 끝
나는 지점인 규주 야마나미 목장에서 점심을 먹고, 호수와 숲길을 걸어 종착지인 초자바루 · 다데와라 습
원에 이른다. 규슈 최고봉 구주연산을 배경으로 너른 억새밭과 초원이 펼쳐진 곳이다. 방문객 센터의 내
부 시설이 아주 잘 되어 있어 잠시 쉬어 갈 수 있다. 인근엔 무료 족탕까지 있다. 족탕 맞은편 정류장에
붕고나카무라역으로 돌아가는 버스가 선다.

트레킹 기초 정보

여행시기

규슈는 제주와 위도가 같거나 조금 아래쪽이다. 제주 올레가 봄과 가을이면 언제든 걷기 좋듯이 규슈 올레도 마찬가지다. 3, 4, 5월과 9, 10, 11월이면 언제든 다 좋고 이 시기에는 별다른 제약이 없다.

교통편

규슈의 관문인 후쿠오카까지 가는 비행기는 인천 공항뿐만 아니라 김포 공항에도 있다. 부산에서는 배편까지 있다. 규슈 올레는 전 코스가 한 군데도 연결되어 있지 않고 각기 떨어져 있기 때문에, 매 코스마다의 이동 계획이 중요하다. 코스 시작점으로 들어가는 대중 교통편들은 신칸센이나 JR철도 또는 버스 등이 잘 편성되어 있다.

숙박

게스트하우스 등 저렴한 다인실 숙소들이 보편화되어 있지 않은 게 규슈 올레의 단점이다. 일본식 전통 료칸들이 많지만 대체로 비싼 편이다.
하루나 이틀 전쯤, 각 코스의 시작점이나 종착지 근교의 숙소들을 검색해보면 시설 정도와 가격 수준을 비교할 수 있다.

식사

한 코스가 끝나면 기차나 버스를 이용하여 다음 코스 시작 포인트로 이동한다. 그곳에서 숙소를 잡은 후 숙소나 인근 식당에서 당일 저녁 식사와 이튿날 아침 식사를 사 먹는 게 정석이다. 점심은 역시 샌드위치와 과일 등 간식을 배낭에 챙겨, 걷는 도중에 잠시 쉬면서 해결하는 게 일반적이겠다.

예산

규슈 올레는 매년 한두 코스가 늘어나고 있다. 2019년 2월 기준으로는 총 20개 코스이다. 하루 1개 코스씩 20개 코스 모두 종주하는 데 최소 3주일이 소요된다. 매 코스 간 대중교통으로 이동을 해야 하기 때문에 교통비를 하루 5만 원 정도 잡아야 한다. 올레 구간에 있는 게스트하우스를 다 이용하고, 게스트하우스가 없는 구간은 호텔이나 일본식 료칸을 이용했을 때 일평균 숙식비로 6만 원 정도 든다. 따라서 하루 11만 원씩 3주 동안을 계산하면 얼추 230만 원 수준이다. 왕복 항공료 20~30만 원 정도는 제외된 금액이다.
규슈 올레는 규슈 전역에 골고루 분포되어 있기 때문에, 매 코스마다 주변에 있는 주요 관광지는 트레킹과 관계없이 둘러보는 게 좋다. 따라서 이 비용도 추가로 생각하면 좋겠다.

여행 팁

제주 올레나 산티아고 순례길처럼
길 안내 이정표는 잘 되어 있다. 코
스 자체는 특별히 사전에 예습 없이도 현지에서 제
공되는 지도만으로도 충분히 잘 찾아 걸을 수 있다.
그러나 코스 주변 명소나 코스 간 이동 방법에 대해
선 다른 여타 트레일들과는 달리 각별한 예습이 필
요한 곳이 규슈 올레이다.

트레킹 이후의 여행지

각 코스가 다 떨어져 있고 매일 이동
간에 대중교통을 이용하야 하는 불
편을 이점으로 활용할 필요가 있다. 오로지 걷기 여
행만이 아니고 코스 사이사이 이동 구간에 있는 명
소들을 함께 여행하는 것이다. 규슈 7개 현을 모두
거치므로 각 현 및 주요 도시들마다, 본문에 필자가
예로 든 것 같은 명소들을 사전 작성된 동선 계획에
따라 그때그때 둘러보는 게 좋다.

마일 포스트

코스	NO	경유지 지명	해발고도 (m)	거리(km)	누적	진척율
1코스 - 무나카타 宗像 · 오시마 大島	1	오시마항 페리 터미널 大島港フェリーターミナル	0	–	0	0%
	2	무나카타대사 나카쓰궁 中津宮	–	0.3	0.3	3%
	3	미다케산 정상 御嶽山山頂	200	0.9	1.2	11%
	4	시이다케산 등산로 椎茸山登山路	50	0.4	1.6	14%
	5	나카쓰와세 숲길 中津和瀬林道	–	3	4.6	40%
	6	풍차전망대 산책로 風車展望所遊歩道	50	0.9	5.5	48%
	7	군도 軍道	90	1.7	7.2	63%
	8	오키노시마요배소 沖ノ島遥拝所	0	1	8.2	72%
	9	오시마 커뮤니티 大島コミュニティー	50	1.2	9.4	82%
	10	간스 해수욕장 かんす海水浴場	–	1.2	10.6	93%
	11	오시미항 페리티미널 大島港フェリーターミナル	0	0.8	11.4	100%
2코스 - 지쿠호 筑豊 · 가와라 香春	1	JR가와라역 JR香春駅	20	–	–	0%
	2	가와라 신사 香春神社	–	1.2	1.2	10%
	3	모토코간지의 큰 녹나무 元光願寺の大楠	40	1.1	2.3	19%
	4	가미타카노 칸논지 上高野観音寺	–	1.3	3.6	31%
	5	60척 철교 六十尺鉄橋	50	2.1	5.7	48%
	6	아마기바시 甘木橋	–	2.1	7.8	66%
	7	간마부 공원 神間歩	70	1.1	8.9	75%
	8	금산 터 金山跡	130	0.5	9.4	80%
	9	야야마산 矢山の丘	300	0.6	10	85%
	10	JR사이도쇼 역 JR採銅所駅	70	1.8	11.8	100%
3코스 - 구루메 久留米 · 고라산 高良山	1	JR구루메 대학역 JR久留米大学前駅	10	–	–	0%
	2	부부신과 사랑의 아기 동백꽃 夫婦榊・愛のさざんか	100	1.5	1.5	17%
	3	맹종 금명 죽림 孟宗金明竹	190	0.6	2.1	24%
	4	오쿠미야 奧宮(奧の院)	260	1.2	3.3	38%
	5	구루메 심림 철쭉 공원 久留米森林つつじ公園	300	1.9	5.2	60%
	6	고라대사 高良大社	240	1.2	6.4	74%
	7	묘켄 신사 妙見神社	150	0.6	7	81%
	8	왕자 연못 王子池	–	0.3	7.3	85%

	9	JR 미이역 JR御井駅	10	1.3	8.6	100%
4코스 – 야메 八女	1	야마노이 공원 山の井公園	50	–	0	0%
	2	이누오 성터 犬尾城跡	180	1.3	1.3	12%
	3	야메 중앙 대다원 八女中央大茶園	150	2.1	3.4	31%
	4	이치넨지 一念寺	30	3	6.4	58%
	5	에자키 식품 江崎食品		0.9	7.3	66%
	6	마루야마쓰카 고분 丸山塚古墳	50	0.8	8.1	74%
	7	야메 재활병원 八女リハビリ病院		1.1	9.2	84%
	8	이와토야마 역사문화 교류관 岩戸山歴史文化交流館	50	1.8	11	100%
5코스 – 미야마 みやま · 기요 미즈야마 清水山	1	하치라쿠카이 교단 八楽会教団	10	–	–	0%
	2	우부메타니 수문 産女谷水門	30	0.6	0.6	5%
	3	조야마 사적 삼림공원 · 전망대 女山史跡森林公園/展望台	200	1	1.6	14%
	4	기요미즈데라 혼보 정원 清水寺 本坊庭園	70	3.1	4.7	41%
	5	오백나한 五百羅漢	100	0.3	5	43%
	6	기요미즈데라 삼층탑 清水寺三重塔	170	0.6	5.6	49%
	7	규슈 자동차 도로	10	2.8	8.4	73%
	8	규슈 신칸센	–	2.0	10.4	90%
	9	미치노에키 미야마 道の駅みやま	10	1.1	11.5	100%
6코스 – 우레시노 嬉野	1	히젠 요시다 도자기 회관 肥前吉田焼窯元会館	50	–	0	0%
	2	니시요시다 다원 西吉田茶園	200	1.8	1.8	14%
	3	니시요시다의 곤겐불상과 13보살상 西吉田権現さんと十三仏	300	1.2	3	24%
	4	보즈바루 파일럿 다원 坊主原パイロット茶園	400	1	4	32%
	5	22세기 아시아의 숲 22世紀アジアの森	500	1.5	5.5	44%
	6	시이바 산소 椎葉山荘	100	3.2	8.7	70%
	7	도도로키 폭포 轟の滝	50	1.5	10.2	82%
	8	씨볼트 족탕 シーボルトの足湯	0	2.3	12.5	100%
7코스 – 다케오 武雄	1	JR다케오 온천역 JR武雄温泉駅	0	–	0	0%
	2	시라이와 운동 공원 白岩運動公園	–	1.8	1.8	12%
	3	키묘지 貴明寺	–	1.4	3.2	22%
	4	펜션 피크닉 앞 A,B코스 갈림길 A,Bコース分かれ道	–	1.6	4.8	33%

코스		장소				
7코스 – 다케오 武雄	5	A산악 유보도 통하여 정상 A山岳遊歩道	120	2.2	7	48%
	6	다케오시 문화회관 武雄市文化会館	30	2.8	9.8	68%
	7	다케오신사 녹나무 武雄神社大楠	–	0.8	10.6	73%
	8	다케오 시청 앞 武雄市役所前	0	1.3	11.9	82%
	9	사쿠라야마 공원 입구 桜山公園入口	–	1.4	13.3	92%
	10	다케오 온천 누문 武雄温泉楼門	0	1.2	14.5	100%
8코스 – 가라쓰 唐津	1	미치노에키 모모야마텐카이치 道の駅桃山天下市	40	–	0	0%
	2	마에다 도시이에 진영터 前田利家陣跡	–	0.2	0.2	2%
	3	호리 히데하루 진영터 堀秀治陣跡	–	1.9	2.1	19%
	4	다원 가이게쓰 '茶苑' 海月	50	1.6	3.7	33%
	5	히젠 나고야 성터 천수대 肥前名護屋城跡天守台	90	0.8	4.5	40%
	6	가라쓰 도자기 '히나타가마' 唐津焼炎向窯	30	1.4	5.9	53%
	7	하도미사키 소년 자연의 집 波戸岬少年自然の家	–	1.1	7	63%
	8	하도미사키 산책로 波戸岬 自然遊歩道	–	2.5	9.5	85%
	9	소라구이 포장마차 サザエのつぼ焼き屋台	0	1.7	11.2	100%
9코스 – 히라도 平戸	1	히라도항 교류 광장 平戸港 交流広場	0	–	0	0%
	2	사이쿄지 最教寺	–	1.2	1.2	9%
	3	가와치토오게 인포메이션 센터 川内峠インフォメーションセンター	200	3.5	4.7	36%
	4	가와치토오게 캠프장 川内峠デイキャンプ場	190	2.1	6.8	52%
	5	히라도 종합운동 공원 平戸市総合運動公園	110	2.4	9.2	71%
	6	히라도 자비엘 기념교회 平戸ザビエル記念教会	–	2	11.2	86%
	7	히라도 온천 족탕 平戸温泉あし湯	0	1.8	13	100%
10코스 – 미나미 시마바라 南島原	1	구치노츠항 口之津港	0	–	0	0%
	2	야쿠모 신사 八雲神社	80	0.8	0.8	8%
	3	풍유갓파상 豊乳河童(西郷子安観音)	–	0.3	1.1	10%
	4	노다 제방 野田堤	–	0.8	1.9	18%
	5	노로시야마산 烽火山	90	0.5	2.4	23%
	6	환상의 노무키 소나무 幻の野向きの一本松	60	1	3.4	32%
	7	다지리 해안 田尻海岸	0	1.4	4.8	46%
	8	세즈메자키 등대 瀬詰崎灯台	–	0.8	5.6	53%
	9	용나무 군락 あこう群落	–	0.8	6.4	61%
	10	구치노츠 등대 口之津灯台	30	3.6	10	95%
	11	구치노츠 역사민속 자료관 口之津歴史民俗資料館	0	0.5	10.5	100%
	1	센자키 千崎	20	–	0	0%
	2	조조 어항 蔵々漁港	–	2.5	2.5	20%

11코스 － 아마쿠사 天草 · 이와지마 維和島	3	이와 사쿠라 꽃 공원 維和桜·花公園	120	3.0	5.5	45%
	4	다카야마 高山	160	0.9	6.4	52%
	5	호카부라 자연해안 外浦自然海岸	20	2.7	9.1	74%
	6	시모야마 마을 下山地区	–	1.6	10.7	87%
	7	센조쿠 천만궁 千束天満宮	20	1.6	12.3	100%
12코스 － 아마쿠사 天草 · 마쓰시마 松島	1	치주관음상 知十観音	0	–	0	0%
	2	치주 해안 知十海岸	–	1.7	1.7	15%
	3	산길 입구 山道入口	10	2.6	4.3	39%
	4	센겐노모리다케 千元森嶽	233	1.2	5.5	50%
	5	구마모토 현립 아마쿠사 청년의 집 熊本県立天草青年の家	–	0.6	6.1	55%
	6	센간산 정상 千巌山山頂	150	1.2	7.3	66%
	7	거석 巨石		0.5	7.8	70%
	8	마츠시마 관광호텔 미사키테이 松島観光ホテル岬亭	20	1.5	9.3	84%
	9	류노아시유 족탕 龍の足湯	10	1.8	11.1	100%
13코스 － 아마쿠사 天草 · 레이호쿠 苓北	1	토미오카항 富岡港	0	0	0	0%
	2	토미오카성 富岡城	60	1	1	9%
	3	곤겐잔 유보도 権現山遊歩道	30	1.6	2.6	24%
	4	토미오카 해수욕장 富岡海水浴場		1.9	4.5	41%
	5	오카노야 료칸 岡野屋旅館	0	0.8	5.3	48%
	6	토미오카 신사 富岡神社	–	0.7	6	55%
	7	구로세 화과자 가게 黒瀬製菓舗		0.4	6.4	58%
	8	크리스찬 공양비 吉利支丹供養碑		0.4	6.8	62%
	9	시라키오 白木尾海岸	0	0.4	7.2	65%
	10	시키 성터 志岐城跡	50	3.3	10.5	95%
	11	온천 센터 温泉センター	30	0.5	11	100%
14코스 － 이즈미 出水	1	이쓰쿠시마 신사 厳島神社	150	–	0	0%
	2	고메노쓰강 논 지대 米ノ津川流域の水田地帯	110	3.5	3.5	25%
	3	고가와 댐 호수 高川ダム湖	120	2.5	6	43%
	4	산악 산책로 山岳遊歩道	60	2.4	8.4	61%
	5	고메노쓰강 청류 米ノ津川清流		0.8	9.2	67%
	6	오만석 수로터 五万石溝跡	40	2.4	11.6	84%
	7	이즈미 후모토 무사가옥군 出水麓武家屋敷群	40	2.2	13.8	100%
15코스 － 이브스키 指宿 · 가이몬 開聞	1	JR니시오야마역 JR西大山駅	50	–	0	0%
	2	소나무 숲 松林	20	3.2	3.2	25%
	3	레저센터 카이몬 レジャーセンターかいもん		1.9	5.1	40%
	4	가와지리 해안 川尻海岸	0	0.5	5.6	43%

	5	가와지리 어항 川尻漁港	–	0.5	6.1	47%
	6	가이몬 산록 허브원 開聞山麓香料園	30	1.3	7.4	57%
	7	JR히가시가이몬역 JR東開聞駅	–	2.1	9.5	74%
	8	가가미이케 鏡池	40	1.5	11	85%
	9	히라키키 신사 枚聞神社	50	1.6	12.6	98%
	10	JR가이몬역 JR開聞駅	40	0.3	12.9	100%
16코스 – 기리시마 霧島 · 묘켄 妙見	1	묘켄 온천가 妙見温泉街	60	–	0	0%
	2	와케유 和気湯	–	1	1	9%
	3	이누카이 폭포 犬飼滝	120	1	2	18%
	4	산길, 강길	–	3	5	45%
	5	와케 신사 和氣神社	150	2	7	64%
	6	시오히타시 온천 료마 공원 塩浸温泉龍馬公園	150	4	11	100%
17코스 – 다카치호 高千穂	1	다카치호 안내소 まちなか案内所	330	–	0	0%
	2	다카치호 신사 高千穂神社	–	0.9	0.9	7%
	3	다카치호 협곡 · 신바시 高千穂峡 · 神橋	220	0.6	1.5	12%
	4	다카치호 협곡 · 마나이 폭포 高千穂峡 · 真名井滝	–	0.5	2	16%
	5	다카치호 타로 묘 高千種太郎の墓	–	1.3	3.3	27%
	6	나카야마 산성터 캠프장 仲山城跡キャンプ場	380	0.2	3.5	28%
	7	무코오야마 신사 참배길 입구 向山神社参道入口	500	2.6	6.1	50%
	8	마루오노 녹차밭 丸小野地区の茶園	350	0.9	7	57%
	9	구 무코야마키타 초등학교 旧 · 向山北小学校	–	1.8	8.8	72%
	10	오토노타니 현수교 音の谷吊り橋	190	1.8	10.6	86%
	11	가마다세 시장 がまだせ市場	330	1.7	12.3	100%
18코스 – 사이키 佐伯 · 오뉴지마 大入島	1	쇼쿠사이칸 食彩館	0	–	0	0%
	2	후나카쿠시 舟隠	–	1.5	1.5	14%
	3	가모샤 신사 賀茂社	–	2	3.5	33%
	4	하늘 전망소 空の展望所	60	2	5.5	52%
	5	시라하마 해안 白浜海岸	0	1	6.5	62%
	6	캥거루 광장 カンガルー広場	–	0.5	7	67%
	7	A/B루트 분기점 A/Bルート分岐	40	1	8	76%
	8	A루트:도오미산 전망소 Aルート:遠見山展望所	200	1	9	86%
	9	이시마항 石間港	0	1.5	10.5	100%
19코스 – 오쿠분고 奥豊後	1	JR아사지역 JR朝地駅	250	–	0	0%
	2	유자쿠 공원 用作公園	300	1.8	1.8	15%
	3	후코지 普光寺	–	2.2	4	34%
	4	묘센지 갈림길 明専寺の下分かれ道	260	1.7	5.7	48%

	5	소가와 주상절리 十川の柱状節理	–	1.2	6.9	58%
	6	오카 산성터 후문 岡城下原門	–	1.2	8.1	69%
	7	치카도구치 近戸口	–	1	9.1	77%
	8	오카성 주차장 岡城駐車場	260	1.5	10.6	90%
	9	16개의 나한상 十六羅漢	–	0.7	11.3	96%
	10	JR분고다케타역 JR豊後竹田駅	260	0.5	11.8	100%
20코스 – 고코노에 九重 · 야마나미 やまなみ	1	고코노에 꿈의 현수교 九重"夢"大吊橋	780	–	0	0%
	2	우케노구치 온천 筌の口温泉	–	1	1	8%
	3	밀크랜드팜 ミルクランドファーム	880	2.8	3.8	31%
	4	고코노에 자연관 九重自然観	–	2.3	6.1	50%
	5	고코노에 · 야마나미 목장 九重やまなみ牧場	950	2.3	8.4	69%
	6	시라미즈가와 폭포 白水川の滝	990	2.1	10.5	86%
	7	초자바루 · 다데와라 습원 長者原·タデ原湿原	1,030	1.7	12.2	100%

※ 1. 오이타현 벳푸 코스가 2019년 4월 1일자로 폐쇄되어서 이를 반영 · 삭제하였다.
※ 2. 2019년 4월 1일부터 아래 사항이 바뀌었으나, 이들은 책에 반영하지 못했다.
　　▸ 후쿠오카현 신구新宮 코스 개장 (11.9km)
　　▸ 2개 노선 소폭 조정 : 사가현 다케오 코스(14.5→12.0km), 오이타현 코코노에 야마나이 코스(12.2→11.1km)
※ 3. 마일포스트의 해발고도에 '–'표시된 곳은 정확한 해발고도가 확인되지 않은 곳이다.
　　그러나 모두 거의 평지에 가까워 트레킹에 큰 어려움은 없을 것으로 보인다.

05

영국 횡단 CTC
Coast to Coast Walk

영국의 허리인 잉글랜드 북부 지방을 서해안에
서 동해안까지 횡단하는 도보 여행길이 있다.
미국 스미스소니언 매거진의 'Great Walks of
the World' 기사에서 세 번째에 랭크되기도 했
다. 영국을 걷는다는 건 런던 등 대도시 관광과
는 차원이 다르다. 호수와 계곡을 가로질러 야
트막한 산을 넘는다. 싱그러운 초원과 능선을
지나고 나면 19세기 유물 같은 시골 가옥들을
만나곤 한다. 낭만파 시인 윌리엄 워즈워스가 사
랑했던 땅 레이크 디스트릭트가 있고, 에밀리 브
론테의 《폭풍의 언덕》의 배경지인 황무지 무어랜
드를 걷는 길이다.

(스코틀랜드)

북아일랜드   세인트비스   로빈 후즈 베이

아일랜드

더블린

리머릭   영국
(잉글랜드)

폭풍의 언덕을 넘어 북해까지,
영국 횡단 CTC

영국의 지형은 우리 한반도와 살짝 닮았다. 스코틀랜드는 휴전선 너머 북한을, 잉글랜드는 남쪽 대한민국을 연상시킨다. 그런 섬나라. 영국의 허리를 서에서 동으로 횡단하는 도보 여행길이 CTC(Coast to Coast Walk)다. 여행작가 앨프리드 웨인라이트가 반세기 전에 개척하여 세상에 알린 길이다.

영국의 서해 바다인 아이리시해의 세인트비스에서 출발하여 동쪽을 바라보며 15일 정도 걸으면 광활한 북해 앞 로빈 후즈 베이에서 길이 끝난다. 수백 년 전부터 이어져온 여러 갈래의 길들이 한 여행가의 열정 덕분에 하나로 묶여 CTC란 이름으로 다시 태어났다. 이후 수십 년 동안 많은 사람들의 발자국으로 다져지면서 더 좋은 길로 거듭났다. 유럽인들에게는 영국을 대표하는 장거리 트레일로 많은 사랑을 받고 있다. 그러나 우리나라엔 아직까지 별로 알려진 바가 없다.

CTC의 가장 큰 매력은 영국 정부가 자연보호 구역으로 지정한 세 개의 국립공원을 연이어 관통한다는 점이다. 잉글랜드 서부의 레이크 디스트릭트Lake District와 중부의 요크셔 데일스Yorkshire Dales 그리고 동부의 노스 요크 무어스 North York Moors가 섬의 허리를 감싸며 벨트처럼 연결되어 있다. 세 지역은 저마다의 자연환경과 역사문화가 담긴 독특한 아름다움을 품고 있는 곳으로 유명하다.

영국 전역에는 모두 14개의 국립공원이 있다. 그중 세 곳이 CTC 노선에 연이어져 있다. 또한 이들 세 개의 국립공원 면적을 합치면 우리나라의 설악산, 지리산,

한라산 국립공원을 모두 합친 면적의 여섯 배가 넘는다. CTC가 얼마나 광활한 지역에 걸쳐져 있는지를 가늠할 수 있게 해준다.

CTC의 초반 3분의 1에 펼쳐진 레이크 디스트릭트는 광대한 호수 지방이다. 19세기 영국의 모습을 가장 많이 간직하고 있는 지역으로 정평이 나있다. 영국의 낭만파 시인 윌리엄 워즈워스는 자신의 고향인 이 지역을 '인간이 발견한 가장 사랑스러운 곳The loveliest spot that man hath ever found'이라고 극찬했다. 레이크 디스트릭트 한복판에 있는 시인의 고향 마을 그래스미어에는 시인의 무덤과 생가 그리고 박물관이 있어 사람들 발길이 끊이지 않는다.

여행 가이드북《론리 플래닛》에서도 레이크 디스트릭트를 '걷기의 심장과 영혼The heart and soul of walking 같은 곳'이라고 소개한다. 작가 알랭 드 보통은 그의 책《여행의 기술》에서 레이크 디스트릭트를 여행한 감상을 많은 지면에 걸쳐 묘사하고 있다. 랑데일 골짜기를 묘사한 부분만 봐도 소박하면서도 정겹다.

'레이크 디스트릭트에 온 이후 처음으로 우리는 깊은 산골에 들어왔다. 자연이 인간보다 두드러진 곳이었다. 작은 길 양 옆으로 떡갈나무들이 서 있었다. 나무마다 다른 나무의 그림자로부터 멀찌감치 떨어져서 자라고 있었다. 나무들 아래의 들판은 특별히 양들의 식욕을 돋우는 곳인지, 양들이 바짝 뜯어 먹어 완벽한 잔디를 이루고 있었다.'

수많은 계곡과 높고 낮은 구릉으로 천혜의 자연 경관을 갖춘 요크셔 데일스는 '신이 내린 땅'으로 불리면서 매년 800만 명 이상의 관광객을 끌어 모으는 곳이다. 노스요크 무어스 또한 그에 못지않다. 아름다운 야생화인 헤더가 자생하는 영국의 황무지들 중에서 가장 넓은 지역이기도 하다. 이 두 국립공원을 포함하는 요크셔 지방은 잉글랜드 북부의 중부와 동부 쪽으로 광활하게 펼쳐져 있다.

이 일대는 광활한 초원지대인 무어랜드Moorland로 특히 유명하다. 서른 살이라는 젊은 나이에 생을 마감한 작가 에밀리 브론테와 그녀의 자매 샬롯 브론테의 삶의 터전도 요크셔였고, 두 자매가 그려낸 슬픈 이야기의 배경도 이곳 요크셔의

무어랜드였다. 명작 《폭풍의 언덕》과 《제인 에어》가 탄생할 수 있었던 토양이었다.

잉글랜드 북부의 황무지를 일컫는 무어Moor라는 단어에는 누구든 시인이 되게 만드는, 시적인 무언가가 담겨 있다. 무어랜드의 거센 바람에 맞서며 보라빛 헤더 밭을 걷는 동안 소설 《폭풍의 언덕》 속 남녀 주인공이 함께 말을 타고 달리던 슬픈 환영과 마주칠 수도 있다.

CTC의 또 하나의 특징은 스페인 산티아고 순례길을 절반으로 줄여놓은 축소판이라는 것이다. 성당과 십자가로 대표되는 순례길의 종교적 분위기는 CTC에선 서구 역사와 문화라는 인문학적 향취로 대체된다. 지평선과 누런 밀밭만 보이던 스페인 메세타Meseta 고원은 아름다운 헤더로 뒤덮인 영국의 황무지 무어가 대신하였다.

순례길의 숙소는 수도원 등을 개조한 오랜 전통의 알베르게Albergue이지만, CTC에서는 게스트하우스나 민박 형태의 비앤비Bed & Breakfast가 일반적이다. 스

페인에서는 동쪽에서 시작하여 서쪽으로 걸어서 오후의 따가운 햇살을 매일 정면
으로 마주한다. 일종의 고행일 수도 있다. 영국에서는 서쪽 해안에서 시작하여 동
쪽의 해안을 향해 걷는다. 아침에는 솟아오르는 태양을 마주하지만 오후의 햇살은
매일 등지고 걷기 때문에 한결 쾌적하다.

　　순례길은 천 년의 역사가 깃들어 있지만 CTC길의 역사는 수십 년에 불과하
다. 걷는 사람의 숫자도 산티아고 순례길에 비할 수 없을 만큼 적어서, 걷는 동안의
외로움은 더 크다. 반면에 혼자만의 사유의 시간은 더 길어지고 성찰은 깊어진다.

　　일반적으로 영국 여행은 대도시 관광명소를 중심으로 이루어지는 경우가 많
다. 런던이라면 빅벤이나 버킹엄 궁전 또는 코벤트 가든이나 웨스트민스터 등이 있
고, 스코틀랜드로 올라간다면 에든버러 캐슬 등이 필수코스다. 그러나 CTC를 횡단
하는 도보 여행은 이런 명소 관광과는 완전히 다른 차원의 여정이다. 잉글랜드 동
서 양쪽 해안과 만나고, 내륙의 산과 호수와 계곡 그리고 도시와 들판과 시골들을

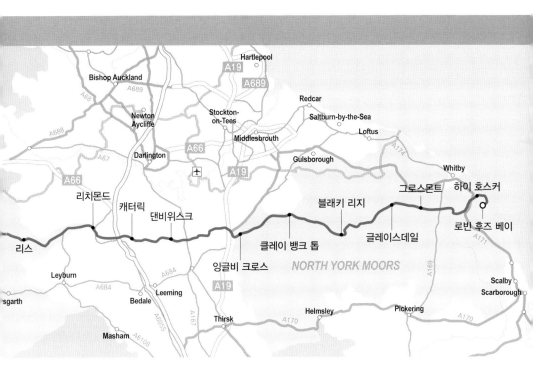

두루두루 만나는 것이다. 특히 비앤비 등의 숙소를 통해서 잉글랜드 시골 사람들
의 생활상을 적나라하게 들여다보는 계기가 되기도 한다.

영국을 걷기 전에 영국의 역사를 압축해서 들여다보자. "대영제국의 역사는
기원전 55년 8월 26일에 시작되었다." 영국 총리 윈스턴 처칠의 말이다. 기원전 그날
은 줄리어스 시저의 로마군이 처음으로 영국 땅에 상륙한 날이다. 당시 이 섬은 브
리타니아Britannia로 불렸다. 브리튼족이 사는 땅이란 뜻이다. 대륙에서 건너온 켈
트족의 일파가 그들이다. 브리튼이란 이름은 현재까지도 남아 영국을 지칭하지만,
정작 브리튼족 또는 켈트족이 섬의 주인이던 시절은 기원전 몇 세기뿐이었다.

라틴족인 로마가 시저를 앞세워 쳐들어오면서 350년간 지배당했다. 그다음
엔 대륙에서 게르만족의 일파인 앵글로색슨족이 건너와 섬을 지배하기 시작했다.
섬의 남쪽 요충지역은 모두 그들이 꿰차고 앉아 잉글랜드라는 이름을 붙였고, 원주
민인 켈트족은 점차 변방의 오지로 밀려났다.

지금의 영국은 브리타니아섬을 구성하는 스코틀랜드, 잉글랜드, 웨일스에 인근 섬의 일부인 북아일랜드가 더해져, 4개 지역으로 구성된 하나의 연방국가다. 그중 당시엔 오지였던 3개 지역인 북쪽 스코틀랜드와 남서쪽 웨일스 그리고 인근 섬 아일랜드가 켈트족이 밀려나 정착한 땅이다.

잉글랜드를 중심으로 역사는 흐르고 흘러 지금으로부터 300년 전, 잉글랜드와 스코틀랜드가 합방되면서 섬 전체가 비로소 하나가 되었다. 섬 이름도 기존의 브리타니아에서 그레이트 브리튼Great Britain으로 격상되었다.

100년 후에는 바로 옆 섬나라 아일랜드까지 합병되면서 두 개의 섬은 '그레이트브리튼과 아일랜드의 연합왕국'으로 통일되었다. 다시 백여 년이 흐른 1922년, 아일랜드섬의 남쪽은 분리 독립되고 북아일랜드만 영국령으로 남겨졌다. 그때 만들어져 지금까지 불리는 정식 국명도 영국의 복잡한 역사만큼이나 길다. '그레이

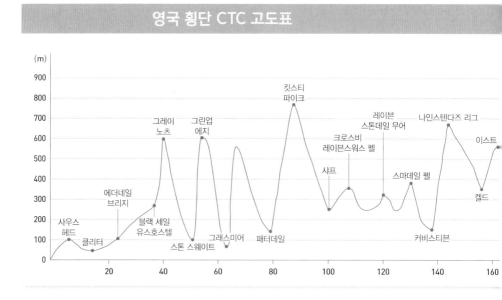

영국 횡단 CTC 고도표

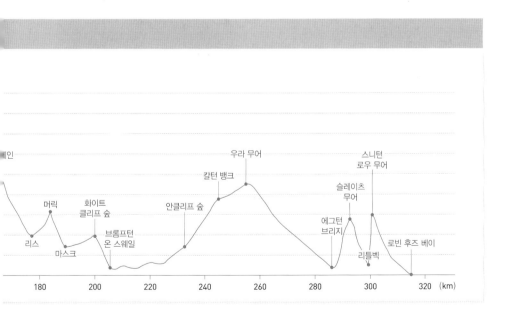

트 브리튼과 북아일랜드의 연합왕국United Kingdom of Great Britain and Northern Ireland', 줄여서 'UK' 또는 '영국 연방'으로 부르기도 한다. 우리가 오늘날 '영국'이라고 부르는 나라의 형태는 이렇듯 그 역사가 백 년밖에 안 되었다.

그러나 처칠은 로마의 시저가 섬에 상륙한 날부터 영국 역사는 시작되었다고 말했다. 역사에서 본 것처럼 영국은 켈트족, 라틴족, 게르만족의 후손들이 시대를 바꿔가며 싸우고 공존해온 나라다. 슬라브 민족권을 제외한 유럽의 대부분을 이들 세 민족이 점유하고 있다. 처칠의 말에서는 영국이 곧 유럽을 대표한다는 은

근한 자부심이 엿보인다.

　　고대 그리스, 로마에서 비롯된 서구 문명이 오늘날 우리 시대에 이르러 만개하기까지는 영국의 역할도 컸다. 우리가 알게 모르게 익숙해져 있는 서구 문화의 다양한 면들이 망라되어 있는 곳이 바로 영국이다. 유럽을 지배하려던 나폴레옹과 히틀러도 끝내 정복하지 못한 땅이기도 하다. 그 섬의 가운데 허리 부분을 두 발로 뚜벅뚜벅 밟으며 횡단하는 CTC 트레킹은 유럽의 속살을 경험하는, 영국 여행의 진수나 다름없다.

코스 가이드

영국 횡단 CTC

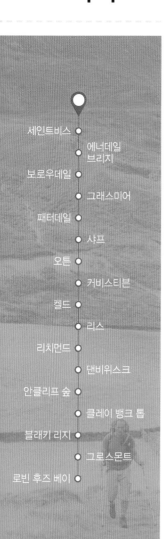

세인트비스

에너데일 브리지

보로우데일

그래스미어

패터데일

샤프

오튼

커비스티븐

켈드

리스

리치먼드

댄비위스크

안클리프 숲

클레이 뱅크 톱

블래키 리지

그로스몬트

로빈 후즈 베이

세인트비스

세인트비스는 잉글랜드 북부 해안에 위치해 있다. 컴브리아주 Cumbria County 서쪽 끝에서 아이리시해에 면해 있는 자그마한 어촌 마을이다. 도보 여행가이자 여행작가인 앨프리드 웨인라이트(1907~1991)가 아이리시해에서 북해까지 잉글랜드를 횡단하는 도보 여행길 CTC를 개발하면서 이 마을 해안을 그 출발점으로 삼았다. 세인트비스 기찻길을 벗어나 아이리시 해안 절벽 앞에 이르면 'CTC 출발점'이라는 표지판과 함께 길에 대한 설명이 곁들여져 있다.

1973년 한 권의 책과 함께 이 길을 세상에 알린 여행작가의 말년 사진이 큼지막하다. 지도와 자료들이 그려진 이 벽은 '웨인라이트 월 Wainwright Wall'로 불린다. 주변은 오토캠핑장과 공원 등이 있어 풍광이 좋다. 그대로 지나쳐 가기엔 아까운 곳이다. 떠나기 전날 오후에 세인트비스 마을 전체를 둘러볼 때 이곳까지 미리 와보는 게 좋다. 런던 유스턴Euston역에서 스코틀랜드 글래스고행 기차를 타고 올라오다가 도중에 칼라일Carlisle에서 내려 한 시간 대기한 후 시골 열차로 환승하여 종점인 이곳까지 온다.

0.9km	2.9km	5km	2.4km	2.1km	1.8km	3.4km	1.8km	2.1km	1.9km
세인트 비스 0m	사우스 헤드 100m	플레스윅 베이 20m	샌드위스 70m	철로 10m	무어 로우 70m	클리터 50m	덴트 펠 353m	내니캐치 게이트 140m	스톤 서클 220m	에너데일 브리지 105m

거리 23.3km 누적 거리 23km 진척률 7% 총 소요 시간 8시간

CTC가 시작되는 해안선은 가파른 절벽이다. 세인트비스 남벽South Head과 북벽North Head을 지날 때까지는 해안 절벽길만 따라가면 된다. 절벽 능선길이 끝나는 내륙 입구까지 드라마틱한 정경을 보여준다. 왼쪽 깎아지른 절벽 밑으로 아이리시해의 거센 파도가 몰아치고, 오른쪽은 양떼들이 풀을 뜯는 푸른 초원이다. 등 뒤로 멀어지는 세인트비스 마을에 자꾸만 눈이 갈 수밖에 없다. 남벽의 끝에 다다르면 길은 잠시 내려갔다가 다시 오르막길로 변해 북벽 고지대에 이른다. 잉글랜드의 서쪽 땅 끝이다. 그저 비슷한 해안 절벽일 뿐인데도 바다 건너 아일랜드섬과 가장 가까운 위치라는 의미를 붙이고 보면 그 느낌이 새로워진다.

절벽 주변에 바닷새 수백 마리가 붙어 있다. 지나는 트레커를 반기는 건지 한순간 모두 쏴아~ 하고 날아올라 재잘거린다. 경사진 초원에는 수십 마리의 소들이 묵직한 자태로 풀을 뜯고 있다. 흰색 등대를 지나면서 아이리시해와 작별한다. 해안선을 벗어나 호젓한 시골길로 들어서면 아담한 마을에 이른다. 시골마을 샌드위스, 아기자기한 집들이 줄지어 섰지만 주민들은 눈에 띄지 않는다. 도로와 집 사이사이로 펼쳐진 푸른 잔디가 싱싱하다. 샌드위스 마을을 지나 오늘의 하이라이트인 덴트 힐을 오른다. 어려운 구간은 아니지만, 첫날인 만큼 혼자인 경우라면 길을 잘못 들기가 쉽다.

첫 마을 샌드위스에서 다음 마을 클리터로 가기 위해서는 농지와 임야를 가로지르기 때문에 길이 명확하지 못하다. GPS가 없다면 잠시 길에서 멈춰 기다리며 일행을 구하는 게 좋다. 블랙 하우 숲Black How Wood을 지나 덴트 힐Dent Hill 정상까지는 가파른 편이다. 353m 정상에서 하산길이 다소 헷갈릴 수 있으니 북동 방향을 잘 잡아야 한다. 하산길 중간쯤, 짧지만 아주 가파른 구간을 만난다. 무릎 부상과 미끄러짐 등 주의가 필요한 지점이다.

	8.1km		5.6km		2.7km	2.1km	3.2km	2.4km	
에너데일 브리지 105m			에너데일 유스호스텔 120m		블랙 세일 유스호스텔 280m	그레이 노츠 595m	•호니스터 하우스 유스호스텔 360m	•시톨러 130m	•보로우 데일 80m

거리 **24.2km** 누적 거리 **47km** 진척률 **15%** 총 소요 시간 **8.5시간**

에너데일 브리지에서 30분 정도 한적한 포장도로를 걸으면 에너데일 호수Ennerdale Water에 도착한다. 호숫가를 따라 한 사람이 걸을 만한 오솔길이 이어진다. 직선거리 4km의 호숫가 남쪽 길을 지나면 잠시 후 캠핑장이 나타나는데 이 지점에서 길이 두 갈래로 나뉜다. 왼쪽으로 들어서면 레드 파이크Red Pike를 넘는 하이레벨 루트다. 필자는 편안하게 직선 코스로 가는 오리지널 루트를 택했다. 초반부의 체력 소모를 막기 위해서였다.

한동안 호젓한 평지를 걷다 보면 우람한 위용의 그레이 노츠산이 앞을 막아선다. 산에 오르기 전 산 아래에 있는 외딴 건물 유스호스텔 블랙 세일에서 잠시 쉬며 한숨 돌린다. 그레이 노츠산은 초입부터 가파른 오르막 산길로 시작한다. 두 시간 동안 땀 뻘뻘 흘리면서 도달한 정상에서는 광활한 정경이 오감을 압도한다. 크고 작은 산들이 판타지 영화의 한 장면처럼 뻗어 있고, 산과 산 사이는 신비로운 호수들로 메워졌다. 능선과 능선, 골짜기와 계곡 사이로 여러 갈래의 길들이 실뱀처럼 늘어져 있다. 사방이 탁 트인 고원이 한참 동안 이어진다. 시원한 바람이 땀을 식혀 준다. 영국의 호수 지방 경치는 이국적이며 감미롭다.

정상의 드넓은 평원은 길이 명확치 않다. 시행착오를 겪으면서 헤매다 보면 하산길이 갑자기 나타난다. 깎아지른 산 중턱에 건물과 차량들이 시야에 들어온다. 채석장이면서 관광지인 호니스터 광산이다. 4억 년 전 대규모 화산폭발 때 변한 지질이 오늘날까지 이어지고 있어, 사실상 채석장에 불과한 이곳에 관광객들이 모여든다.

1.6km	1.9km		3.2km		1.3km	1.3km	3km		1.3km	1.6km
보로우 데일 80m	로스 웨이트 90m	스톤스 웨이트 100m		그린업 에지 605m	•투 스트림스 490m	•칼프 크랙 538m		헬름 크랙 380m	이스 데일 90m	그래스 미어 70m

거리 **15.3km** 누적 거리 **63km** 진척률 **20%** 총 소요 시간 **5시간**

스톤스웨이트를 벗어나면 작은 강인 스톤스웨이트 벡Stonethwaite Beck을 오른쪽에 두고 따라 걷는다. 캠핑장을 지나고 잠시 후 강물이 두 갈래로 나눠진다. 바로 이어지는 자그마한 계곡인 그린업 길Green up Gill을 따라 정상인 그린업 에지 패스Green up Edge Pass에 오른 후 그래스미어로 내려와야 한다. 그런데 필자는 오른쪽으로 이어진 랑스트라스 벡Langstrath Beck으로 '잘못' 들어섰다. 또 다른 장거리 트레일인 컴브리아 웨이Cumbria Way로 이어지는 길이기 때문에 사전에 주의하지 않으면 육안으로는 착각하기 쉬운 지점이다.

길의 정상인 스테이크 패스Stake Pass에 오른 후 그레이트 랭데일Great Langdale로 하산했다. 그래스미어까지는 원래 코스보다 두세 시간을 더 우회해서 가는 먼 거리였다. 원래의 코스로 잘 들어서기 위해서주의해야 할 곳은, 캠핑장을 지나 스톤스웨이트 벡이 끝나면서 개울이 두 갈래로 나뉘는 지점이다. 더 눈에 잘 띄고 평지인 우측 개울 랑스트래스 벡으로 갈 게 아니라 직선 방향인 오르막길 쪽으로 계속 가야한다. 해발 620m인 그린업 정상으로 향하는 올바른 CTC 루트다.

정상에서는 카프 크래그Calf Crag(537m) 봉 방향으로 하산하여 헬름 크랙을 거쳐 그래스미어로 하산한다. 다른 길인 컴브리아 웨이로 잘못 들어 스테이크 패스를 거쳐 하산하면 그래스미어까지 두세 시간을더 돌아가야 하는 우회로이다.

한편, 하산 시 그레이트 랭데일까지 이르는 랭데일 골짜기는 또 다른 감동이 있었다. 작가 알랭 드 보통은 그의 저서《여행의 기술》에서 이곳을 걸은 후의 감상을 상세하게 묘사한 바 있다.

4일차 　　그래스미어 ┈┈▶ 패터데일

거리 **16.1km** 누적 거리 **79km** 진척률 **25%** 총 소요 시간 **6시간**

시인 윌리엄 워즈워스의 고향 그래스미어는 산과 호수로 둘러싸인 낭만 가득한 곳이다. 마을 한복판에 워즈워스의 시 제목을 딴 수선화 정원이 있다. 울창한 숲과 편안한 산책로, 온갖 색깔의 야생화와 우직한 고목들이 촘촘히 늘어선 쉼터다. 정원 한쪽에 시인 윌리엄 워즈워스의 묘비가 있다. 묘비 앞에 선 사람들의 모습에서 시인을 향한 영국인들의 애정을 엿볼 수 있다. 근처에 있는 시인의 생가 도브 코티지Dove Cottage는 시인이 누이동생과 아내와 함께 오랜 세월 살았던 곳이다. 시인과 가족들이 누렸던 소소한 일상들이 엿보이는 공간이다. 생가 바로 옆에는 워즈워스 박물관도 있다.

그래스미어 호수와 그 주변 산책길도 좋다. 사라 넬슨의 생강 빵집도 관광객들이 많이 찾는 명소다. 다음도착지 패터데일까지는 정규 코스인 그리스데일 계곡Grisedale Valley 루트 외에 산을 하나 더 넘는 하이레벨 루트도 있다. 필자는 이 루트를 스킵했다. 사전에 모든 숙소를 예약하면 이런 문제가 있다. 어느 구간에선가 차질이 생겨 시간이 많이 지체되면 다음 구간을 스킵해서 차량으로 이동해야 하는 것이다.

앰블사이드와 연결되는 그래스미어 북쪽 메인도로를 건너면 산길로 접어든다. 산 정상의 그리스데일 호수 Grisedale Tarn를 넘어 그리스데일 계곡을 따라 패터데일 예약 숙소로 넘어와야 했지만 날이 저물어가서 콜택시를 이용했다. 그래스미어에서 시인의 자취와 만나며 오후 반나절을 보냈기 때문이다. 로스웨이트에서 패터데일까지는 하루 코스로 계획하지 말고, 그래스미어에서 하룻밤 머무는 이틀 코스로 계획하는 게 좋다.

패터데일 ⋯⋯▶ 샤프

3.5km	2.1km	2.4km	2.9km	6.6km	5.8km	2.4km
패터데일 140m	앵글 탄 480m	더 노트 550m	킷스티 파이크 784m	호스 워터 남단 250m	번뱅크스 220m	샤프 수도원 터 230m	샤프 250m

거리 **25.8km** 누적 거리 **105km** 진척률 **33%** 총 소요 시간 **9시간**

패터데일을 벗어나는 골드릴 다리를 건너면 급격한 오르막길이 시작된다. 레이크 디스트릭트의 마지막 산을 오르는 것이다. 해발 567m의 앵글탄 봉은 며칠간 걸어온 길들을 한눈에 돌아볼 수 있는 마지막 기회다. 산 아래로 간밤에 묵었던 패터데일 마을이 한눈에 보인다. 곧 이어 만나는 앵글 탄은 산 속에 자리 잡은 넓은 호수다. 더 노트를 지나 킷스티 파이크에 이르기까지는 완만한 능선길이 이어진다. 워낙 드넓다 보니 방향을 잘못 잡으면 길을 벗어나기도 쉬운 능선이다.

정상에서 잠시 내려오면 산 아래 드넓은 호수가 웅장하게 그 모습을 드러낸다. 호수 지방인 레이크 디스트릭트에 있는 20개 호수 중 여섯 번째로 큰 하웨스 워터다. 가파른 하산길을 내려오면 호수이자 저수지인 하웨스 워터 남단이다. 호숫가를 따라 6km를 걸으면 번뱅크스 마을에 도착한다. 밭과 숲길을 따라 걷다가 작은 개울가 다리를 건너 샤프 수도원을 지나면서 레이크 디스트릭트 국립공원을 벗어난다. 호수와 산이 많던 지금까지의 풍광들이 서서히 바뀌기 시작하는 지점이다. 잉글랜드 내륙으로 깊숙이 들어서는 것이다.

| 3.2km | 3.2km | 5.6km |

| 샤프 | 오든데일 | 크로스비 레이븐스워스 펠 | 오턴 |
| 250m | 330m | 340m | 240m |

거리 **12.1km** 누적 거리 **117km** 진척률 **37%** 총 소요 시간 **3.5시간**

육교를 통해 철로와 고속도로를 동시에 건너면서 샤프 마을을 벗어난다. 고속으로 질주하는 탈것을 거의 일주일 만에 만나게 된다. 런던과 스코틀랜드를 오가는 기차와 차량들이 눈 깜빡할 사이에 육교 밑을 지난다. 왠지 모를 아련함과 함께, 어딘가 낯선 곳으로 떠날 때의 기대와 그리운 곳으로 돌아가는 설렘이 가득해지는 지점이다. 이후부터는 전날까지의 레이크 디스트릭트와는 분위기가 완전히 달라진다. 드넓은 황야가 펼쳐지기 시작하는 것이다. 매일 한두 개의 산을 넘고 호수를 지나왔지만 이제부터는 전혀 다른 지형이다. 사방이 지평선뿐인 영국의 황야 지역 무어랜드Moorland의 시작인 것이다. 길을 걷는 중에 가끔 만났던 야생화 헤더Heather가, 이제부터는 들판에 가득 펼쳐진 장관으로 다가온다.

발걸음을 옮기기 힘들 정도로 바람이 거세지만, 눈 가늘게 뜨고 고개만 숙이면 더없이 상쾌해진다. 폐와 심장을 격동시키는 에너지원 같은 무어의 바람에 맞서 걷는 것이다. 두 개의 무어 지역 사이에 오턴 마을이 있다. '컴브리아 심장에 자리 잡은 아름다운 시골 마을'이라는 홍보 문구가 딱 어울리는 마을이다. CTC 루트에서 약간 벗어나 있지만 찾아가기는 수월하다. 샤프에서 아침에 출발하면 오턴 마을에는 이른 낮 시간에 도착한다. 오후 시간에 여유가 있으니 다음 날 아침 루트와 만나는 지점을 미리 파악해두는 것도 좋다.

| 1.6km | 3.7km | 2.4km | 7.1km | 2.4km | 1.6km | 2.9km |

오턴 · 오턴 스카 선비긴 레이븐스톤데일 스마데일 스마데일 철로 커비스티븐
240m 280m 호수 무어 브리지 펠 240m 150m
280m 330m 210m 350m

거리 **21.7km** 누적 거리 **138km** 진척률 **44%** 총 소요 시간 **7시간**

오턴 마을부터는 길고 긴 돌담이 이어진다. 돌담 안은 또 다른 돌담들로 구획을 나누며 목초지가 끝없이
펼쳐진다. 멀리 초원에서 풀 뜯는 양떼들은 녹색 화폭에 흰색 물감을 흩뿌려놓은 것처럼 수를 헤아리기
어렵다. 길은 돌담과 돌담 사이 푸른 초원 한가운데를 가로지른다. 커비스티븐으로 막 들어서기 직전까
지는 포장도로가 전혀 없는 들판길만 이어진다. 오랜 세월 수많은 사람들이 밟고 지나간 발자국들이 쌓
이고 겹치며, 목초지에 가느다란 한 줄의 길이 만들어졌다.
길 자국이 희미해지는 지점에서 자칫 방향을 잘못 잡으면 코스를 이탈하기 쉽다. 그나마 군데군데 세워진
이정표들이 확실한 가이드가 된다. 두툼한 목재 기둥에 'Coast To Coast'라고 쓰인 나무 팻말들은 한
결같이 햇볕에 타고 비바람을 맞으며 시커멓게 색이 바랬다. 녹색 이끼가 잔뜩 낀 모습에서 수십 년 세월
의 흔적이 느껴진다. 선비긴 호수부터 레이븐스톤데일 무어를 지나는 동안은 방향과 길을 놓치기가 쉬운
구간이다. GPS가 없고 앞뒤로 트레커들이 아무도 안 보이는 경우에는 멈추어 기다렸다가 다른 트레커와
동행하는 것이 최상의 방책이다. 드넓은 황야에 길의 자취도 애매하고 이정표도 많지 않기 때문이다.
스마데일 브리지를 건너면서 오르막 언덕이 펼쳐진다. 컴브리아 지방의 마지막 황무지인 스마데일 언덕
은 잉글랜드 내륙의 또 다른 세상과 처음 조우하는 지점이다. 해발 350m의 야트막한 산 위에서 내려다
보면 내일부터 오르내릴 두 번째 국립공원 요크셔 데일스Yorkshire Dales의 정경이 드넓게 펼쳐진다. 그
앞에 다소곳이 자리 잡은 커비스티븐은 CTC를 나선 후 처음 만나는 도시다. 리치먼드와 함께 CTC 루
트 내륙에서 만나는 도시들 중 규모가 가장 크다. 우직하고 견고해 보이는 중세의 건물들이 이 도시가 옛
날 언젠가 대단한 번영의 시절이 있었음을 말해준다.

| 0.8 | 0.8 | 6.4km | 1.6km | 6.8km | 4.5km |

커비 프랭크스 · 하틀리 나인 · 갈림길 레이븐시트 팜 켈드
스티븐 브리지 채석장 스탠다즈 리그 640m 410m 350m
150m 140m 250m 662m

거리 **20.9km** 누적 거리 **159km** 진척률 **51%** 총 소요 시간 **8시간**

커비스티븐의 메인 도로 A685인 마켓 스트리트를 따라 걷다가 우측 골목으로 접어들어 에덴강을 건너면
하틀리 지역이다. 하틀리산Hartley Fell이 앞을 가로막는다. 산을 오르는 길은 경사가 심하지만 길 찾아
가는 데는 별 문제가 없다. 하틀리 채석장 주변은 포장도로고 이후부터는 거친 산길이다. 잠시 완만하다

가 이윽고 가팔라지는 오르막길이 두 시간 이상 계속된다. 주저앉아 뒤돌아볼 때마다 산 아래 펼쳐진 경관도 조금씩 그 모습을 달리한다. 멀어지는 커비스티븐은 또렷한 정물화 그대로지만, 전날 지나온 스마데일 언덕은 멀리에서 어렴풋한 추상화가 되어간다.

해발 667m의 하틀리산은 잉글랜드의 등뼈인 페나인산맥The Pennines의 중심부다. 이곳이 분수령이 되어 서쪽으로 흘러내린 물은 저 멀리 아이리시해로, 반대편으로 모아진 물은 동쪽으로 흐르고 흘러 북해와 합쳐진다. 우리나라의 백두대간 같은 산줄기인 것이다. 하틀리산 정상에는 나인 스탠다즈Nine Standards라 불리는 아홉 개의 돌탑이 열 지어 서 있다. 사람 키보다 두세 배 높다. 그 옛날 잉글랜드인들이 산 아래 스코틀랜드인들에게 군사가 주둔해 있는 것처럼 보이게 하려고 위장한 시설이다.

현재의 나인 스탠다즈의 역할은 두 가지다. CTC 총 거리 315km의 절반을 지나는 분기점이라는 상징성과 잉글랜드 북부의 두 지방을 가르는 경계선이라는 의미를 가진다. 이곳을 지나면 잉글랜드의 컴브리아 지방을 벗어남과 동시에 요크셔 지방으로 발을 들여놓는 것이다. 정상의 평원은 여느 정상처럼 길의 윤곽이 뚜렷하지 않다. 나침반이나 GPS로 하산 방향을 잘 잡아야 한다. 산 아래 마을 레이븐시트 Ravenseat까지는 침식 등 자연 훼손을 막기 위하여 계절에 따라 길을 세 갈래로 나누고 있다. 8~11월은 블루 루트, 5~7월은 레드 루트 그리고 나머지 12~4월 동안은 그린 루트다. 레이븐시트 마을까지 내려오면 그다음 켈드 마을까지는 편안한 평지가 이어진다.

9일차 켈드 ······▶ 리스

| 3.5km | 2.9km | 1.9km | 3.2km | 3.5km | 2.6km |

| 켈드 | 이스트 그레인 | 멜벡스 무어 | 레벨하우스 브리지 | 서렌더 브리지 | 힐러 | 리스 |
| 350m | 560m | 540m | 450m | 360m | 250m | 200m |

거리 **17.7km** 누적 거리 **177km** 진척률 **56%** 총 소요 시간 **7시간**

나인 스탠다즈에서 내려오면 CTC 두 번째 국립공원인 요크셔 데일스Yorkshire Dales가 시작된다. 계곡을 의미하는 '데일Dale'은 '구릉지대의 넓은 골짜기'를 일컫는다. 황무지 '무어Moor' 그리고 낮은 산을 가리키는 '펠Fell'처럼 잉글랜드 북부에서 주로 통용되는 단어다. 레이크 디스트릭트는 그 이름처럼 호수가 많은 국립공원이었고, 횡단 8일째에 마주친 요크셔 데일스는 20여 개의 계곡과 황무지 무어가 공존하는 국립공원이다.

켈드에서 리스까지는 두 개의 루트가 있다. 고지대인 멜벡스 무어Melbecks Moor를 지나는 하이 루트와 저지대인 스웨일강River Swale을 따라가는 로우 루트다. 멜벡스 무어는 고지대에 광활하게 펼쳐진 황야다. 메마른 대지가 계속되는가 하면 어느새 주변이 녹색 초원으로 바뀌기도 한다. 얼마 후 들판은 보라색 야생화 물결로 뒤덮인다. 느리지 않은 발걸음에 맞춰 카멜레온처럼 색감을 바꾸는 무

어의 변신이 몽환적으로 느껴진다.

에밀리 브론테 자매의 삶의 근거지가 이곳 요크셔였고, 소설 《폭풍의 언덕》의 배경이 이곳 요크셔 무어일대였다. 하이 루트는 이렇듯 산과 계곡을 여러 번 오르내리고 거친 불모지의 황야를 지나다가 헤더가만발한 들판을 건너는 등, 변화가 많고 역동적인 구간이다. 이 지역 스웨일데일Swaledale은 고대 로마시대부터 납을 캤던 것으로 알려져 있다. 근현대에 성황을 이룬 탄광의 흔적들이 많이 남아 있다. 거너사이드 무어Gunnerside Moor와 스위너 협곡Swinner Gill을 따라 납 제련 공장 건물들이 폐광촌 곳곳에 폐허처럼 남겨져 있다. 을씨년스럽기는 하지만 어느 영화 속 황량한 장면의 현장을 걷고 있는 듯한 착각을불러일으키기도 한다.

10일차   **리스 ┈┈▶ 리치먼드**

	5km		3.7km	1km	3.2km	4km	
리스			머릭	마스크	•패디스 브리지	•화이트 클리프 숲	리치먼드
200m			320m	170m	180m	200m	110m

거리 **16.9km** 누적 거리 **194km** 진척률 **62%** 총 소요 시간 **5시간**

리스는 아담한 시골 마을로 고풍스런 건물들과 함께 녹색의 잔디 물결을 이루는 도로 주변 풍경이 인상적인 곳이다. 노천카페 탁자 위에 맥주나 커피 잔을 올려놓고 앉아 있는 사람들이 이 마을의 평온한 분위기를 일깨워준다. 리스에서 리치먼드까지 가는 이 구간은 계속 스웨일강을 따라 시골 마을을 지나는 단조롭고 평이한 길이다. 마릭 마을과 마스크 마을 그리고 화이트 클리프 숲을 지나면 리치먼드시가 보이기 시작한다.

먼저 리치먼드 성탑이 시야에 들어오고, 이윽고 성 전체와 도시 전체가 온전한 모습을 드러낸다. 리치먼드로 내려가는 언덕에는 CTC 길을 개척한 앨프리드 웨인라이트의 벤치가 놓여 있다. 의자 동판에 새겨진 작가의 저서 《A Coast to Coast Walk》 속 문장 두 줄이 이정표 역할을 한다. '리치먼드의 황홀한 정경을 미리 볼 수 있는 곳이다. 세인트비스에서 183km 왔고, 로빈 후즈 베이까지 123km 남았다.' 배낭을 내려놓고 의자에 앉아 지금까지 걸어온 길을 되돌아보고 앞으로 가야 할 길을 생각해보는지점이다.

리치먼드는 잉글랜드의 중세 역사가 도도하게 스며있는 고풍스런 도시다. 노르망디 공 윌리엄이 11세기 혼란했던 잉글랜드를 정복해 요크셔 지방의 반란을 진압한 후 이곳에 리치먼드성을 지었다. 잉글랜드에 노르만 왕조를 열고 브리튼섬의 역사를 좌지우지했던 정복왕 윌리엄으로부터 천 년 역사가 숨 쉬는 리치먼드가 비롯되었다.

잉글랜드 북부의 강물은 짙은 갈색이다. 토탄질의 토양 때문이다. 리치먼드에서 만나는 스웨일강의 물색도 특히 짙은 갈색이다. 두 번째 국립공원 요크셔 데일스는 이곳 리치먼드에서 끝난다.

11일차 **리치먼드 ┈┈▶ 댄비위스크**

	5.5km		3.4km	3.5km		7.2km		3.1km	

리치먼드	콜번	캐터릭 브리지	브롬프턴 온 스웨일	스트리트램	댄비위스크
110m	70m	40m	40m	30m	30m

거리 **22.7km** 누적 거리 **217km** 진척률 **69%** 총 소요 시간 **6시간**

리치먼드에서 댄비위스크까지는 해발 100m 내외의, CTC 통틀어 가장 평이한 구간이다. 마을과 마을을 잇는 평지가 계속된다. 길을 잃거나 헤맬 이유도 거의 없다.

콜번과 브롬프턴 온 스웨일을 지나는 내내 스웨일강을 끼고 걷다가 캐터릭 브리지를 건너고 나서 강과 헤어진다. 볼턴 마을의 메리 교회 앞마당 묘지들도 인상적이고, 잉글랜드 북부의 전형적인 시골 마을의 정취를 여실히 느낄 수 있는 구간이다.

볼턴 마을에서 댄비위스크까지는 고요함의 연속이다. 포장도로를 따라가는 길이지만 자동차는 거의 보이지 않는다. 도로 양 옆으로 수풀이 우거졌고 한쪽은 드넓은 밭, 한쪽은 울창한 숲이다. 밭에는 추수를 끝낸 건초더미들이 멋진 미술 조형물들처럼 전시되어 있다. 숲에선 늦여름의 새들이 지나는 트레커들 발자국 소리에 놀라 짹짹거리며 날아오른다. 헬멧에 완전 무장을 한 바이커들이 서너 명씩 무리지어 지나기도 한다. 그들이 달리며 불어대는 휘파람 소리가 새소리와 어울려 상큼한 메아리를 남긴다. 아무 상념 없이 이 머리를 텅 비우고 걸을 수 있는 그런 시골길이다.

헨리 스테드만의 CTC 가이드북은 마냥 포근하고 정감 넘치는 이 길을, 길 이름 대신에 한 줄 문장으로 표현하고 있다. '도로가 맞긴 맞다, 그러나 너무나, 너무나 고요한 길이다.'

12일차   댄비위스크 ······▶ 안클리프 숲

| 2.7km | 3.5km | | 4.8km | 3.4km | 1.6km |

댄비위스크	오크트리 힐	철로	A19 고속도로	잉글비 크로스	안클리프 숲
30m	50m	70m	70m	90m	140m

거리 **16.1km** 누적 거리 **233km** 진척률 **74%** 총 소요 시간 **4.5시간**

시골 밭들을 가로질러 가거나 들판을 지나는 일이 많고, 길 표시도 명확치 않은 지점들이 많다. 루트를 이탈하거나 잘못 들기도 쉬운 구간이다. 철길도 두 번 지난다. 잉글비 안클리프Ingleby Arnclffe 마을로 넘어가기 위해선 A19 고속도로를 건너야 한다. CTC 전 구간 중 가장 위험한 지점이다. 교통량이 몹시 많고 질주하는 차량들의 속도가 너무 빠르므로 상당히 신중하게 건너야 한다. 잉글비 안클리프는 꽃의 마을이다. 입구에서부터 빨강, 노랑, 분홍의 아기자기한 꽃들이 만발했다. 길가에 핀 꽃들인데 누군가 공들여 잘 가꾼 모양새다. 이 마을부터 CTC 노선상의 세 번째 국립공원 노스 요크 무어스North York Moors가 시작된다. 북해 앞바다에 면한 CTC 종착지 로빈 후즈 베이까지 국립공원이 계속 이어지는 것이다.

마을을 벗어나며 고요한 안클리프 숲에 가까워질수록 오르막이 심해진다. 숲이 끝나는 자리에서 시야가 확 트이며 광활한 대지가 눈앞에 펼쳐진다. 앞으로 4,5일간 밟고 지나야 할 요크셔 북부 지방이다. 화창한 날씨라면 대지 너머에 있을 북해 바다가 보일 테지만 대부분 물안개와 구름에 가려 모호하다. 숲을 지나는 이 주변 구간은 이렇게 시야가 확 트이며 멋진 정경과 만나기도 하지만 길을 잘못 들기도 쉬운 지점이다. 멀리까지 숙소를 찾아가는 번거로움을 피하기 위해선 오스머덜리Osmotherley보다는 잉글비 크로스에서 하룻밤 머물고, 다음 날 아침에 느긋이 이 숲을 지나는 게 낫다.

13일차   안클리프 숲 ······▶ 클레이 뱅크 톱

| 3.2km | 3.2km | 3.2km |

안클리프 숲	스카스 우드 무어	휴스웨이트 그린	라이브 무어
140m	280m	120m	310m

| 1.9km | 1.6km | 0.6km | 1.6km | 1.1km | 2.7km |

클레이 뱅크 톱	해스티 뱅크	웨인 스톤스	커비 뱅크	로드 스톤스 카페	칼턴 뱅크
230m	380m	380m	390m	270m	380m

거리 **20km** 누적 거리 **253km** 진척률 **80%** 총 소요 시간 **8시간**

다섯 개의 산을 오르내리고를 반복하는 가장 힘든 구간이다. 날씨만 화창하면 헤더가 만발한 무어Moor와 확 트인 시야의 장관을 가장 멋지게 즐길 수 있는 구간이기도 하다. 아침 햇살을 정면으로 맞으며 언덕을 오르면 눈 아래 낙원이 펼쳐진다. 아담과 이브가 누비고 다녔을 에덴동산이 연상되는 광경이다.

야트막한 구릉과 능선이 겹겹이 반복되고, 기다란 돌담들이 엄격한 경계를 만들고 있다.

스카스우드 무어라 불리는 이곳에서 지극히 영국적인 풍경을 만난다. 드넓은 초원이 보라색 물결로 넘쳐나는 찬란한 광경이다. 보라색의 헤더 물결을 가르는 얇고 가느다란 샛길에는 형형색색의 트레커들이 듬성듬성 줄지어 걷고 있다. 모두가 저 멀리 보이는 지평선을 향하고 있다.

잉글랜드 요크셔험버주의 북동 지역을 이루는 거대한 황무지 무어랜드, 노스 요크 무어스 국립공원이 본격적으로 시작된다. 해발 200m를 더 오르면 세 개의 돌무덤이 성스런 자태를 드러낸 라이브 무어 정상이다. 요크셔 북부 지방을 좀 더 장엄하게 조망할 수 있는 전망대다. 산을 내려와 다시 오르면 세 번째 황무지인 칼턴 무어에 이른다. 아이리시해를 바라보며 세인트비스를 떠난 지 13일, 잉글랜드를 횡단해 반대편 바다인 북해를 희미하게나마 처음으로 만나는 지점이다.

네 번째 황무지 크링글 무어Cringle Moor의 하늘에는 형형색색의 패러글라이더들이 수를 놓는다. 콜드 무어Cold Moor를 지나 웨인스톤스에 오를 즈음에는 체력이 거의 방전될 수 있다. 마지막 오르막길을 거쳐 해스티 언덕까지 오르면 비로소 완만한 내리막길이 나타나고 곧 이어 클레이 뱅크 톱으로 내려선다.

14일차　　**클레이 뱅크 톱 ⋯⋯▶ 블래키 리지**

1.8km	4km	6.4km	2.4km	0.9km
클레이 뱅크 톱　우라 무어	블로워스 크로싱	판데일 무어●	라이언 인●	블래키 리지
230m　　454m	380m	350m	400m	400m

거리 **15.5km** 누적 거리 **268km** 진척률 **85%** 총 소요 시간 **5시간**

클레이 뱅크 톱은 전날 마지막으로 넘은 헤스티 언덕과 당일 맞닥트리는 우라 무어 사이를 가르는 도로 지대다. 이곳부터 우라 무어의 최고점인 해발 454m의 라운드 힐까지만 오르면 이후부터는 아주 완만한 경사의 대평원이다. CTC 전체를 통틀어 고지대 황야가 가장 넓게 펼쳐진 구간이다. 그만큼 시야가 확 트여 있어 길을 벗어날 염려는 전혀 없다. 대부분이 평원을 가로지르는 자갈길이라 지루할 수도 있지만 한편으론 모든 생각을 내려놓고 무념무상의 마음으로 발걸음을 옮길 수 있는 구간이기도 하다.

대평원의 한가운데에는 한때 증기기관차가 연기를 뿜으며 달렸던 철길이 가로놓여 있다. 평원의 남과 북을 가르는 CTC 코스는 동과 서를 가르는 이 철길과 평원 한가운데에서 조우한다. 평원의 이 교차점은 블로워스 크로싱이라 불린다. 오스머덜리에서부터의 CTC 루트는 이 지역의 또 다른 장거리 트레일인 클리브랜드 웨이Cleveland Way와 완전히 하나로 겹쳐서 왔다. 이 노스요크 무어 국립공원을 3분의 2 정도 누비는 둘레길이 클리브랜드 웨이다. 국립공원 남서단에서 북동 해안으로 내륙을 가르고 북해 해안을 따라 스카버러 너머까지 뻗어 있는 트레일이다.

이 클리브랜드 웨이가 CTC와 헤어져 북쪽으로 방향을 트는 교차점 블로워스 크로싱을 지나면 판데일 무어다. 또 다른 장엄한 정경과 만난다. 그다음 하이 블래키 무어High Blakey Moor에 이르면 멀리 종착지인 라이언 인이 신기루처럼 시야에 들어온다.

15일차 · 블래키 리지 ┈┈▶ 그로스몬트

2.4km	3.2km	3.4km	4.8km	1.6km	2.6km	3.7km
블래키 리지	팻 베티	글레이스데일 하이 무어	글레이스데일 리그	글레이스데일	베거스 브리지	에그턴 브리지	그로스몬트
400m	420m	430m	350m	150m	70m	40m	20m

거리 21.7km 누적 거리 290km 진척률 92% 총 소요 시간 7시간

블래키 리지에서 그로스몬트까지는 전 구간에 걸쳐 내리막의 연속이다. 길은 4단계로 나눠진다. 라이언 인에서 시작하여 초반기 포장도로를 걷는 1단계, 이어서 황야로 들어서서 글레이스데일 하이 무어를 지나는 2단계, 규모가 작지 않은 글레이스데일 거리를 걷는 3단계, 마지막으로 이스크강River Esk의 강변 숲길과 시골마을 에그톤 브리지를 지나 그로스몬트 기차역까지 가는 4단계 길이다.

1,2,3단계 모두 포장 도로, 황야의 벌판, 시골 마을, 시골길, 숲길 등 다양한 형태의 내리막길을 따라 편안히 걸을 수 있다. 길의 4단계에서는 숲 속의 작은 기차역을 만난다. 철길 옆을 흐르는 이스크 강물, 초원에서 풀을 뜯는 양떼, 뽀얀 안개에 싸인 에그톤 다리, 숲길다음에 나타나는 오솔길과 오두막집 굴뚝에서 올라오는 연기까지, 모든 정경이 조화로운 한 폭의 그림이 된다.

CTC를 개척한 웨인라이트는 그의 책에서 이 구간을 이렇게 표현한다. '지난 며칠 동안의 외로움은 이제 끝났다. 고원지대에서의 적막 대신 문명의 소리들이 귀에 들려온다. 집들이 늘어났고 가게도 자주 보인다. 주변 풍경은 더 이상 황량하지 않다. 울창한 숲은 초록의 싱그러움으로 가득하다.' 그리곤 잠시 후 그로스몬트역에 이른다. 증기기관차가 여전히 운행되는 운치 있는 시골 역이다.

	3.2km		3.2km		1.6km		2.4km		3.2km
그로스몬트		슬레이츠 무어		리틀벡		폴링 포스		스니턴 로우 무어		
20m		280m		50m		100m		240m		

	1.6km		3.2km		3.2km		1.6km		1.6km
로빈 후즈 베이		노스 칙		북해 앞 절벽		하이 호스커		리그 팜	그레이스톤 힐스
0m		30m		50m		110m		150m	190m

거리 25km 누적 거리 315km 진척률 100% 총 소요 시간 9시간

그로스몬트역에서 증기기관차를 타면 북해가 보이는 마을 휘트비까지 25분, 내륙 남쪽 마을 피커링Pickering까지 70분이 소요된다. 기차 운행 빈도는 계절에 따라 하루 4~8회다. 걷기를 잠시 멈추고 하루쯤 더 머물며 증기기차 여행을 다녀오는 것도 좋을 것이다.

그로스몬트에서 슬레이츠 무어 정상까지는 CTC에서 마지막으

로 힘들여 올라야 할 가파른 오르막 구간이다. 리틀벡까지 편안한 내리막길이 이어진 후에 숲길로 연결된다. 숲속에는 조그마한 폭포인 폴링포스가 있고 그 옆에는 야외 티 가든도 있다. 스니턴 로우 무어와 그레이스톤 힐스를 지나 평지로 내려오면 로우 호스커이고 곧바로 하이 호스커 마을이 이어진다. 이 마을에서 북해 쪽으로 난 길을 따라가면 노스클리프 홀리데이 파크라는 이름의 카라반 캠핑장을 지난다.

이윽고 북해의 파도를 바로 눈 아래로 내려다볼 수 있는 절벽 모 와이크 홀Maw Wyke Hole에 선다. 절벽을 따라 남쪽으로 4km를 내려가면서 도중에 화이트스톤 홀, 호머렐 홀, 노스 칙, 세 기암절벽을 지나면 로빈 후즈 베이에 이른다. 모 와이크 홀 절벽에 도착하고 나서 거의 두 시간 가까이 내려온 뒤다.

깎아지른 절벽 아래에 오렌지색 지붕과 흰색으로 치장한 벽돌집들이 촘촘히 들어서 있다. 길게 늘어선 해안선을 따라서 여러 겹의 파도가 고요히 밀려들고 있다. 작은 배에 몸을 실은 그 옛날의 로빈 후드가 노 저어 바다로 나가는 상상을 해본다. 실존인지 허구인지 모르는 오랜 옛날의 한 영웅이 이곳을 근거지로 삼아 활동했다는 전설에서 마을 이름이 유래했다. 메인 도로인 스테이션 로드 B1447를 따라 내려오다가 뉴로드라는 이름의 좁고 경사진 내리막길로 들어선다. 이윽고 촘촘히 밀집된 상가건물들을 지나면 CTC 종착지에 이른다.

좁은 골목 끝자락의 북해 앞에 마지막 이정표가 서 있다. 'The End. Coast to Coast Walk. St Bees to Robin Hoods Bay. 192miles.' CTC와 알프레드 웨인라이트에 대한 여러 사진과 지도 및 자료들이 주변 벽에 붙어 있다. 바로 옆 베이 호텔 2층 바에는 CTC를 종주한 사람들이 소감을 남기는 방명록이 비치되어 있다.

트레킹 기초 정보

여행시기

무어 들판에 헤더가 만발하는 8월과 9월이 적기다. 영국의 황야에 헤더가 만발하고 안 하고는 경치와 분위기상 차이가 매우 크다. 비가 자주 내리는 나라 영국에서는 우리나라처럼 특별한 우기가 따로 없다. 대체로 사나흘에 한 번은 비를 만날 준비를 하고 가는 게 좋다. 대개는 가랑비다.

교통편

런던 히드로 공항까지 항공편은 많다. 런던에서 CTC 출발지인 세인트비스까지는 기차를 이용하는 게 가장 무난하다. 런던 도심 북부에 있는 유스턴Euston역에서 출발한다. 스코틀랜드로 올라가는 글래스고행 기차를 타고 잉글랜드 북부까지 올라가다가 칼라일Carlisle역에서 내린 후, 세인트비스행 시골 열차로 환승하면 된다. 유스턴에서 칼라일까지는 3시간 15분, 칼라일에서 한 시간 정도 대기하다가 환승하면 세인트비스까지는 1시간 30분 걸린다.

숙박

영국의 유스호스텔은 자유여행객들에겐 가장 저렴하면서 편리한 숙소다. 잉글랜드의 경우 전역에 걸쳐 약 180여 개의 유스호스텔이 있지만, CTC 코스 주변에는 7개 정도밖에 없어서 아쉽긴 하다. 나머지 여정은 비앤비(Bed and Breakfast)로 일컬어지는 게스트하우스나 민박 스타일의 숙소에 묵으며 상대적으로 비싼 숙박비를 지불해야 한다. 영국인들의 시골 생활 면면을 바로 곁에서 체험해볼 수 있는 기회가 된다. 사전 예약이 필수다.

식사

비앤비의 경우, 대개는 하루 숙박비에 다음날 아침 식사 비용까지 포함된다. 대체로 정통 영국식 아침 식사가 제공된다. 든직하게 먹고 출발하기 때문에 점심은 샌드위치 등으로 아침보다는 간소하게 해결한다. 점심용 샌드위치는 전날 저녁 숙소에 미리 주문해둔다. 저녁 식사는 숙소나 인근 레스토랑에서 사 먹는다.

예산

영국의 숙소는 저렴한 유스호스텔인 YHA와 비앤비 사이에 가격 차이가 크다. 유스호스텔 경우 20~25파운드 수준이지만 비앤비 경우는 40~50파운드, 딱 두 배다. CTC 코스 주변에 있는 유스호스텔 총 7개를 모두 이용하고 나머지 일수는 비앤비를 이용한다고 보면 하루 평균 숙박료는 33파운드 수준이다. 환율 1,850원을 적용하면 6만 원이다. 비앤비 숙박료에는 아침 조식 이 포함된다. 식비도 영국의 비싼 물가와 파운드 환율 때문에 꽤 비싼 수준이다.

필자의 경우 15일간의 CTC 횡단에 10여 일의 관광 기간 포함한 총 25박 26일 여정에 435만 원을 지출했다. 왕복 항공료 100만 원, 도시 간 이동에 들어간 기차와 버스 비용 78만 원, 식사 및 숙박비 257만 원을 합친 금액이다. 하루 평균 숙박비는 5만 5천 원, 식비는 4만 5천 원 수준. 먹고 자는 데에만 하루 10만 원 꼴로 쓴 셈이다.

영국은 교통비도 비싼 편이다. 런던에서 트레킹 출발지인 세인트비스까지 한 번 갈아타는 기차로 이동하는 데 121파운드, 우리 돈으로 22만 원이 들었다. 트레킹을 끝낸 후 로빈 후즈 베이에서 스코틀랜드까지 올라갔다가, 글래스고와 맨체스터를 거쳐 런던까지 돌아오는 데에도 25만 원이 조금 더 들었다.

여행 팁

영국은 비가 자주 내리기 때문에 이
에 대한 대비가 중요하다. 가볍고 성
능 좋은 우비를 구비하자. 비가 올 때마다 우비 입기
는 번거로울 수 있으므로 가랑비에 대비하여 가볍고
자그마한 우산을 준비하는 것도 좋다. 질퍽한 길들
이 아주 많기 때문에 목이 긴 방수 등산화도 필수다.
길 안내는 그다지 친절하지 않다. 제주 올레나 산티
아고 순례길에서는 5~10분마다 안내 표지판을 만
난다면 CTC에서는 30분에 한 번, 어쩔 때는 1시간
만에 만나기도 한다. 불친절하다거나 부주의하다기
보다는 자연 그대로의 길, 알아서 찾아가는 길의 개
념이 강하기 때문이다. 길 찾느라 여러 번 애를 먹긴
하겠지만, 가이드 뒤를 졸졸 따르듯 안내 표지판만
따라가는 여행이 아니라, 자기 스스로 길을 찾아가
는 자유여행의 묘미를 제대로 느낄 수 있다. 상세지
도는 물론 GPS와 나침반은 필수 지참물이다.

트레킹 이후의 여행지

CTC를 걸어서 영국을 횡단했다면
이제는 대중교통이나 렌터카로 섬을
종단하는 건 어떨까. 로빈 후즈 베이에서 트레킹을
마치면 버스로 30분 거리인 북쪽의 휘트비를 방문
하는 게 좋다. 또는 남쪽으로 조금 더 내려가면 사이
먼 앤 가펑클 노래로 유명한 스카버러Scarborough
도 있다. 둘 다 북해에 면한 잉글랜드 북부의 관광명
소다. 그 후는 장거리 열차를 이용하여 북쪽 스코틀
랜드 방향으로 여행하는 게 가장 좋다. 에든버러를
거쳐 더 북쪽인 하이랜드Highland까지 여행한 후 글
래스고로 내려오는 것이다. 그리곤 다시 잉글랜드로
들어와 맨체스터 등을 거쳐서 런던을 마지막으로 여
행을 마친다. 16일 동안 CTC 횡단 도보 여행을 하
고, 다시 14일 동안 차량으로 각 도시들을 종단하
는 한 달 여정이면 완벽한 영국 여행이 될 것이다.

마일 포스트

일자	NO	경유지 지명	해발고도 (m)	거리(km)	누적	진척율
1일차	1	세인트비스 St. Bees	0	0	0	0%
	2	사우스 헤드 South Head	100	0.9	0.9	0%
	3	플레스윅베이 Fleswick Bay	20	2.9	2.9	1%
	4	샌드위스 Sandwith	70	5	7.9	3%
	5	철로 Railway	10	2.4	10.3	3%
	6	무어 로우 Moor Row	70	2.1	12.4	4%
	7	클리터 Cleator	50	1.8	14.2	4%
	8	덴트 펠 Dent Fell	353	3.4	17.5	6%
	9	내니캐치 게이트 Nannycatch Gate	140	1.8	19.3	6%
	10	스톤 서클 Stone circle	220	2.1	21.4	7%
	11	에너데일 브리지 Ennerdale Bridge	105	1.9	23.3	7%
2일차	12	에너데일 유스호스텔 YHA Ennerdale	120	8.1	31	10%
	13	블랙 세일 유스호스텔 YHA Black Sail	280	5.6	37	12%
	14	그레이 노츠 Grey Knotts	595	2.7	40	13%
	15	호니스터 하우스 유스호스텔 YHA Honister Hause	360	2.1	42	13%
	16	시톨러 Seatoller	130	3.2	45	14%
	17	보로우데일 Borrowdale	80	2.4	47	15%
3일차	18	로스웨이트 Rosthwaite	90	1.6	49	16%
	19	스톤스웨이트 Stonethwaite	100	1.9	51	16%
	20	그린업 에지 Greenup Edge	605	3.2	54	17%
	21	투 스트림스 Two Streams	490	1.3	56	18%
	22	칼프 크랙 Calf Crag	538	1.3	57	18%
	23	두 산 사이 바닥	350	2.7	60	19%
	24	헬름 크랙 Helm Crag	380	0.3	60	19%
	25	이스데일 Easedale	90	1.3	61	19%
	26	그래스미어 Grasmere	70	1.6	63	20%
4일차	27	그리스데일 호수 Grisedale Tarn	590	5.2	68	22%
	28	돌리웨건 파이크 Dollywaggon Pike	840	1.8	70	22%

4일차	29	네더모스트 파이크 Nethermost Pike	890	1.4	71	23%
	30	헤븐린 Hevenllyn	950	1.3	72	23%
	31	패터데일 Patterdale	140	6.4	79	25%
5일차	32	앵글 탄 Angle Tarn	480	3.5	82	26%
	33	더 노트 The Knott	550	2.1	85	27%
	34	킷스티 파이크 Kidsty Pike	784	2.4	87	28%
	35	호스 워터 남단 Hawes Water	250	2.9	90	29%
	36	번뱅크스 Burnbanks	220	6.6	96	31%
	37	샤프 수도원 터 Shap Abbey	230	5.8	102	32%
	38	샤프 Shap	250	2.4	105	33%
6일차	39	오든데일 Oddendale	330	3.2	108	34%
	40	크로스비 레이븐스워스 펠 Crosby Ravensworth Fell	340	3.2	111	35%
	41	오턴 Orton	240	5.6	117	37%
7일차	42	오턴 스카 Orton Scar	280	1.6	118	38%
	43	선비긴 호수 Sunbiggin Tarn	280	3.7	122	39%
	44	레이븐스톤데일 무어 Ravenstonedale Moor	330	2.4	124	40%
	45	스마데일 브리지 Smardale Bridge	210	7.1	132	42%
	46	스마데일 펠 Smardale Fell	350	2.4	134	43%
	47	철로 Railway	240	1.6	136	43%
	48	커비스티븐 Kirkby Stephen	150	2.9	138	44%
8일차	49	프랭크 브리지 Frank's Bridge	140	0.8	139	44%
	50	하틀리 채석장	250	0.8	140	44%
	51	나인 스탠다즈 리그 Nine Standards Rigg	662	6.4	147	47%
	52	갈림길	640	1.6	148	47%
	53	레이븐시트 팜 Ravenseat Farm	410	6.8	155	49%
	54	켈드 Keld	350	4.5	159	51%
9일차	55	이스트 그레인 East Grain	560	3.5	163	52%
	56	멜벡스 무어 Melbecks Moor	540	2.9	166	53%
	57	레벨하우스 브리지 Level House Bridge	450	1.9	168	53%

9일차	58	서렌더 브리지 Surrender Bridge	360	3.2	171	54%
	59	힐러 Healaugh	250	3.5	175	55%
	60	리스 Reeth	200	2.6	177	56%
10일차	61	머릭 Marrick	320	5	182	58%
	62	마스크 Marske	170	3.7	186	59%
	63	패디스 브리지 Paddy's Bridge	180	1	187	59%
	64	화이트 클리프 숲 White Cliffe Wood	200	3.2	190	60%
	65	리치먼드 Richmond	110	4	194	62%
11일차	66	콜번 Colburn	70	5.5	199	63%
	67	캐터릭 브리지 Catterick Bridge	40	3.4	203	64%
	68	브롬프턴 온 스웨일 Brompton on Swale	40	3.5	206	66%
	69	스트리트램 Streetlam	30	7.2	214	68%
	70	댄비위스크 Danby Wiske	30	3.1	217	69%
12일차	71	오크트리 힐 Oaktree Hill	50	2.7	219	70%
	72	철로 Railway	70	3.5	223	71%
	73	A19 고속도로 Highway A19	70	4.8	228	72%
	74	잉글비 크로스 Ingleby Cross	90	3.4	231	73%
	75	안클리프 숲 Arnclffe Wood	140	1.6	233	74%
13일차	76	스카스 우드 무어 Scarth Wood Moor	280	3.2	236	75%
	77	휴스웨이트 그린 Huthwaite Green	120	3.2	239	76%
	78	라이브 무어 Live Moor	310	3.2	242	77%
	79	칼턴 뱅크 Calton Bank	380	2.7	245	78%
	80	로드 스톤스 카페 Lord Stones Cafe	270	1.1	246	78%
	81	커비 뱅크 Kirkby Bank	390	1.6	248	79%
	82	웨인 스톤스 Wain Stones	380	0.6	249	79%
	83	해스티 뱅크 Hasty Bank	380	1.6	251	80%
	84	클레이 뱅크 톱 Clay Bank Top	230	1.9	253	80%
14일차	85	우라 무어 Urra Moor	454	1.8	255	81%
	86	블로워스 크로싱 Bloworth Crossing	380	4	259	82%
	87	판데일 무어 Farndale Moor	350	6.4	265	84%
	88	라이언 인 Lion Inn	400	2.4	267	85%
	89	블래키 리지 Blakey Ridge	400	0.9	268	85%

	90	팻 베티 Fat Betty	420	2.4	271	86%
	91	글레이스데일 하이 무어 Glaisdale High Moor	430	3.2	274	87%
	92	글레이스데일 리그 Glaisdale Rigg	350	3.4	277	88%
15일차	93	글레이스데일 Glaisdale	150	4.8	282	90%
	94	베거스 브리지 Beggar's Bridge	70	1.6	284	90%
	95	에그턴 브리지 Egton Bridge	40	2.6	286	91%
	96	그로스몬트 Grosmont	20	3.7	290	92%
	97	슬레이츠 무어 Sleights Moor	280	3.2	293	93%
	98	리틀벡 Littlebeck	50	3.2	296	94%
	99	폴링 포스 Falling Foss	100	1.6	298	95%
	100	스니턴 로우 무어 Sneaton Low Moor	240	2.4	301	95%
16일차	101	그레이스톤 힐스 Graystone Hills	190	3.2	304	96%
	102	리그 팜 Rigg Farm	150	1.6	305	97%
	103	하이 호스커 High Hawsker	110	1.6	307	97%
	104	북해 앞 절벽	50	3.2	310	98%
	105	노스 칙 North Cheek	30	3.2	313	99%
	106	로빈 후즈 베이 Robin Hoods Bay	0	1.6	315	100%

아르헨티나 & 칠레 /

파타고니아 트레일
Patagonia Trail

피츠로이&세로 토레 코스 / 토레스 델 파이네 W 코스
Fitzroy & Cerro Torre / Torres del Paine

역삼각형 모양의 남미대륙, 그 맨 아래 꼭짓점 부분이 '바람의 땅' 파타고니아다. 남위 40도 선 부근을 흐르는 콜로라도강 이남으로 우리나라 땅의 열 배가 넘는 면적이다. 이 광활한 땅에서 세계인들이 선호하는 트레킹 지역으로 들어가기 위한 관문은 두 곳이다. 아르헨티나에선 엘 칼라파테요, 칠레에선 푸에르토 나탈레스다. 두 관문을 통해 들어가면 파타고니아 3대 트레일의 진수를 경험할 수 있다. 피츠로이, 세로 토레, 토레스 델 파이네 트레킹, '남미 최고의 비경'이라는 수식어를 확인하는 여정이 된다.

베네수엘라
콜롬비아
페루
브라질
볼리비아
칠레
파라과이
아르헨티나

피츠로이&세로 토레
토레스 델 파이네

남미 최고의 비경과 만나는 꿈의 길,
파타고니아 3대 트레일

　　남미대륙 맨 아래까지 뻗어 내려온 안데스산맥을 중심으로 서쪽 3분의 1은 칠레 땅이고 동쪽 3분의 2는 아르헨티나 땅이다. 칠레의 남쪽 땅끝 마을인 푼타 아레나스Punta Arenas는 남극으로 가는 전초기지이다. 대서양과 태평양을 잇는 마젤란 해협의 한가운데에 위치해 있다. 이 항구 도시의 한복판에 자리한 무뇨스 가메로 광장Plaza Muñoz Gamero에는 인류 최초의 세계일주자 마젤란의 동상이 있다. 배 위의 대포를 딛고 서서 대양 멀리를 바라다보는 근사한 모습이다.

　　동상 아래쪽으론 몸집이 일반인 두 배쯤은 되어 보이는 두 명의 거인이 큰 칼을 들고 앉아 영웅을 호위하고 있다. 둘 중 한 명은 오른편 다리를 밑으로 내려 놨는데 그 오른발만 금빛을 띠며 반들반들하다. 이곳을 찾는 관광객들이 너나없이 모두 손으로 만져온 탓이다. 빅 풋Big Foot이란 이 원주민 동상의 발을 만지면 그 기를 받아 더 건강해진다거나 소망하는 뭔가가 이뤄진다는 믿음 때문이다.

　　500년 전 마젤란이 처음 이곳에 당도했을 때 당시의 원주민들은 동상의 두 호위병처럼 큰 발바닥을 가진 거대한 몸집이었다. 그러나 말과 총과 갑옷과 대포 그리고 영악함으로 무장한 소수의 유럽인들 앞에서 이들 원주민 거인들은 순한 양일 뿐이었다. 처음에 거인들 모습에 놀란 마젤란 부하들은 그들을 '발이 큰 종족'이란 뜻의 파타곤Patagon이라 불렀다. 이 지역이 파타고니아Patagonia로 불리게 된 유래다.

파타고니아 지역은 구글 지도로만 보아도 칠레 쪽으로는 안데스의 빙하가 만든 복잡한 피오르드 지형이 돋보이고, 아르헨티나 쪽으로는 광활하지만 단순한 대평원이다. 지구상에서 아직까지는 인간의 손때가 그리 묻지 않은 곳으로 정평이 나 있는 이 지역에는, 두 나라가 지정하여 보호하고 있는 국립공원이 20여 개 있다. 그중에서도 두 개의 국립공원이 세계인의 관심과 사랑을 특히 많이 받고 있다. 아르헨티나 쪽 로스 글라시아레스 국립공원Parque Nacional Los Glaciares과 칠레 쪽 토레스 델 파이네 국립공원Parque Nacional Torres del Paine이다.

전자는 안데스산맥 주변 만년설들이 녹아내린 빙하 호수와 거대한 빙원과 빙하 절벽들을 수십여 개 포함하고 있다. 칠레와의 국경을 접하는 지역으로 일부 지역은 현재까지도 국경 분쟁을 겪고 있다. 공원 내 수직으로 솟아오른 바위산들 중에서도 최고봉은 해발 3,405m의 피츠로이다. 빙하로는 페리토 모레노 빙하가 대표적이다. 남쪽의 거대한 아르헨티노 호수 아래에 인접한 엘 칼라파테가 공원의 관문이고, 북쪽의 비에드마 호수를 낀 엘 찰텐이 마지막 마을이다.

후자인 칠레의 토레스 델 파이네 국립공원은 뭐니 뭐니 해도 남미 최고의 비경을 품고 있는 것으로 정평이 나 있다. 아르헨티나 남단과 국경을 접하고 있으면서 역시 공원 내 수직으로 솟아오른 화강암 바위산들이 독특하고 비현실적인 분위기를 자아내는 곳이다. 아르헨티나 쪽이 상대적으로 평탄하면서 규모가 큰 대지와 호수인데 반해, 칠레 쪽은 높이와 규모 면에서 상대적으로 낮고 적은 바위산과 호수들 투성이다. 그만큼 복잡다양하면서 더 역동적인 자연의 모습을 보여준다. 공원을 포함하는 이 지역 이름은 울티마 에스페란사Ultima Esperanza이다. '최후의Ultima 희망Esperanza'이란 지명에서 풍기듯 남미 꼭짓점 지역이 품고 있는 서사적이고 극적인 분위기가 느껴진다. 항구 도시 푸에르토 나탈레스Puerto Natales가 울티마 에스레란사 지역의 주도이자 토레스 델 파이네 국립공원의 관문이다.

아르헨티나의 로스 글라시아레스 국립공원에는 특히 두 개의 명산이 전 세계 알피니스트와 트레커들의 관심을 끈다. 파타고니아 최고봉인 피츠로이와 수 킬로미터 거리에 있는 세로 토레다. 두 고봉 모두 토레스 델 파이네와 함께 파타고니아를 대표하는 산군에 해당한다. 전문 산악인이 아닌 일반 트레커들에겐 두 명산 근처까지 다녀오는 두 개 트레킹 코스가 특히 사랑을 받고 있다. 각각 하루씩 당일치기로 산 밑에까지 올라가 호수와 빙하와 만년설을 둘러보고 오는 루트이다.

아르헨티나 파타고니아의 관문인 엘 칼라파테에서 버스를 타고 북쪽으로 세 시간을 달리면 트레킹 시작점인 엘 찰텐 마을에 도착한다. 이 마을에서 최소 2박 3일을 머물면서 이틀간 트레킹을 하는 것이다. 두 코스 각각 왕복 20km 내외로, 하루 8~9시간 정도씩 소요된다. 멀리에 우뚝 솟아 있던 설산이 점점 가까워지며 시시각각 변해가는 운치가 대단하다. 설산 바로 아래에 도착해서는 만년설로 뒤덮인 빙하와 호수 앞에서 잠시 넋을 잃기도 한다.

대부분의 고봉 설산들은 아래보다는 봉우리 부분이 흰 눈과 빙하로 감싸여 있는 게 정상이다. 파타고니아의 고산들은 봉우리는 발가벗은 민둥산인데 반해 중턱 아래 부분들이 빙하로 둘러싸여 있다. 피츠로이와 세로 토레도 마찬가지고, 곧 만날 토레스 델 파이네도 마찬가지이다. 갈색의 화강암 봉우리는 알몸 그대로 드러낸 채 아랫부분만 두터운 빙하가 둘러싸여 호수까지 이어져 있다. 이곳이 바람의 땅임을 새삼 일깨워준다. 파타고니아의 거센 바람이 고산 봉우리에 내린 눈을 얼게 할 틈도 주지 않고 주변으로 흩날려버리기 때문이다. 또한 봉우리 부분들이 넓지 않고 송곳처럼 뾰족뾰족하여 눈이 내려앉아 쌓일 만한 면적이 안 나오기 때문이

피츠로이 & 세로 토레 코스 지도

로스 트레스 호수
피츠로이 봉
3405
수시아 호수
리오 블랑코 캠핑장
포인세노트 봉
3002
포인세노트 캠핑장
세로 스탄아르트
2700
피츠로이 전망대
피츠로이 트랙
토레 에거
2685
카드리
호수
세로 토레
3128
토레 빙하
마에스트리 전망대
세로 토레
전망대
아코스티니
캠핑장
세로 토레 트랙
엘 찰텐
토레 호수
피츠로이강

기도 하다. 각각 왕복하는 코스이고 서로 위치와 방향이 다르기 때문에 두 코스를
한 번에 걸쳐 순회하는 건 의미가 없다.

    파타고니아의 아르헨티나 쪽 국립공원에서 피츠로이와 세로 토레 트레일을
걸었다면 이제는 칠레 쪽으로 내려갈 차례다. 이곳에 전 세계 트레커들이 죽기 전
에 꼭 걷고 싶은 꿈의 길로 여기는 토레스 델 파이네 트레일이 있다. 거의 수직으로
2,000~3,000m 솟아오른 바위산들 주변을 오르고 내리는 '명품 트레일'로 정평이
나 있다.

    토레스 델 파이네는 국립공원 내 수많은 산들 중에서 대표적인 산 하나의 이
름이다. 이 하나의 산이 나란히 세 개의 봉우리를 가지고 있어, 방향에 따라 북봉,
중앙봉, 남봉으로 불린다. 해발 3,000m에 가까운 높이로 삼형제처럼 나란히 붙어
서 있다. 산이라기보다는 뾰족하게 솟은 세 개의 거탑같이 생긴 데서 이름이 유래했

토레스 델 파이네 W 코스 지도

- 파소 캠핑장
- 라스 토레스 전망대
- 브리타니코 전망대
- 칠레노 산장
- 그레이 빙하
- 토레스 델 파이네 3봉
- 라스 토레스 산장
- 파이네 그란데 3봉
- 쿠에르노스 델 파이네 3봉
- 프란세스 계곡
- 그레이 산장
- 이탈리아노 캠핑장
- 쿠에르노스 산장
- 도모스 프린세스 산장
- 노르덴스크홀드 호수
- 그레이 호수
- 스콧츠버그 호수
- 로스 파토스 호수
- 파이네 그란데 산장
- 푸데토 선착장
- 페외 호수

다. 토레Torre는 '탑'을, 파이네Paine는 '파란' 또는 '창백한'을 뜻한다. 피츠로이와 세로 토레 봉우리처럼 역시 날카롭게 수직으로 솟아오른 때문에 눈이 내려앉아 쌓일 수가 없어 맨 알몸을 그대로 드러내고 있다. 그래서 '창백해' 보이는 것이다. 살짝 의역을 해보면 토레스 델 파이네는 '창백한 세 개의 거탑' 쯤으로 해석될 수 있다.

공원을 대표하는 삼형제 산 이름이 국립공원 이름도 되었고 트레일 이름도 되었다. 토레스 델 파이네 트레킹에는 선택할 수 있는 두 개의 코스가 있다. 거대 바위산들 주변을 한 바퀴 도는 7, 8일 라운드 코스와 알파벳 W자 모양의 루트를 따라 걷는 4, 5일 코스이다. 시간이 넉넉하다면 백여 킬로미터를 걷는 라운드 코스가 좋겠지만 빡빡한 남미 여정이라면 W코스만으로도 파타고니아의 진수를 맛보기에 충분하다. 거의 수직으로 솟아오른 바위산들 주변 둘레길을 걸으며 남미 최고의 비경을 즐길 수 있다.

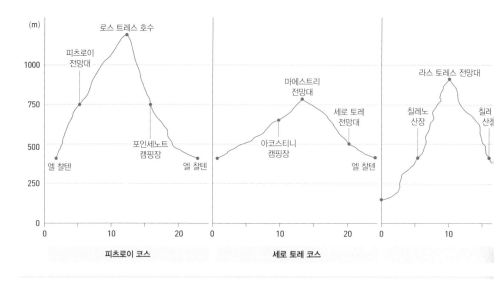

칠레의 한적한 도시 푸에르토 나탈레스Puerto Natales가 토레스 델 파이네로 들어가는 관문이다. 대개는 이곳에서 하루 이틀 머물면서 숙소 예약 등 산행 준비를 하고 아침 버스로 한 시간 반 이동하여 공원 입구에 내린다. 산행 관련한 영상 교육을 받고 나서 W자의 오른쪽 아래 꼭짓점인 토레 센트랄까지 버스로 십여 분 이동 후 첫날 트레킹을 시작한다.

라스 토레스 전망대, 브리타니코 전망대, 그레이 빙하Glacier Grey 등을 매일 하나씩 거친 뒤 마지막 날, W자의 왼쪽 꼭짓점인 파이네 그란데 산장에서 트레킹을 마친다. 그리곤 배를 타고 페외 호수Lago Pehoe를 건너 푸에르토 나탈레스로 돌아오는 것이 일반적인 여정이고 역순으로 진행하는 경우도 많다. W코스의 총 거리는 50km에 불과하지만 세 개의 왕복 구간이 있어 실제의 총 트레킹 거리는 79km이다. 3박 4일 여정이면 좀 빠듯하고 4박 5일이면 느긋하다.

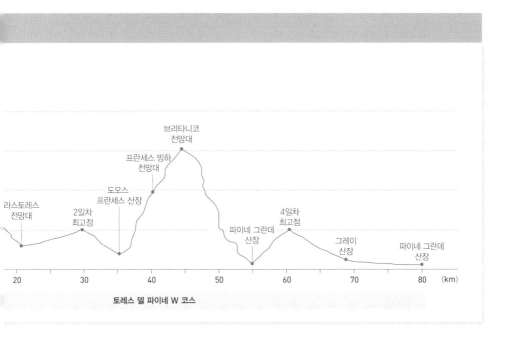

브리타니코
전망대

프란세스 빙하
전망대

도모스
프란세스 산장

라스토레스
전망대

2일차
최고점

파이네 그란데
산장

4일차
최고점

그레이
산장

파이네 그란데
산장

20　　　　30　　　　40　　　　50　　　　60　　　　70　　　　80　　(km)

토레스 델 파이네 W 코스

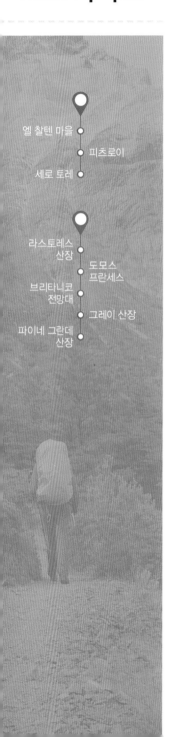

파타고니아 트레일
코스 가이드

엘 찰텐 마을
  피츠로이
세로 토레

라스토레스
  산장
  도모스
  프란세스
브리타니코
  전망대
  그레이 산장
파이네 그란데
  산장

아르헨티나 파타고니아의 관문인 엘 칼라파테까지는 부에노스 아이레스에서 비행기로 3시간 거리다. 남으로 날고 날아 엘 칼라파테 공항에 내리면서 바람의 땅 파타고니아에 첫발을 내딛는다. 피츠로이와 세로 토레 트레킹의 거점 마을인 엘 찰텐까지는 북쪽으로 200km, 버스로 세 시간을 달려야 한다. 엘 찰텐 가까이에 이르러 마지막 휴게소에 버스가 잠시 멈추면 세계 여러 도시들과의 거리를 알려주는 이정표가 서 있다. 서울까지는 17,931km라고 표지판은 알려준다.

엘 찰텐 400m	4.3km	피츠로이 전망대 730m	4km	포인세노트 캠핑장 720m	0.7km	리오 블랑코 캠핑장 760m	1.5km

| 엘 찰텐 400m | 3.8km | 카프리 호수 760m | 4.5km | 포인세노트 캠핑장 720m | 0.7km | 리오 블랑코 캠핑장 760m | 1.5km | 로스 트레스 호수 1180m |

거리 21km 총 소요 시간 10시간

해발 400m인 엘 찰텐 마을에서 해발 1,200m에 가까운 로스 트레스 호수Laguna de los Tres까지 오르는 게 목표다. 호수 뒤의 해발 3,405m 피츠로이산을 바라보다 내려오는 왕복 코스다. 도중에 해발 750m인 피츠로이 전망대까지만 갔다가, 카프리 호수로 돌아오는 반쪽짜리 간이 코스도 있다. 부엘타스강의 계곡길을 따라 걷다 삼거리에서 왼쪽 길로 접어들면 이윽고 'Sendero Al Fitz Roy'라고 쓰인 피츠로이 트랙 입구를 지난다. 나무판 안내문에는 '로스 트레스 호수까지 10.2km'라고 표기되어 있다.

능선을 올라가는 숲길은 대체로 완만하다. 3km 지점을 지나면 삼거리다. 왼쪽으로는 카프리 호수이고 오른쪽으로는 피츠로이 전망대로 가지만 어차피 5km 지나 포인세노트 삼거리에서 다시 만난다. 잠시 후 전망대 이정표가 나타나며 멀리 피츠로이가 웅장한 자태를 드러내 보인다. 좌우에 포인세노트 Poincenot(3,002m)와 메르모스Mermoz(2,732m) 같은 뾰족한 바위산들을 거느린 한가운데에 피츠로이가 저 혼자 송곳니처럼 툭 튀어나와 솟아 있다. 위엄이 넘치는 자태이다. 거대한 구름이 송곳니 주변을 감싸며 신비감을 주고, 하얀 빙하가 호위무사들처럼 그 밑 부분을 감싸고 있다. 전체적인 정경이 한눈에 들어오는 위치라, 이곳을 전망대로 칭한 이유가 곧 납득이 된다.

거친 바윗길과 푹신한 흙길이 번갈아 밟히지만 여전히 가파르지는 않다. 이윽고 8km 지점에 도착하고 키 큰 나무들 사이사이로 울긋불긋한 색깔의 텐트들이 열 지어 있다. 포인세노트 캠핑장이다. 강가에 붙은 안내문이 사람들 눈길을 끈다. '빙하천 물은 마셔도 된다. 씻는 일은, 용기에 물을 뜬 다음 강가에서 최소한 30 발자국 떨어져서!'

맑은 연둣빛의 블랑코강을 건너면서 비로소 길은 가팔라진다. 쓸려 내리며 으깨진 바위들만 주변에 깔린 너덜길이 이어진다. 파타고니아가 바람의 땅임을 새삼 실감할 수 있는 구간이다. 이마에서 떨어진 땀방울들은 땅에 떨어지기도 전에 거센 찬바람을 맞아 으깨지며 공중에 날린다. 하이라이트 구간인 너덜길을 한 시간 이상 오르면 드디어 로스 트레스 호수다. 피츠로이 봉이 장쾌하게 호수 앞에 버티고 서 있다.

구름에 가려 있는 때가 많아서 그런지 피츠로이는 '연기를 뿜는 산'이란 뜻의 '세로 찰텐Cerro Chalten'으로 불리기도 한다. 뒤를 돌아보면 엘 찰텐 마을 쪽으로 파타고니아의 산과 강과 계곡 등의 거친 대지가 장엄한 풍광을 보여주고 있다. 호수 위치에서 2,000m 이상을 수직으로 치솟은 피츠로이 봉우리는 구름모자를 벗은 모습을 만나기가 쉽지 않다. 하얀 구름모자가 벗겨지기를 기다리는 트레커들은 호숫가 앞 너덜바위 사이에 바람을 피해 자리를 깔고 앉아 있다.

대개는 한두 시간 이상을 그런 자세로 기다리다가 운 좋게 말끔한 봉우리를 보고 내려가는 이도 있고, 끝내 보지 못하고 내려가는 이들도 많다. 빙하 호수는 늘 굳게 얼어 있어서 항상 하얀 눈으로 덮여 있다. 너덜길을 내려간 후부터의 하산 코스는, 올라온 길이 아닌 그 옆으로 카프리 호수를 지나는 길로 우회하는 것이 새롭고 좋다.

2일차 세로 토레 트레킹

거리 24km(편도 12km 왕복) 총 소요 시간 7.5시간

해발 3,128m의 세로 토레 앞에 있는, 해발 630m의 토레 호수까지 다녀오는 여정이다. 고도차 200여 m를 오르내리는 수준이라 평지나 다름없이 느껴진다. 피츠로이 트랙 입구는 엘 찰텐 마을 북쪽 끝에 있었지만, 세로 토레 봉우리로 가는 길은 마을 남서쪽으로 들어서야 한다. 계곡 아래 옹기종기 모여 앉은 마을 집들을 뒤로 하고 산을 오르면 구불구불한 오르막이 당분간 이어진다.

카스카다 마르가리타 전망대를 지나 피츠로이강과 만나 세로 토레 전망대에 이르면, 날카로운 뾰족 바위 산 세로 토레가 처음으로 시야에 등장한다. 파타고니아 최고봉인 피츠로이와 남서쪽 칠레 지역으로 수 킬로미터 이내로 인접한 산이다. 아르헨티나와 칠레 간 국경 분쟁 중인 지역이라 구글 지도상에는 지금 도 국경선이 그어져 있지 않다.

오르막이 끝나면 한동안 평지가 계속된다. 고원지대가 아님에도 주변 초목들은 바싹 말라가는 듯 도무지 생기가 없다. 갈수록 고사목들도 눈에 띄게 늘어난다. 아고스티니 캠핑장을 지나 잠깐의 오르막 뒤에 이 윽고 토레 호수가 발 아래 펼쳐진다. 엘 찰텐 마을을 떠난 지 4시간 만이다. 뾰족뾰족 송곳처럼 솟아오 른 고봉들이 높고 낮게 열 지어 선 중에 가장 높은 봉우리가 세로 토레다. 피츠로이보다는 300여 미터 낮긴 하지만 '거대한 탑'이란 이름에서 풍기듯, 사람이 오르기에는 지구상에서 가장 험준한 고봉으로 악 명이 높다.

세로 토레는 그 오른쪽 옆으로 2개의 형제 봉우리를 거느리고 있다. 토레 에거Torre Egger, 세로 스탄아 르트Cerro Standhart 순이다. 산 아래 호수 맞은편까지 내려온 빙하는 금방이라도 수직의 얼음절벽을 허 물어뜨리며 호수를 덮을 듯 거대하다. 호수 뒤에 펼쳐진 세로 토레와 그의 형제봉들이 빙하와 어우러진 정경을 감상했으면, 이젠 그들 곁으로 더 가까이 다가가야 할 차례다.

호수 오른쪽으로 능선 언덕을 올라선다. 암석과 바위 부스러기들로만 이뤄진 완벽한 너덜길이다. 파타고 니아의 바람은 전날의 피츠로이 트랙 이상으로 거세다. 몸을 완전히 숙인 채 앞으로 나아가야 한다. 경사 가 심하기 때문에 바람에 흔들려 호수 쪽으로 넘어지기라도 하는 날이면 빙하호로 가차 없는 추락이다. 한 시간 가까이를 허리 숙여 올라가면 토레 호수의 맨 끝 쪽, 마에스트리 전망대에 도착한다. 호수 아래 에서 능선을 따라 2.5km에 불과하지만 시간은 많이 걸린다. 추락 위험이 있으니 더 이상 나아가지 말라 는 경고문도 있다. 전망대 아래까지 차가운 혀를 늘어트린 그란데 빙하가 계곡처럼 수직으로 깎여 있어 보기만 해도 으스스한 느낌이다. 하산은 온 길을 따라서 같은 거리를 돌아가면 된다.

엘 찰텐에서 최소 2박 3일 여정을 마치면 일단은 다시 엘 칼라파테
로 돌아가야 한다. 두 지역을 잇는 길은 하나밖에 없다. 사흘 전에
왔던 그 도로를 따라 거대한 두 호수 비에드마호Lago Viedma와 아
르젠티노호Lago Argentino를 지나며 버스로 세 시간 이동한다. 아
르헨티나 파타고니아의 관문인 엘 칼라파테로 돌아온 후에 이어지는
여정은 칠레의 토레스 델 파이네Torres del Paine 트레킹이다.

일단은 칠레 파타고니아의 관문인 푸에르토 나탈레스Puerto Natales
로 내려가야 한다. 40번 도로를 따라 황량한 들판을 가로지르며 남
으로 남으로 가다 보면 국경 사무실 앞에 버스가 선다. 승객들 모두
가 내린다. 아르헨티나 출국 심사는 간단하다. 긴 줄을 서 있다가 차
례가 되면 여권을 보여주는 것으로 끝이다. 다시 버스를 타고 잠시
후, 이번엔 칠레 입국 심사를 위하여 하차한다. 입국서류 한 장을 작

성하여 제출하고 손가방을 검색대로 통과시키면 끝이다. 아르헨티나 엘 칼라파테를 떠난 지 7시간 만에
칠레의 푸에르토 나탈레스에 도착한다. 이곳에서 하루나 이틀 머물면서 토레스 델 파이네 W 트레킹을 위
한 제반 준비를 한다.

트레킹 현지에서의 3박 4일 또는 4박 5일에 대한 숙소 예약이 최우선이다. 이미 인터넷으로 예약이 되어
있다면 다행이지만 안 되어 있다면, 푸에르토 나탈레스 시내에 있는 여행사들을 방문하여 숙소 예약을 서
둘러야 한다. '파타고니아Patagonia'와 '판타스티코 스루Fantastico Sru' 등 여러 개 여행사들이 도심에서
쉽게 눈에 띈다. 숙소가 풀부킹이라도 큰 문제는 안 된다. 매 코스마다 캠핑 그라운드가 있고, 임대용 텐
트들이 설치되어 있어 현지에 가면 렌트가 가능하다. 트레킹을 마치면 다음 여행지로 이동하기 위하여 다
시 이곳 푸에르토 나탈레스로 돌아와야 한다. 이곳이 토레스 델 파이네 관문이면서 엘 찰텐과 엘 칼라파테
처럼 길이 하나밖에 없기 때문이다.

| 1km | 0.7km | | 3.5km | | 1.2km | | 3.6km | |

라스 토레스 산장 150m — 라스 토레스 파타고니아 호텔 135m — 갈림길 삼거리 150m — 칠레노 산장 409m — 토레스 캠핑장 570m — 라스 토레스 전망대 880m

10km(같은 길로 하산)

◀ 라스 토레스 산장 150m

거리 20km(편도 10km 왕복) 총 소요 시간 8시간

푸에르토 나탈레스에서 아침 8시 이전에 버스를 타면 두 시간 후에 종점인 아마르가 호수에 도착한다. 내리는 곳은 토레스 델 파이네 국립공원 출입사무소 바로 앞이다. 긴 줄에 이어 선 후 차례가 되면 간단한 입산신고서 한 장을 써내며, 3만 원 상당의 입장료를 지불한 다. 단체로 시청각실로 안내되어 10여 분간 산불예방 등의 비디오 교육을 받는 것으로 입산 절차를 모두 마친다.

리무진 버스로 갈아타고 15분 후에 트레킹 시작점인 라스 토레스 산장 앞 정류장에 내린다. 전날 푸에 르토 나탈레스에서 미리 예약해둔 대로 산장에서 체크인하고 다인실 침대를 배정받는다. 큰 배낭은 방에 두고 간편한 복장으로 산장을 나선다. 첫날 코스는, 이곳 해발 150m 산장에서 토레스 델 파이네 3개 봉 우리 앞 해발 880m의 라스 토레스 전망대까지 다녀오는 왕복 20km 거리다. 4일간 알파벳 W자를 닮 은 루트를 걷는 만큼, 첫날은 W자의 오른쪽 날개에 해당하는 한 줄을 왕복하는 것이다.

잠시 후 라스 토레스 산장과는 격이 다른 라스 토레스 호텔 앞을 지나고, 이어 빙하천 두 개에 걸쳐진 나 무다리를 건너면 쿠에르노스와 칠레노로 가는 갈림길 삼거리다. 오른쪽 칠레노 방향으로 들어서면서부터 본격적인 오르막이 시작된다. 출발할 때 잠시 모습을 드러냈던, 토레스 델 파이네 세 개의 봉우리 중 두 개는 거대한 설산에 완전히 가려진다.

앞과 뒤로 이어지는 트레커들 중 일부는 자기 키 만큼의 배낭을 짊어지고 있다. 칠레노 캠핑장에서 야영 할 트레커들이다. 캠핑장을 겸하고 있는 칠레노 산장은 정상까지 거리의 절반 지점인데, 산장에 이르기 까지 직전 1km 구간은 가파른 능선길이다. 왼쪽으로부터의 혹시 모를 낙석에 신경이 쓰이고, 강풍에 몸 의 중심을 잃기라도 하면 오른쪽 계곡 아래로 단번에 추락이다.

칠레노 산장부터는 왼쪽에 앗센시오강Rio Ascencio을 낀 계곡길이 이어지고, 편안한 숲길이 끝나는 지점 에서 토레스 캠핑장 입구를 지난다. 여기부터는 정상까지 고도차 300m를 가파르게 오르는 하이라이트 구간이다. 출발할 때 잠깐 보았던 토레스 중앙봉이 살짝 자태를 드러내는 지점이다. 눈 덮인 돌덩어리들 을 헤집고 오르는 가파른 너덜길에 마지막 남은 땀방울들을 쏟아낼 즈음 드디어 호수가 있는 라스 토레 스 전망대 앞에 도착한다.

연두색 빙하호수와 그 뒤에 우뚝 솟은 토레스 델 파이네의 북봉, 중앙봉, 남봉의 세 개 봉우리가 판타지 영화 속 한 장면 같은 풍광을 만들어낸다. 주변 트레커들 모두 한결같이 입을 벌린 채 호수와 봉우리에 시선들을 꽂고 있다. 하산은 올라온 길 그대로 내려가는 것이다. 올라올 때는 네다섯 시간 걸렸으니 내려 가는 건 서너 시간이면 족하다.

	1km	0.7km		7.8km		2.5km		3km	

라스 토레스 산장	라스 토레스 파타고니아 호텔	갈림길 삼거리	오늘 최고점	쿠에르노스 산장	도모스 프란세스
150m	135m	150m	243m	78m	90m

거리 **15km** 총 소요 시간 **5시간**

둘째 날은 전날과는 달리 그저 평지나 다름없는 호숫가 길을 따라 15km만 가면 된다. 산장을 출발하여 라스 토레스 호텔을 지나고, 빙하천 두 개를 건너면 갈림길 삼거리다. 이곳까지 30분 동안은 전날과 같은 구간이다. 전날은 오른쪽 칠레노로 가는 산길로 올라섰지만, 오늘은 평지를 직진한다. 1차 도착지인 쿠에르노스로 가는 외길이다. 멀리 사방으로 설산들이 둘러싸고 있지만, 주변은 나무 한 그루 없이 시야가 탁 트였다. 약간의 오르막 내리막만 있는 대초원이 한동안 이어진다. 우측에 나타난 이름 모를 호숫가는 잠깐 자리를 잡고 앉아 쉬어갈 만한 분위기이다.

잠시 후 이번엔, 길 왼쪽으로 큼지막한 호수가 펼쳐진다. 방금 앉았던 조그맣고 밋밋한 호수와는 격이 다르다. 짙은 연두색 물감을 호수에 잔뜩 풀어놓은 모양새다. 파타고니아의 청정한 하늘, 멀리 길게 늘어선 하얀 설산들, 가까이 호수를 둘러싼 야트막한 녹색과 흰색의 설산들, 그리고 호숫가 주변에 흐드러지게 피어난 빨간 들꽃들이 멋진 앙상블을 이룬다. 이런 주변과 대비되는 호수의 정경은, 보면 볼수록 가슴 벅찬 감동을 준다.

호수에서 잠시 오르막 숲길을 지나고 나면 쿠에르노스 산장에 이른다. 출발한 산장에서 빨리 걸으면 세 시간 반, 천천히 쉬면서 걸으면 네다섯 시간 걸리는 거리이다. 이 산장에 한참 전에 인터넷으로 예약이 되어 있다면 가장 좋지만, 닥쳐서 이틀 전쯤에야 푸에르토 나탈레스에서 예약하려 하면 풀부킹일 가능성

이 높다. 예약이 됐거나 먼저 도착한 트레커들은 실내 카페를 채우고 앉지만, 늦게 도착한 이들은 발코니 난간에 앉아 쉴 수밖에 없다. 예약이 안 된 이들은 이 산장에서 생긴 지 얼마 안 된 새로운 산장이 있는 곳까지 3km를 더 가야 한다.

산장을 나서고 잠시 내려가면 다시 그 연둣빛 호숫가에 이른다. 드넓은 호수 주변은 백사장이 아닌 정겨운 몽돌로 뒤덮였다. 신발을 벗고 잠시 맨발로 걷는다. 발바닥으로 전해져 오는 그 몽글몽글한 감촉이 참으로 산뜻하고 기분이 좋다. 이름도 복잡한 노르덴스크홀드 호수Lago Nordenskjold의 색감은 연둣빛이란 표현만으로는 아쉽다. 비취색이나 에메랄드빛을 합한 표현 정도가 어울리겠다.

한 시간 걸려 도착한 도모스 프란세스 산장은 새로 생긴 만큼 외형이 꽤 운치 있다. 몽골 가옥 게르Ger를 연상시키는 대형 천막집이다. 이름으로 보면 '프란세스 계곡 아래의 돔형 산장' 정도로 이해될 수 있다. 곁에서 보기와는 다르게 내부는 매우 알차다. 바람 찬 호숫가임에도 방풍과 보온은 완벽하다. 8인실 침대마다 개별 스탠드가 걸려 있는 것도 그동안 보기 드문 특이한 장점이다. 침대에 누워 잠들기 전에 옆 침대 신경 안 쓰고도 자기만의 스탠드 불을 켜고 뭔가를 할 수 있는 것이다.

3일차 토레스 델 파이네 W코스 : **도모스 프란세스** ┈┈▶ **파이네 그란데 산장**

2.5km	2km	3.5km		5.5km	5km	2.5km
도모스 프란세스 90m	이탈리아노 캠핑장 190m	• 프란세스 빙하 전망대 475m	브리타니코 전망대 750m	이탈리아노 캠핑장 190m	스콧츠버그 호수 전망대 150m	파이네 그란데 산장 45m

거리 **21km** 총 소요 시간 **9시간**

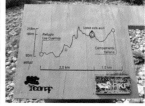

전날과 달리 거리도 좀 있고 고도차도 꽤 높은 코스이다. W자의 가운데 날개인 프란세스 계곡Valle del Frances을 거슬러 브리타니코 전망대까지 올랐다가 내려온 후 파이네 그란데 산장까지 가는 21km 거리이다. 도모스 프란세스 산장을 나서면 40분 후 이탈리아노 캠핑장에 도착한다. 야영했거나 잠시 들른 트레커들로 아침마다 붐비는 곳이다. 전망대까지 올라갔다가 다시 이곳으로 내려올 것이기에 배낭은 두고 가는 게 좋다. 그런데 맡아줄 사람은 없다. 다른 트레커들처럼 여권과 지갑 등 귀중품만 빼고 사무실 벽 앞에 놓인 일렬 배낭들 사이에 끼워 넣으면 된다. 다녀오는 몇 시간 사이에 배낭이 분실될 걱정이 앞선다면 별 수 없이 짊어지고 가는 수밖에 없다.

이탈리아노 캠핑장 아래부터는 브리타니코 전망대까지 이어지는 프란세스 계곡이 시작된다. W라 하지만 정확하게는 뫼 산山자의 가운데 한 줄기를 올랐다 내려오는 것이다. 프란세스 빙하 전망대에서 눈앞에 펼쳐진 빙하의 장관을 잠시 감상한다. 계곡의 꼭대기인 파이네 그란데 봉우리에서부터 산 중턱까지 빙하는 길게 드리워져 있다. 빙하 오른쪽으로는 쿠에르노스 델 파이네Cuernos del Paine 3봉 중 두 개 봉우리가 특이한 자태를 보여준다. 첫날 정상 호숫가에 올라 토레스 델 파이네 세 개 봉우리 앞에 맞닥뜨렸을 때보다 더 이국적이다.

쿠에르노스 델 파이네도 토레스 델 파이네와 마찬가지로 삼형제 봉우리다. 이름도 비슷하다. 한쪽이 '창백한Paine 세 개의 거탑Torres'인 대신에 이쪽은 '창백한Paine 세 개의 뿔Cuernos'이다. 코뿔소의 뿔Cuerno을 닮았다 해서 '쿠에르노스'란 이름이 붙었다. 눈앞에 나타난 두 개 봉우리는 쿠에르노스 델 파이네의 북봉(2,200m)과 중앙봉(2,600m)이다.

전날 노르덴스크홀드 호숫가를 거닐 때 자태를 드러냈던 동쪽봉(2,000m)은 이 위치에서는 중앙봉에 가려 보이질 않는다. 나중에 이곳 토레스 델 파이네 트레킹을 추억할 때이면, 첫날의 토레스 델 파이네 3개 봉우리보다는 셋째 날의 쿠에르노스 두 개 봉우리가 더 먼저 떠오를 수도 있다. 그만큼 우리에게는 그 지세가 생소하면서 이국적으로 보인다.

정상인 프란세스 계곡 전망대(970m)까지는 올라갈 수가 없다. 1km 남겨둔 브리타니코 전망대 앞에서 길은 폐쇄되어 있다. 일정 기한을 두고 또는 드물게는 영구적으로, 자연보호를 위해 특정 구간을 폐쇄하는 경우는 가끔씩 있는 일이다. 배낭을 내려둔 이탈리아노 캠핑장까지 돌아오는 데는 왕복 다섯 시간 정도 소요된다.

캠핑장 옆을 흐르는 프란세스강을 건너고부터는 감촉 좋은 흙길이 이어진다. 완만한 내리막으로, 세상에서 가장 편안하고 고즈넉한 길이다. 쿠에르노스 북쪽봉과 중앙봉의 자태가 너무나 특이하고 인상에 남아서, 자주 뒤를 돌아보게 되는 구간이다. 조그만 스콧츠버그 호수Lago Skottsberg를 만나고 잠시 후 거대한 페외 호수Lago Pehoe 앞에 이른다. 그리곤 곧 드넓은 캠핑장을 앞에 둔 파이네 그란데 산장이다. 이탈리아노 캠핑장에서는 두 시간 반 거리다.

4일차 토레스 델 파이네 W코스 : **그레이 산장 ……▶ 파이네 그란데 산장**

파이네 그란데 산장 45m	3.5km	로스 파토스 호수 210m	1.5km	오늘 최고점 250m	5.5km	그레이 산장 65m	1km	그레이 빙하 전망대 40m	1km	그레이 산장 65m	10.5km(같은 길로 돌아옴)	파이네 그란데 산장 45m

거리 23km(편도 10.5km 왕복) 총 소요 시간 7.5시간

필자의 경우는 푸에르토 나탈레스에 도착해서야 토레스 델 파이네 3박 숙소를 예약하러 여행사를 찾았었다. 첫날 라스 토레스 산장만 빈 침대가 있었고, 둘째와 셋째 날은 풀부킹이라 예약 못 하고 대책 없이 출발했다. 침대는 여유가 없어도 현지에 가면 캠핑장이 넓어 텐트를 대여할 수 있다는 여행사의 말을 믿고서였다. 둘째 날은 쿠에르노스 산장에 예상대로 예약 취소된 침대가 없었으나, 인근에 새로 생긴 도모스 프랑세스 산장에 다행히 빈 침대가 있었다. 만약 여기마저 없었어도, 바로 옆 캠핑장에서는 텐트 대여가 가능했다.

간밤 파이네 그란데 산장 역시 빈 침대는 없었지만 드넓은 캠핑장에 대여 텐트는 많았다. 실내 침대에서

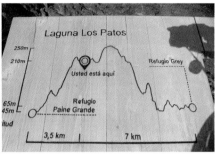

묵은 것보다 파타고니아의 밤하늘 별을 바라보며 오히려 더 운치 있는 하룻밤이었다. 아침이 되면 캠핑장 한편에 있는 주방과 샤워실이 트레커들 아침 준비로 활기를 띤다. 출발 준비가 끝나면 전날처럼 큰 배낭은 텐트 속에 남겨둔 채 여권과 지갑 등 귀중품만 챙긴 단출한 차림으로 트레킹에 나선다.

토레스 델 파이네 마지막 날 코스는 W자의 왼쪽 날개를 올랐다가 같은 길로 되돌아오는 일정이다. 그레이 호수까지 오르고 이어서 날개 꼭짓점인 빙하 앞까지 다녀오는 것이다. 하루 정도 시간 여건이 더 된다면 미리 예약을 하여 그레이 호수에 있는 그레이 산장에서 1박을 추가하는 게 더 편하고 여유롭다.

출발하고 40분 지나면 3.5km 떨어진 조그마한 로스 파토스 호수에 도착한다. 잠시 쉬어가는 지점이다. 다시 1km를 더 걸으면 이윽고 그레이 호수 전망대에 도착한다. 멀리 그레이 빙하의 모습이 보이기 시작하고 호수의 색감도 조금 전까지와는 확연히 달라 있음을 알 수 있다.

멀리 아름다운 호수와 빙하와는 달리 길 주변은 한동안 음산하고 황량하다. 검게 타다만 고목들이 어느 영화 속 죽음의 땅처럼 일정 구간 괴기스럽게 이어진다. 수년 전 이스라엘 트레커들의 실수로 일어난 산불 때문이다. 소소한 불씨 하나가 이 파타고니아의 거센 바람에 휘날리며 초목들을 휘젓고 타올랐을 모습을 상상하면 끔찍하다.

출발 세 시간 즈음에 그레이 호수 산장에 도착한다. 고도차 200m를 오르고 내린 코스이고 큰 배낭 없는 단출한 차림이라 전혀 힘이 들지는 않는다. 다시 빙하 앞까지는 약 1km 평지다. 빙하 호수 앞 전망대나 다름없는 거대한 바위 위에 오르면 그레이 호수와 맞은편 빙하가 신비롭게 펼쳐진다.

토레스 델 파이네 W코스는 양방향이다. 필자의 경우처럼 동에서 서로 이동하는 방향은 첫날이 가장 힘들고 경관도 가장 극적이다. 2일차와 3일차로 올라올수록 난이도는 약해지고 경관의 감동도 점점 더 줄어든다. 마지막 4일차 코스는 상대적으로 가장 편안하면서도 싱겁다는 느낌이 들 수도 있다. 서에서 동으로 가는 반대방향은 그 느낌도 반대일 것이다. 첫날은 싱거웠다가 날이 갈수록 경관은 더 감동적이면서 난이도는 점점 더 높아질 것이지만, 마지막 4일차는 가장 힘이 들면서도 토레스 델 파이네 3봉 앞에서 가장 극적인 장관을 만나는 감동은 클 것이다. 어느 방향이건 일장일단이 있겠지만 필자와는 반대방향으로 가보는 게 더 나을 수도 있다.

올랐던 길을 도로 내려가는 파이네 그란데 산장 캠프장까지 하산길 역시 부담이 없다. 아침 여덟 시 정도에 출발했다면 늦어도 다섯 시쯤에는 텐트에 도착한다. 푸에르토 나탈레스로 돌아가기 위해선 산장 앞 페외 호수를 건너야 하는데, 호수 건너 푸데토Pudeto까지 오고가는 배편은 하루 세 번 있다. 마지막 날 트레킹을 마쳤다면 오후 6시 반 배편을 타고 잠시 뒤면 호수의 동쪽 끝 푸데토 선착장에 내린다. 선착장 바로 앞에 있는 정류장에 푸에르토 나탈레스로 돌아가는 버스가 배 도착 시간에 맞추어 대기한다. 버스는 첫날 출입 신고를 했던 아마르가 호수를 거쳐 두 시간 반 후에 푸에르토 나탈레스 터미널에 도착한다.

트레킹 기초 정보

여행시기

남반구의 여름에 해당하는 11월부터 이듬해 2월까지가 걷기 좋다. 바람이 많기로 유명한 파타고니아 특성상 여름철이지만 덜 무덥다. 또한 국립공원에 밤이 일찍 찾아오는 겨울에 비해 여름철 낮 시간이 길다는 것도 유리한 특성이다. 특히 파타고니아의 겨울은 추위가 살벌해 길이 얼어붙은 구간이 많은 등 트레킹에는 적기가 아니다. 겨울철이 오히려 비가 적고 트레킹하기 좋은 페루 잉카 트레일과는 반대이다. 파타고니아와 잉카 트레일을 같이 할 여정이라면 시기 선정에 고민이 더 필요하다.

교통편

파타고니아 트레킹은 장거리가 아니라 일주일도 안 걸리는 짧은 코스들이다. 게다가 남미는 우리가 간단히 마음먹고 다녀올 수 있는 곳도 아니다. 때문에 그 짧은 파타고니아 트레킹만을 목표로 남미까지 여행하는 건 비효율적이다. 이왕이면 다른 관광명소들과 연계하여 효율적인 여행 동선을 짜는 게 바람직하겠다. 즉, 남미 대륙 전체를 놓고 여행 목적에 맞는 개략적인 동선을 구상한 다음에, 파타고니아 지역 전체를 놓고 최대한 효율적인 이동 경로를 세세하게 짜는 것이다.

숙박

피츠로이와 세로 토레 트레킹 출발지인 엘 찰텐 마을엔 호스텔 등 숙소가 많고 트레일 주변에 캠핑장도 여럿 있다. 토레스 델 파이네 W코스에는 칠레노 산장, 쿠에르노스 산장, 도모스 파란세스 산장, 그레이 산장, 파이네 그란네 산장 등 예닐곱 개의 숙소로 한정되어 있다. 가급적이면 사전에 예약 하고 가는 게 좋다. 각 숙소 주변에는 별도의 유료 캠핑장들도 있다.

칠레노 산장
전화 +56 61 2614184
홈페이지 www.fantasticosur.com/mountain-lodges/chileno-mountain-lodges

쿠에르노스 산장
전화 +56 61 2614184
홈페이지 www.fantasticosur.com/mountain-lodges/cuernos-mountain-lodges-and-camping

도모스 프란세스
전화 +56 61 2614184
홈페이지 www.fantasticosur.com/mountain-lodges/domos-frances

그레이 산장
전화 +56 61 241 2742
홈페이지 http://www.verticepatagonia.cl/alojamiento/2/2/vertice-grey#nav

파이네 그란데 산장
전화 +56 61 241 2742
홈페이지 http://www.verticepatagonia.cl/alojamiento/1/2/paine-grande#nav

식사

숙소에서 아침 식사를 사 먹을 수 있
고 또는 주방에서 토스트를 구워 먹
거나 준비해간 누룽지 등을 간단히 조리해 먹을 수
도 있다. 점심은 샌드위치와 과일 등 간식거리를 전
날 저녁에 챙겼다가 걷는 도중에 잠시 쉬면서 해결하
는 게 일반적이겠다. 저녁도 숙소 주방에서 조리해
먹을 수 있고, 숙소 레스토랑에서 사 먹을 수도 있
다. 오지이기 때문에 트레킹 현지로 출발하기 전에
저부피 저중량 고칼로리 간식거리를 미리 구비하고
가는 게 도움이 된다.

예산

파타고니아 트레킹은 두 개 코스
가 대표적이다. 2박 3일짜리 아르
헨티나의 피츠로이와 세로 토레 트레킹과 칠레의 3박
4일짜리 토레스 델 파이네 트레킹이다. 남미 지역 자
체가 넓고 광대하기 때문에 사전에 효율적인 동선 계
획을 짜는 게 일정 및 경비 최소화에 무엇보다도 중
요하다.
피츠로이와 세로 토레 트레킹을 위한 엘 찰텐까지
의 왕복 버스비는 7만 원, 엘 칼라파테와 엘 찰텐에
서의 4박 숙박비는 저렴한 다인실 호스텔 기준 1인
1박 당 2만 원 수준이다. 숙박비와 교통비를 더해도
4박 5일 동안 15만 원 정도다. 물론 5일 동안의 식
사와 음료대는 쓰기 나름이니 제외한 금액이다.
엘 칼라파테에서 칠레로 넘어가 트레킹의 관문인 푸
에르토 나탈레스에서 1박을 한 후, 이튿날 토레스
델 파이네로 이동하여 3박 4일 트레킹 하고 다시 푸
에르토 나탈레스로 돌아와 1박 하는 것까지 비용을
보자.
푸에르토 나탈레스 숙박비는 역시 저렴한 다인실 호
스텔 기준 1인 1박 당 2만 원 수준이고, 토레스 델
파이네 트레킹 현지에서의 숙박비는 인당 5~7만 원
수준이다. 엘 칼라파테에서 푸에르토 나탈레스까지
이동하고, 토레스 델 파이네 트레킹 지역까지 왕복
하는 세 번의 버스로 10만 원 정도다. 중간에 호
수를 건너기 위해 배를 한 번 타는 데 드는 배 삯까
지 포함한 금액이다. 숙박비와 교통비에 토레스 델
파이네 국립공원 입장료 4만 원을 합하면 5박 6일
동안 30만 원 가량이다. 역시 6일 동안의 식사와 음
료대는 쓰기 나름이니 제외한 금액이다.

여행 팁

남미 여행은 혼자보다는 2인 또는
4인이 한 팀으로 움직이는 게 좋다.
안전 문제는 물론, 교통비 등 경비 면에서 특히 효율
적이다. 파타고니아 트레킹 일수는 6일에 불과하지
만 구간 이동 시간 등을 고려하면 최소 9일은 필요
하다. 여기에 파타고니아에 가면 꼭 들려야 하는 모
레노 빙하와 푼타 아레나스까지 넣으면 파타고니아
총 여행 일수는 최소 12일이 적절하다.

트레킹 이후의 여행지

토레스 델 파이네에서는 다시 푸에르
토 나탈레스로 돌아와 하루쯤 휴식
을 취한 후 남극으로 가는 전초기지인 푼타 아레나
스로 내려간다. 시간이 되면 우수아이아까지 내려가
둘러본다. 이후 여정은 칠레 수도 산티아고까지 항
공편으로 올라온 후 우유니 사막이 있는 볼리비아
나 잉카 트레일을 위해 페루 쿠스코 등으로 여정을
잡는다. 파타고니아 일정을 가운데 둔 전후 여정으
로는 가장 일반적이고 적절한 동선일 것이다. 페루
리마나 칠레 산티아고에서 내려오는 반대의 경우도
상관 없다. 역순으로 움직이면 된다.

마일 포스트

날짜	NO	경유지 지명	해발고도 (m)	거리(km)	누적	진척율
1일차 피츠로이	1	엘 찰텐 El Chalten	400	0	0	0%
	2	피츠로이 전망대 Mirador del Fitz Roy	730	4.3	4.3	20%
	3	포인세노트 캠핑장 Campamento Poincenot	720	4	8.3	40%
	4	리오 블랑코 캠핑장 Campamento Rio Blanco	760	0.7	9	43%
	5	로스 트레스 호수 Laguna de los Tres	1,180	1.5	10.5	50%
	6	리오 블랑코 캠핑장 Campamento Rio Blanco	760	1.5	12	57%
	7	포인세노트 캠핑장 Campamento Poincenot	720	0.7	12.7	60%
	8	카프리 호수 Laguna Capri	760	4.5	17.2	82%
	9	엘 찰텐 El Chalten	400	3.8	21	100%
2일차 세로 토레	1	세로 토레 전망대 Mirador del Cerro Torre	510	3.5	3.5	15%
	2	아코스티니 캠핑장 Campamento de Agostini	610	5.5	9	38%
	3	토레 호수 Laguna Torre	630	0.5	9.5	40%
	4	마에스트리 전망대 Mirador Maestri	790	2.5	12	50%
	5	엘 찰텐 El Chalten	400	12	24	100%

날짜	NO	경유지 지명	해발고도 (m)	거리(km)	누적	진척율
1일차 토레스 델 파이네	1	아마르가 호수 Porteria Laguna Amarga	–	0	0	0%
	2	라스 토레스 산장 Refugio Las Torres	150	0	0	0%
	3	라스 토레스 파타고니아 호텔 Hotel Las Torres Patagonia	135	1	1	1%
	4	갈림길 삼거리	150	0.7	1.7	2%
	5	칠레노 산장 Refugio Chileno	409	3.5	5.2	7%
	6	토레스 캠핑장 Campamento Torres	570	1.2	6.4	8%
	7	라스 토레스 전망대 Mirador Las Torres	880	3.6	10	13%
	8	라스 토레스 산장 Refugio Las Torres	150	10	20	25%
2일차 토레스 델 파이네	9	라스 토레스 파타고니아 호텔 Hotel Las Torres Patagonia	135	1	21	27%
	10	갈림길 삼거리	150	0.7	21.7	27%
	11	오늘 최고점	243	7.8	29.5	37%
	12	쿠에르노스 산장 Refugio Cuernos	78	2.5	32	41%
	13	도모스 프란세스 산장 Domos Frances	90	3	35	44%

3일차 **토레스 델** **파이네**	14	이탈리아노 캠핑장 Campamento Italiano	190	2.5	37.5	47%
	15	프란세스 빙하 전망대 Mirador Glaciar del Frances	475	2	39.5	50%
	16	브리타니코 전망대 Mirador Britanico	750	3.5	43	54%
	17	이탈리아노 캠핑장 Campamento Italiano	190	5.5	48.5	61%
	18	스콧츠버그 호수 전망대 Mirador Lago Skottsberg	150	5	53.5	68%
	19	파이네 그란데 산장 Refugio Paine Grande	45	2.5	56	71%
4일차 **토레스 델** **파이네**	20	로스 파토스 호수 Laguna Los Patos	210	3.5	59.5	75%
	21	오늘 최고점	250	1.5	61	77%
	22	그레이 산장 Refugio Grey	65	5.5	66.5	84%
	23	그레이 빙하 전망대 Mirador Glaciar Grey	40	1	67.5	85%
	24	그레이 산장 Refugio Grey	65	1	68.5	87%
	25	파이네 그란데 산장 Refugio Paine Grande	45	10.5	79	100%

07

'잉카 로드'라 하면 에콰도르의 수도인 키토에서 시작해 페루를 종단하고 칠레의 수도 산티아고까지 이어지는 4만 킬로미터 장거리 길을 말한다. 무자비한 유럽인들을 피해 남미의 인디오들이 안데스산맥을 끼고 숨어 다니던 생존길이기도 하고, 젊은 시절의 체 게바라가 고물 오토바이 한 대로 8개월을 달리며 세계에 눈 뜨던 그 길의 일부이기도 하다. 그러나 오늘날 '잉카 트레일'이라 함은 '사라진 공중 도시' 마추픽추로 향하는 45km 산악길을 말한다. 그 옛날의 인디오들에겐 고난을 줬지만 오늘날의 트레커들에겐 감동과 희열을 안겨주는 길이다.

베네수엘라
콜롬비아
페루
잉카 트레일
브라질
볼리비아
칠레
파라과이
아르헨티나

사라진 공중 도시 마추픽추를 찾아가는 길, 잉카 트레일

    스페인 정복자 프란시스코 피사로가 남태평양 연안에 새로운 도시를 건설하여 오늘날의 페루 수도 리마가 탄생했지만, 정작 리마보다는 잉카 제국의 옛 수도 쿠스코에 가기 위해 페루를 찾는 사람들이 더 많다. 해발 3,400m의 안데스 분지에 자리해 있으면서, 유서 깊은 잉카 문명의 본산이자 한때 '세계의 배꼽'이라 불리던 곳이다. 오늘날은 잉카 트레일을 걸어 마추픽추로 가려는 사람들의 전진기지가 되었다.

    마추픽추는 100년 전 미국의 고고학자 하이럼 빙엄Hiram Bingham이 발견할 때까지 400여 년 동안 꽁꽁 숨겨져 있었다. 이 거대한 공중 도시가 언제, 어떻게, 어떤 연유로 만들어졌고, 왜 그렇게 멀쩡한 상태로 비워졌는지에 대해선 아직까지 확실하게 밝혀진 바가 없다. 다양한 해석들이 나올 뿐이다. 마지막 황제 아타우알파가 정복자 피사로에게 처형되고 제국이 몰락하자 잉카인들은 유럽인들의 압제를 피해 산속 깊이 숨어들어 자신들만이 아는 도시를 건설했을 수도 있다.

    쿠스코와 주변 유적들을 보면 알 수 있듯, 거대한 돌을 운반하여 다듬고 쌓아 대형 건축물을 만드는 잉카인들의 석조 기술은 신기에 가까웠다. 그들은 자신들이 만든 산속 오지의 이 도시에서 한동안 안전하고 평화롭게 살았을 것이다. 그러던 어느 날 유럽인들이 이곳을 알아채곤 곧 쳐들어온다는 소문이 돌았을 수도 있다. 공포에 질린 마추픽추 잉카인들이 다급하게 뿔뿔이 흩어져 도망갔으리라. 검증된 사실은 아니지만 마추픽추를 설명하는 여러 가설들 중 하나다.

마추픽추로 내려가 서너 시간 둘러보면 옛 도시의 섬세함과 장대함 그리고 그 정교함에 누구나 감탄하며 압도된다. 그러다 어느 순간 당연한 의문에 휩싸인다. 수십 톤은 거뜬히 넘길 법한 이런 거대한 돌들을 과연 어디에서 가져와 이 높은 데까지 옮겨올 수 있었을까. 쿠스코의 12각돌이나 삭사이와만 성채를 보면서도 거대한 돌을 어떻게 그리도 날카로운 칼로 싹둑 베어낸 것처럼 만들 수 있었는지 궁금했다. 돌과 돌 사이에 종이 한 장 들어갈 틈도 없이 완벽하게 돌이 맞물리도록 쌓을 수 있는 비결이 무엇이었을까.

당시 잉카인들은 철이라는 것을 몰랐다. 철제 도구 없이 청동기구와 거대한 암석만으로 이런 산상 도시를 만들어낸 것이다. 잉카 트레일을 걸어 마추픽추에 도달한 트레커라면 누구나 가질 법한 의문이다. 그만큼 잉카인들의 위대함은 돋보이고 경외감은 커져만 간다.

잉카 트레일은 페루 당국에서 엄격하게 보호하고 관리하는 구역이다. 개별 트레킹은 금지되어 있고, 반드시 여행사를 통하여 가이드를 동반한 패키지 팀을 따라야 한다. 여권 지참이 필수이고 출발점과 중간에 세 번의 체크포스트를 지나면서 신상을 확인받는다. 입산 인원은 하루 500명 이내로 제한된다. 이 중 절반 가까이가 가이드와 포터들로 채워지기 때문에 실제 트레커 수는 하루에 250명 정도인 셈이다. 패키지 한 팀 당 인원은 가이드와 포터를 제외하고 15~20명이다.

여정은 여행사에 따라 몇 가지 옵션이 있으나 대개는 3박 4일 종주 코스가 가장 일반적이다. 첫날 새벽 쿠스코에서 버스로 2시간 반 이동하여 오얀타이땀보 Ollantaytambo에 도착한다. 아침 식사와 물품 점검 등을 위해 한 시간 대기 후 버스를 갈아탄다. 인근 피스카쿠초Piscacucho에서 버스를 내려 'km82' 지점 체크포인트에서 입장 심사를 마친 후 트레킹을 시작한다. km82는 '쿠스코로부터 철로를

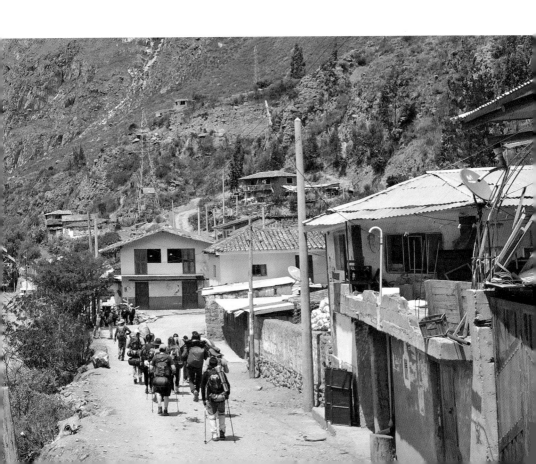

따라 82km 떨어진 지점'이란 뜻이다. 첫날은 잉카 유적지 약타파타Llactapata 등을 지나 해발 3,000m의 와일라밤바에서 야영한다.

둘째 날은 '죽은 여인의 고개'로 알려진 해발 4,215m의 와루미 와누스카를 넘는다. 잉카 트레일 중 가장 높은 고도에 오르는 난코스다. 셋째날은 푸유파타마르카Phuyupatamarca 등 잉카의 여러 유적지들을 둘러본 후, 위나이와이나에서 야영한다. 마지막 날은 일출을 보기 위해 새벽에 출발하여 '태양의 문' 인티푼쿠에서 마추픽추의 장엄한 정경과 조우한다. 그리곤 내려가서 서너 시간 동안 마추픽추 내부를 둘러보는 것으로 패키지 일정을 마치는 것이다.

모든 일정에 숙식이 포함되기 때문에 개인은 의복과 침낭만 잘 챙기면 된다. 인디오 포터들이 텐트와 식자재 등을 각자 30kg 정도씩 짊어지고 앞뒤로 따라붙는다. 왜소한 체격에서 엿보이는 그들의 강인함에 경이와 감탄을 금할 수 없지만, 한편으론 내내 마음이 불편할 수도 있다. 패키지 비용은 계약 조건에 따라 한화로 70~90만 원 수준이다. 3, 4개월 전에 해외 사이트 또는 한국 여행사를 통하여 미리 예약하는 게 좋다.

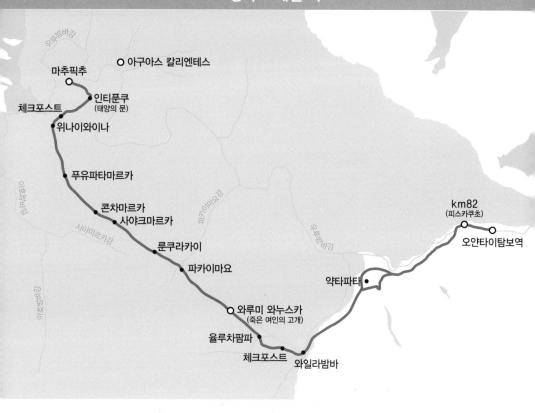

시간과 체력이 여의치 않은 이들에겐 3박 4일 트레킹이 아닌 아구아스 칼리엔테스Aguas Calientes에서 버스를 타고 마추픽추로 오르는 당일치기 관광이 좋다. 이 또한 인기 있는 패키지 상품이다. 마추픽추를 서너 시간 둘러본 후 아구아스 칼리엔테스로 내려와 기차와 버스를 이용하여 쿠스코로 돌아온다.

쿠스코 시내를 하루 이틀 둘러보다 보면 두 개의 동상이 유독 눈에 띈다. 관광객들이 가장 많이 찾는 도심 한복판 아르마스 광장에 하나가 있고, 광장과 남동쪽으로 이어진 태양의 도로Av. De Sol 끝자락 교차로에 또 하나의 동상이 서 있다. 두 곳 다 쿠스코 도심의 요충지이고, 동상 두 개 모두 잉카 황제 파차쿠티 유판

잉카 트레일 고도표

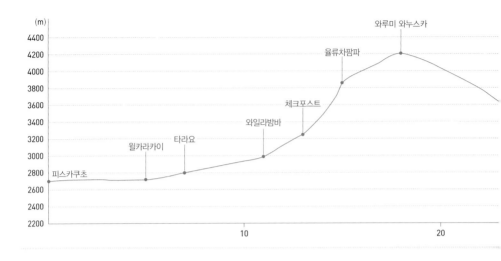

키의 것이다. 제국을 통일하고 수도 쿠스코를 건설한 잉카의 위대한 황제답게 태양을 향해 두 팔을 치켜든 위세가 장엄하기 그지없다.

잉카 트레일을 걷고, 마추픽추를 만나고, 쿠스코로 돌아와서 황제의 동상을 보게 되면 묘한 허무감이 들 수 있다. 파차쿠티 사후 60년 만에 잉카는 몰락했다. 찬란하고 위대했던 문명이 소수의 유럽인들에 의해 그렇게 허무하게 짓밟히고, 후손 대대로 핍박받아온 것이다. 지금으로부터 고작 500여 년 전의 일이다. 그동안 침략자와 원주민 인디오들 사이에 피가 섞이며 대를 거듭해 왔고 지금의 잉카 땅에는 옛 침략자에 대한 증오 같은 건 없다. 그들 역시 조상의 일부인 것이다. 잉카의 땅이었던, 지금의 페루 인구 중에는 혼혈인 메스티소Mestizo와 백인들이 절반 이상을 차지하고 있다.

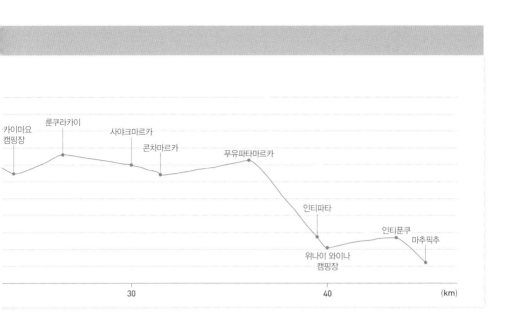

카이마요
캠핑장

룬쿠라카이

사야크마르카

콘차마르카

푸유파타마르카

인티파타

인티푼쿠

마추픽추

위나이 와이나
캠핑장

30   40   (km)

잉카 트레일

코스 가이드

- 피스카쿠초 km82
- 와일라밤바
- 와루미 와누스카
- 파카이마요 캠핑장
- 위나이와이나 캠핑장
- 마추픽추

1일차 피스카쿠초 ┈┈▶ 와일라밤바

5km	2km	4km
피스카쿠초(km82) 2680m	월카라카이 2750m / 타라요 2800m	와일라밤바 2950m

거리 **11km** 누적 거리 **11km** 진척률 **24%** 총 소요 시간 **6시간**

우루밤바강Rio Urabamba을 건너는 것으로 트레킹을 시작한다. 견고한 구름다리 아래로 흙빛 탁류가 거세다. 상류에서부터 빗물에 씻겨 내려온 붉은 황토가 강바닥으로 가라앉을 틈도 없이 격한 물살에 실려 하류로 휩쓸려 내려가는 중이다. 왜소한 인디오 포터들이 키보다 훨씬 큰 배낭을 짊어진 채 총총걸음으로 앞서간다. 패키지 트레커들이 3박 4일 동안 먹고 자는 데 필요한 식자재와 텐트 등을 지고 나르는 것이다. 당나귀에게 무거운 짐을 지게 한 개인 인디오들은 콧노래를 흥얼거리면서 곁을 지나기도 한다.

오른쪽 계곡에서 흐르던 우루밤바강과 완전히 헤어지고 나면 잠시 후 월카라카이에 도착한다. 견고하고 촘촘하게 쌓아올린 성벽이 허물어지다 만 모습 그대로 유적으로 남아 있다. 길 오른편 수백 미터 절벽 아래로 장관이 펼쳐진다. 작은 가옥 십여 채가 보이는 농촌 마을 약타파타Llactapata다. 우리 남해의 가천 다랭이 마을 같은 계단식 밭이 장대한 풍광을 보여준다. 옛날에 마추픽추를 건설하던 사람들이 밭을 일구며 살았던 마을이라고 한다.

아침 10시 전후에 출발하면 오후 두세 시쯤에는 타라요에 도착한다. 벽돌 위에 양철을 얹은 허름한 가옥이 몇 채 있고 그 앞으로 강이 흐른다. 직접 보면 강이라기엔 시냇물처럼 보이지만, 엄연한 이름이 있는 강이다. 얼마 전 헤어진 우루밤바강의 지류인 쿠시차카강Rio Cusichaca의 지류이다. 강가에 넓은 공터가 있다. 점심을 먹을

수 있는 장소다. 대개는 포터들이 먼저 와서 점심 준비를 다 해놓는다. 식사 중에는 우리의 막걸리와 비슷한 페루 옥수수 술을 1솔(한화 350원 정도) 주고 사 마실 수도 있다.

쿠시차카강을 옆에 끼고, 계곡길을 두세 시간 더 오르면 오른쪽 언덕에 넓은 캠핑장이 나타난다. 잉카 트레일 첫날 숙박지인 와일라밤바다. 대개는 포터들이 미리 와서 2인용 텐트를 패키지 인원수에 맞게 쳐놓는다. 도착 후 얼마간 자유 시간을 가진 다음, 기다란 식탁에서 20명 내외의 인원들이 함께 식사하는 것으로 첫날 일정을 마친다. 해발 3,000m 직전이기 때문에 고산증세에도 대비해야 한다. 날씨가 좋으면 캠프 앞 계곡 사이로 빙하를 뒤집어 쓴 살칸타이산(6,271m)이 보이기도 한다.

2일차   와일라밤바 ······▶ 파카이마요 캠핑장

2km	2km	3km		6km	
와일라밤바 2950m	체크포스트 3250m	율류차팜파 3840m	와루미 와누스카 4215m		파카이마요 캠핑장 3550m

거리 13km 누적 거리 24km 진척률 53% 총 소요 시간 8시간

나흘 중 가장 높이 올라가는 고난도 구간이다. 시작부터 가파른 오르막이다. 아침 8시 이전에 출발한다. 뿌연 연기가 피어오르는 산골 마을 집들을 지나며 인디오들의 아침 밥 짓는 정겨운 향기를 맡기도 한다. 잠시 후 민간인 복장을 한 사람들이 앉아있는 검문소 비슷한 곳에서 모두 멈춰서야 한다. '국립 자연보호 지역 관리공단'을 뜻하는 듯한 스페인 글씨가 간판에 쓰여 있다. 어제 트레일 입구에서 신고한 입산 인원과 같은지 확인하는 체크포스트이다. 관리소 직원이 각자가 내민 여권을 점검하며 대단한 선심을 쓰듯 빈 종이에 큼직한 도장을 쾅 찍어준다.

와일라밤바를 출발한 지 세 시간쯤 지나서야 점심식사 장소인 율류차팜파에 도착한다. 점심시간은 나흘 모두 두 시간 정도씩 주어진다. 트레커들에겐 식사 후 충분한 휴식을 취할 수 있는 시간이고, 포터들에게겐 빠르게 저녁 장소로 이동하기 위한 뒷정리의 시간이다. 한국의 여느 산속 숲길과 다름없다는 생각이 언뜻 들 즈음, 이국적 모습의 숲과 고목들, 그리고 인디오들의 오두막집이 눈에 들어오면서 여기가 잉카 트레일임을 실감하게 한다. 특히 구름 위로 뾰족하게 솟아난 산봉우리들 위용이 우리나라 산새와는 큰 차이를 느끼게 한다.

길이 훨씬 가팔라질 즈음 정상에 도달한다. 해발 4,215m의 와루미 와누스카 고개다. 점심시간 두 시간을 포함하여 7시간 동안 해발고도 차 1,200m 이상을 올라 한라산 백록담의 두 배가 넘는 높이에 선다. 이곳 안데스고원 부족인 케추아족의 언어로 와루미Warmi는 '여인'을, 와누스카Wanuska는 '죽음'을 의미한다고 한다. 와루미 와누스카 고개는 '죽은 여인의 고개'인 것이다. 옛날 옛적 어떤 여인의 슬픈 죽음에 얽힌 사연이 깃들어 있거나, 길게 누운 고갯마루의 윤곽선이 한 여인의 자태와 닮아 붙여진 이름이라는 등 독특한 이름에 얽힌 여러 설들이 있다. 고개 아래로 두터운 구름이 깔려 있어 어느 천상의 세계에 올라서 있는 기분에 젖는다.

정상에서 종착지인 파카이마요 캠핑장까지는 한 시간 반 거리다. 구름 위에 머물다 구름 속으로 내려와 지상에 사뿐히 내려서는 홀가분한 느낌이 들 수 있다. 해발 3,000m에서 시작해 4,215m 고개를 넘어 캠핑장 3,500m까지 내려온다. 나흘 중 가장 힘든 여정을 이렇게 마치는 것이다.

3일차   **파카이마요 캠핑장** ······▶ **위나이와이나 캠핑장**

2.5km		0.5km	3km		1.5km	0.5km

파카이마요
캠핑장
3550m

룬쿠라카이
3760m

• 룬쿠라카이 패스
3975m

사야크마르카
3600m

콘차마르카 •
3550m

• 차퀴
코차
3600m

0.5km	3.5km		4km

위나이와이나
캠핑장
2650m

• 인티파타
2758m

푸유파타마르카
3650m

거리 **16km** 누적 거리 **40km** 진척률 **89%** 총 소요 시간 **10시간**

잉카의 여러 유적들을 볼 수 있는 길이다. 대개의 패키지 팀들은 아침 7시 반에서 8시 사이에 출발한다. 시작부터 급경사인 오르막길이다. 해발 3,550m 캠핑장에서 3,975m의 두 번째 고개까지 오른다. 이 정교한 돌계단 길들만 보더라도 잉카인들이 석조기술이 얼마나 뛰어났는가를 짐작해볼 수 있다. 첫 번째 유적지 룬쿠라카이에 도착한다. 해발 3,760m의 이곳은 영어로는 'Strong Construction'이라고 부른다. 요새나 쉼터, 전망대 또는 장터 등 다목적으로 지어졌다. 수만 킬로미터 오리지널 잉카 트레일을 따라 거의 15km마다 이런 시설물들이 구축되어 있다고 한다. 특정한 날 이곳은 장터가 되어 교역이 이뤄지거나 또는 지역 간 통신을 주고받는 메신저 기지 역할을 병행했다.

출발한 지 두 시간 쯤, '죽은 여인의 고개'에 이어 두 번째로 높은 해발 3,975m의 고개를 넘는다. 좀 전에 지나온 룬쿠라카이 컨스트럭션Runkurakay Construction과 구별하여 '룬쿠라카이 패스'라 부른다.

이 고개부터는 마추픽추 그리고 차량으로 내려가는 아구아스 칼리엔테스까지 대체로 내리막길이의 연속이다.

잠시 후 두 번째 유적지 사야크마르카Sayaqmarka에 도착한다. 길 왼쪽으로 난 가파른 계단을 통해 성곽 위로 올라갔다가 내려와야 하기 때문에 대개는 배낭을 성벽 아래 내려두고 올라간다. 백여 개의 돌계단을 올라야 하는 이곳은 대지의 신 파차마마Pachamama를 위해 만들어진 성스러운 곳이면서 요새의 역할까지 겸한 곳이다. 견고한 돌담을 쌓아 여러 개의 구획을 만들어 놓았다. 사야크Sayaq는 '높다'는 뜻이고, 마르카Marka는 '장소나 위치 또는 마을'이라는 뜻이다.

세 번째 유적은 콘차마르카다. 남미 대륙을 넓게 지배했던 잉카인들은 수도 쿠스코에 제국 곳곳의 정세를 알리는 파발꾼들을 두고 운영했다. 그들은 '차스키Chasqiy'라고 불렸다. 당시 잉카에는 말이 없었기 때문에 그들은 오로지 뛰어서 전령 역할을 수행했다. 콘차마르카는 그런 차스키들이 잠시 쉬어가는 휴게소 기능도 겸하는 신전이자 군사적 요새였다.

차퀴코차에 도착해 두 시간 남짓 점심시간을 갖고 다시 출발한다. 잉카 터널을 지나면 얼마 후 다단식 거대한 성채 푸유파타마르카를 지난다. 사야크마르카부터는 높낮이가 별로 없는 평지였지만 이곳은 살짝 오르막길이다. 이후부터는 급격한 내리막길이 기다린다. 고도차 1,000m를 단숨에 내려가는 막바지에 인티파타Intipata 이정표가 있는 삼거리를 지나면, 잠시 후 산골 인디오 마을의 저녁 짓는 연기가 반겨준다. 그러곤 위나이와이나 캠핑장이다. 10시간이 넘게 걸리는 여정이다. 내일 새벽에 출발할 마추픽추까지는 5km를 남겨두고 있다.

	3.5km		1.5km	
위나이와이나 캠핑장 2650m		인티푼쿠 2745m		마추픽추 2430m

거리 **5km** 누적 거리 **45km** 진척률 **100%** 총 소요 시간 **2시간**

마지막 나흘째 날은 새벽 4시 정도에 일어나 5시 전후에 출발한다. 일출 시간에 맞춰 마추픽추 입구에 도착하기 위해서다. 위나이와이나 캠프 바로 아래에 잉카 트레일 세 번째 체크포스트가 있다. 좀 더 일찍 마추픽추로 가려는 많은 사람들이 긴 줄을 서기 때문에, 캠프에서 10분 빨리 출발하고 안 하고의 차이가 적지 않다.

첫날 헤어졌던 우루밤바강이 멀리 계곡 아래로 다시 자태를 드러낸다. 낮게 깔린 구름 몇 점이 실뱀처럼 구불구불 길게 이어진 강 위를 엷게 덮는다. 체크포스트를 출발한 지 한 시간쯤 지나면 경사가 가파른 돌계단이 앞을 가로막는다. 마지막 힘을 짜내서 오르다 보면, 어느 순간 갑자기 시야가 확 뚫리면서 익숙한 정경이 눈앞에 펼쳐진다. 누구나 사진으로 많이 보았을 마추픽추의 실제 모습과 조우하는 순간이다.

마추픽추 전체 정경이 내려다보이는 마추픽추의 관문 인티푼쿠Intipunku에 올라선 것이다. 아래쪽 마추픽추에서 바라보면, 바로 이곳에서 태양이 솟아오르는 것처럼 보인다 해서 '태양Inti의 문Punku'이라고 부른다. 패키지 팀 멤버들끼리 포옹하며 그간의 노고를 서로 치하한 후에 돌계단에 걸터앉아 아침 식사 겸 간식을 먹는 자리이기도 하다. 마추픽추 뒤로 우람하게 솟아있는 와이나픽추 그리고 한결 더 가까워진 우루밤바강이 함께 어우러져 장엄의 극치를 이룬다. 특히 아구아스 칼리엔테스까지 이어지는 지그재그 능선길은 보기만해도 아찔한 동시에 그림처럼 아름답다.

휴식이 끝나면 일행을 따라 다시 배낭을 짊어진다. 좁은 돌담길을 따라 마추픽추를 향해 한 발짝씩 내딛는다. 맨 먼저 '오두막 전망대Viviendas de los Guardianes' 위에 잠시 머문다. 마추픽추 전체 정경이 가장 잘 보이는 위치다. 대부분의 방문객들이 이곳에 서서 인증사진을 남긴다. 인근의 장의석Roca Funeraria이라 불리는 큰 바위는 지금은 평범해 보이지만 과거엔 성스러운 제단이었다. 오두막 전망대를 내려와 잠시 후 사다리꼴 모양의 사각 정문을 지난다. 중앙 광장Plaza Principal을 비롯해 태양을 잇는 기둥이라는 말발굽 모양의 태양 신전 인티우아타나, 3개의 창문이 있는 신전, 콘도르 신전 등을 차례로 둘러본다.

성스러운 돌과 광대한 계단식 경작지까지, 전체를 한 바퀴 둘러보는 데 통상 서너 시간이 걸린다. 다 둘러본 후 패키지 팀 가이드와 일행들과는 출구 근처에서 헤어진다. 잉카 트레일을 걷지 않고 당일치기로 마추픽추만 관광하는 여행객들은 이 출구로 들어와서 둘러본 후 다시 이 출구로 나간다. 출구를 나와 버스를 타면 지그재그로 연결되는 차도를 따라 20분쯤 달려 아름다운 마을 아구아스 칼리엔테스에 내린다. 시간만 되면 하루쯤 느긋이 휴식을 취하며 머물만한 곳이다. 쿠스코로 돌아가는 방법은 오얀타이탐보Ollantaytambo까지는 기차를 타고, 거기에서 쿠스코행 버스로 갈아타는 교통편이 가장 저렴하고 좋다.

트레킹 기초 정보

여행시기

여름철은 비가 많이 와서 경관의 제약 등 불편한 점이 많다. 춥지만 화창한 날씨가 많은 겨울철이 잉카 트레일 걷기에 좋다. 우리와 계절이 반대이므로, 겨울철인 5월에서 9월까지가 비가 가장 적게 오고 날씨가 화창하다. 그외 기간은 2, 3일에 하루 꼴로 비가 내린다. 매년 2월 한 달은 안식 기간이라 자연의 휴식을 위하여 입산을 금지시킨다. 1월과 3월에도 우기에는 우루밤바강 범람으로 그때그때 상황에 따라 입산이 금지될 수도 있다. 패키지 계약 시 여행사와 이 부분을 잘 상의해야 한다.

교통편

잉카 트레일의 관문이라 할 수 있는 쿠스코까지는 한국에서 직항이 없다. 항공편에 따라 LA나 리마 등 두세 곳을 경유해야 한다. 패키지 여행일 경우 쿠스코에서 당일 새벽 여행사 지정 버스로 출발한다. 개인이라면 아르마스 광장 등에서 대기 중인 버스에 탑승한다. 전날 특정 장소로 예비 소집하여 사전 설명회를 갖기도 한다. 일반적으로 6시 이전에 쿠스코를 출발한다.

숙박

3박 4일 내내 가이드와 포터가 동행하며 숙식을 제공하는 패키지 여정이다. 정해진 캠프에서 포터들이 미리 도착하여 텐트를 친다. 대개는 2인용 텐트를 패키지 인원수대로 친다. 침낭은 개인 지참이고, 수저나 취사도구 등 식자재 등은 불필요하다.

식사

패키지 계약 금액에 다 포함되어 있다. 텐트 숙박은 물론 삼시세끼 식사도 다 포터들이 준비해준다. 외국 여행사를 통해서 계약하여 외국인들 틈에 끼어 가면 페루 현지식 음식만 제공된다. 대체로 무난하나 입맛에 따라서는 안 맞을 수도 있다. 우리나라 여행사를 통해서 계약하여 우리나라 음식을 준비하는 팀에 낄 수도 있다. 대신 패키지 금액이 전자보다 10~20만 원 더 비쌀 수가 있다. 까다로운 입맛이 아니라면 생소한 외국인들과 함께 3박 4일 여정을 함께 하는 게 더 나을 수도 있다.

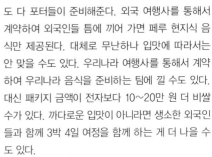

예산

잉카 트레일은 가이드를 포함한 패키지 트레킹만 가능하다. 따라서 여행사에 지급하는 패키지 비용이 총 비용의 거의 전부다. 트레킹 도중에는 개인적으로 돈을 쓸 기회나 환경이 전혀 안 되기 때문이다. 해외 사이트를 통해서 예약할 수도 있고 국내 여행사를 통해서 신청할 수도 있다. 일장일단이 있는데 전자는 외국인들과 여정을 함께하기 때문에 언어와 음식에 불편이 있을 수도 있다. 반면 후자는 한국인들과 한 팀이 되고 음식도 대개는 한식으로 준비되는 대신 비용은 20~30% 더 비싸다.

3박 4일 패키지 비용은 여행사 및 계약 조건에 따라 500~750달러 수준이다. 최소한 3, 4개월 전에는 해외 사이트 또는 한국 여행사를 통하여 예약해야 한다.

여행 팁

5~9월이 여행하기는 좋으나 6~8
월은 한겨울이라 몹시 춥다. 방한복
과 침낭은 품질 좋은 것으로 잘 구비해야 한다. 해발
4,200m까지 올라가기 때문에 다이아막스 같은 고
산병 약을 구비해 가는 게 좋지만, 현지에서도 쉽고
저렴하게 살 수 있다.

트레킹 이후의 여행지

쿠스코를 둘러보지 않고 잉카 트레일
만 걷고 돌아오는 건 아쉽다. 트레킹
전이나 후에 쿠스코와 주변 유적들을 꼭 둘러보자.
쿠스코 이후의 여정은 두 가지다. 귀국하기 위하여
리마로 가거나 또는 남쪽으로 여행한다면 볼리비아
라파즈로 향하는 동선이 가장 바람직하다.

마일 포스트

날짜	NO	경유지 지명	해발고도 (m)	거리(km)	누적	진척율
1일차	1	피스카쿠초 Piscacucho (km82)	2,680	0	0	0%
	2	윌카라카이 Willkarakay	2,750	5	5	11%
	3	타라요 Tarayoc	2,800	2	7	16%
	4	와일라밤바 Wayllabamba	2,950	4	11	24%
2일차	5	체크포스트	3,250	2	13	29%
	6	율류차팜파 Llullucha Pampa	3,840	2	15	33%
	7	와루미 와누스카 Warmi Wanuska	4,215	3	18	40%
	8	파카이마요 캠핑장 Pacaymayo	3,550	6	24	53%
3일차	9	룬쿠라카이 Runkurakay	3,760	2.5	26.5	59%
	10	룬쿠라카이 패스 Runkurakay Pass	3,975	0.5	27	60%
	11	사야크마르카 Sayaqmarka	3,600	3	30	67%
	12	콘차마르카 Conchamarka	3,550	1.5	31.5	70%
	13	차퀴코차 Chaquiqocha	3,600	0.5	32	71%
	14	푸유파타마르카 Phuyupata Marka	3,650	4	36	80%
	15	인티파타 Intipata	2,758	3.5	39.5	88%
	16	위나이와이나 캠핑장 Winaywayna	2,650	0.5	40	89%
4일차	17	인티푼쿠 Intipunku	2,745	3.5	43.5	97%
	18	마추픽추 Machu Picchu	2,430	1.5	45	100%

08

몽블랑 둘레길
Tour du Mont Blanc

알프스 최고봉인 몽블랑과 그 인근 십여 개의 산
군을 타원으로 한 바퀴 도는 둘레길이 '몽블랑
둘레길'이다. 마터호른과 몬테로사 등을 아우르
는 알프스산맥은 유럽 4개국에 분포되어 있고,
그 일부인 몽블랑 둘레길은 프랑스, 이탈리아,
스위스, 3개국 땅을 골고루 경유하며 하나의 길
로 이어진다. 우리의 지리산 둘레길이 전남, 전
북, 경남의 3개 지방에 걸쳐 있는 것과 같다. 한
나라의 세 개 지방 사이에도 미묘한 문화 차이가
있듯이, 유럽의 세 개 나라를 지나며 문화적, 지
리적, 심지어 사람들 분위기까지 다양한 차이를
비교해 느껴볼 수 있다.

스위스

몽블랑

프랑스   이탈리아

알프스 3개국을 누비는 정통 산악 트레일,
몽블랑 둘레길

유럽의 지붕인 알프스산맥, 그 수많은 명산들 중에서 최고봉은 해발 4,807m의 몽블랑Mont Blanc이다. 해발 2,744m인 우리의 백두산과 이름이 같다. 둘 다 '하얀 머리의 산'이다. 만년설이나 부석으로 정상 봉우리가 사시사철 하얗게 보이는 데서 유래한 이름이다.

투르 드 몽블랑Tour du Mont Blanc(TMB) 또는 몽블랑 둘레길은 프랑스의 레 우슈 마을에서 시작하여 이탈리아와 스위스를 거친 후 다시 레 우슈로 돌아오는, 총거리 176km의 원점회귀 순환길이다. 나라와 나라의 오래된 길들이 하나의 길로 이어지며, 산과 산이 계곡과 산골마을들로 연결되다가 결국은 처음의 출발점으로 되돌아오는 것이다. 타원을 그리는 쌍방향 순환 길이지만 시계 방향보다는 시계 반대 방향으로 일주하는 것이 일반적이다.

프랑스 남서부의 국경 도시 샤모니의 정식 명칭은 샤모니 몽블랑이다. 몽블랑 등정의 전초기지이자 인류 등반 역사의 메카나 다름없는 곳이다. 제네바 공항에서 한 시간 동안 버스를 타고 이곳에 도착하면 몽블랑과 관련된 세 영웅들을 동상으로 만날 수 있다. 처음으로 몽블랑을 등정한 두 사람 중 한 명인 자크 발마와 유럽인들에게 몽블랑 등정의 꿈을 심어준 오라스 소쉬르가 나란히 서 있는 동상이다. 그 주변에는 자크 발마와 함께 몽블랑에 오른 미셸 파카르가 홀로 외롭게 앉아 있는 동상도 있다. 두 사람의 이름에서 이곳은 발마 광장이 되었고, 바로 옆 번화가는 '독퇴르 파카르 거리Rue du Docteur Paccard'가 되었다.

몽블랑 등정의 베이스캠프이자 인류 등반 역사의 메카나 다름없는 샤모니, 이 알프스 도시의 중심지인 파카르 거리와 발마 광장에서 세 영웅들의 자취를 느껴본 후 몽블랑 트레킹에 나선다. 알프스 여러 산들의 능선을 타고 그 둘레를 한 바퀴 돌아 십 일 후 다시 이곳으로 돌아오는 것이다.

트레킹의 시작점인 레 우슈까지는 샤모니에서 버스로 20분 거리이다. 몽블랑 둘레길 종주는 통상 10일 정도 소요되지만 사람에 따라 9일에도 종주 가능하고 느긋이 12일 정도 일정을 잡을 수도 있다. 계곡과 구름다리를 건너 레 콩타민에 이르고, 7월 이전이라면 본옴므 고개에서 알프스 설원에 처음 발을 들여놓게 된다. 3일째 날 세이뉴Seigne 고개를 넘어 이탈리아로 내려갈 때는 판타지 속의 신세계로 빠져드는 환상에 빠질 수도 있다.

베니Veni 계곡과 아름다운 산악 도시 쿠르마예르를 거쳐 6일째 되는 날 페레Ferret 계곡을 넘어 스위스 땅을 밟는다. 라 풀리와 샹펙스를 지나는 사흘간의 스위스 여정은, 아름다운 산골 마을과 목조 주택들에 눈길을 빼앗기며 걸음은 더뎌지기만 할 것이다.

트리앙을 거치고 발므 고개를 넘어 다시 프랑스 땅으로 돌아오는 건 8일째 날이다. 해발 2,352m의 아름다운 산정 호수 락 블랑에서 알프스의 마지막 밤을 보내고 10일째 날, 플랑프라즈와 브레방을 넘어 다시 레 우슈로 내려오면 몽블랑 둘레길의 타원 일주가 완성된다.

몽블랑 외에도 그랑드 조라스와 '거인의 이빨' 당 뒤 제앙 등 4,000m 급 설산들을 비슷한 고도에서 가까이 바라보며 걷는 감흥은, 네팔 히말라야 트레킹보다 더하면 더했지 덜하지 않다. 몽블랑 둘레길은 최저해발 960m에서 최고 2,600m 사

이를 오르고 내리기를 매일 반복하는 산악 트레일이다. 지형적으로 평지 트레일에 가까우면서 무려 한 달이 소요되는 산티아고 순례길과 극명하게 대비된다.

산악길이지만 안내 이정표는 산티아고만큼이나 잘 되어 있어 길 찾아가기는 어렵지 않다. 고도차 1,000m 내외의 오르막 내리막이 매일 반복되는 몽블랑 둘레길은 상승 고도차를 모두 합치면 10,000m가 넘는다. 한라산 백록담을 매일 한 번씩 올랐다 내려오기를 10일 동안 반복하는 수준인 것이다. 최저 해발 820m에서 최고 5,416m까지를 거의 내리막 없이 10일 동안 계속 올라가는 안나푸르나 서킷과도 비교된다. 10일간의 고도차가 10,000m와 4,596m인 만큼, 몽블랑이 안나푸르나보다 두 배 이상의 에너지가 소요된다는 확대 해석도 가능하다. 물론 안나푸르나에서의 고산증세로 인한 극도의 에너지 소모는 논외로 하면 그렇다는 것이다.

출발 전에 체력훈련을 좀 신경 써서 해두면 훨씬 더 즐겁고 유쾌한 여정이 될 수 있다. 주말만 되면 동네 뒷산이라도 오르고 싶어 몸이 근질근질해지는 기질

몽블랑 둘레길 지도

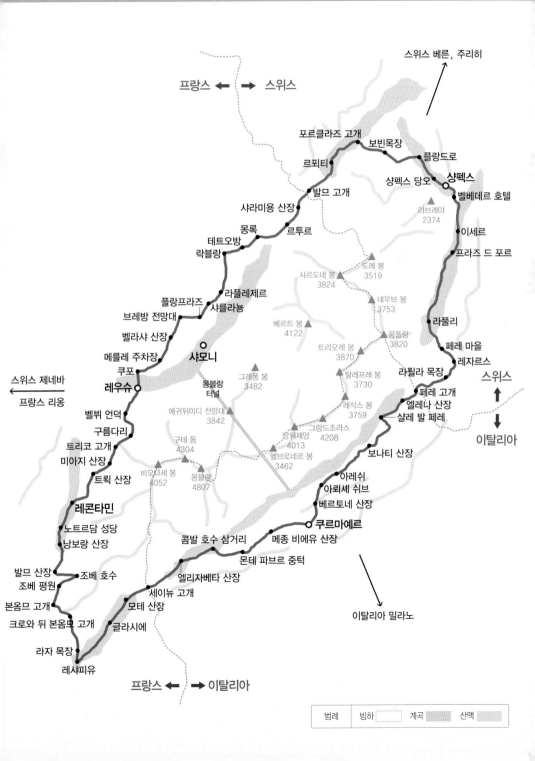

스위스 베른, 주리히

프랑스 ← → 스위스

포르클라즈 고개
보빈목장
르푀티
플랑드로
샹펙스 당오
샹펙스
발므 고개
벨베데르 호텔
샤라미용 산장
라브레야
2374
몽록
이세르
테트오방
르투르
프라즈 드 포르
락블랑
라플레제르
도레 봉
3519
플랑프라즈
샤를라농
샤르도네 봉
3824
네우브 봉
3753
브레방 전망대
라풀리
벨라샤 산장
베르트 봉
4122
몽돌랑
3820
페레 마을
메를레 주차장
샤모니
트리오레 봉
3870
레자르스
쿠포
라플라 목장
스위스 제네바
레우슈
그레퐁 봉
3482
탈레프레 봉
3730
페레 고개
스위스
프랑스 리옹
몽블랑
터널
엘레나 산장
벨뷔 언덕
에귀뒤미디 전망대
3842
레삭스 봉
3759
살레 발 페레
구름다리
땅뒤제앙
4013
그랑드조라스
4208
이탈리아
트리코 고개
구테 돔
4304
보나티 산장
미아지 산장
헬브로네르 봉
3462
트뢱 산장
비오나세 봉
4052
몽블랑
4807
아레쉬
레콘타민
아뢰셰 쉬브
베르토네 산장
노트르담 성당
쿠르마예르
낭보랑 산장
콤발 호수 삼거리
메종 비에유 산장
발므 산장
조베 호수
엘리자베타 산장
몬테 파브르 중턱
조베 평원
본옴므 고개
세이뉴 고개
크로와 뒤 본옴므 고개
모테 산장
이탈리아 밀라노
글라시에
라자 목장
레샤피유

프랑스 ← → 이탈리아

| 범례 | 빙하 | | 계곡 | | 산맥 | |

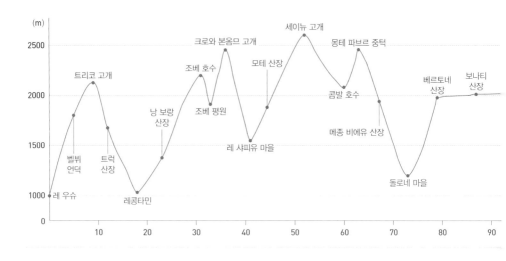

이라면 평소에 기본 체력은 관리되어 있을 터. 조금만 더 체력 보완을 하면 누구든 지 몽블랑 둘레길 종주에 큰 어려움은 없을 것이다. 그래도 체력이 염려되면 종주 기간을 2~3일 늘려 잡는 것도 방법이다. 체력은 물론이고 직장이나 사업에 묶여 시 간 여유도 많지 않다면, 종주가 아니라 일부 구간을 대중교통으로 건너뛰는 방법도 있다. 구간 선정을 잘하여 5일이나 일주일 여정으로 잡을 수도 있는 것이다.

　　장구한 인류 역사에 '등산'이라는 개념이 등장한 건 230년 전에 불과하다. 자크 발마와 미셀 파카르가 몽블랑을 처음 등정하기 전까지 인간은 높은 설산을 오를 아무런 이유가 없었다. 폭풍과 눈비로 재앙을 내리는 신이나 악마가 산다고 믿었을 수도 있다. 알프스 등반을 뜻하는 '알피니즘Alpinism'이란 용어는, 두 사람이 몽블랑 정상을 밟은 1786년 어느 여름날부터 '고산 등반'을 뜻하는 것으로 그 의미 가 넓어졌다. 이후, 세상의 설산들은 인류에게 두려움과 신비의 대상이 아닌 도전과 탐험의 영역으로 바뀌었다. 그만큼 알프스와 몽블랑은 근현대 인류 등반 역사의 시

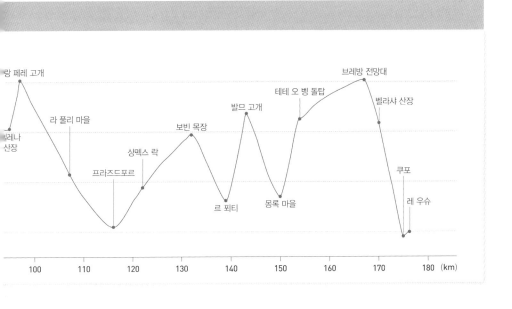

랑 페레 고개

블레나
산장

라 풀리 마을

프라즈드포르

샹펙스 락

보빈 목장

르 푀티

발므 고개

몽록 마을

테테 오 벵 돌탑

브레방 전망대

벨라샤 산장

쿠포

레 우슈

100   110   120   130   140   150   160   170   180   (km)

발점으로서 산악인과 트레커들에겐 그 의미가 큰 곳이다.

에귀 뒤 미디 전망대는 몽블랑 둘레길 일주를 마친 트레커들이 샤모니로 돌아와 마지막으로 거치는 필수 코스나 다름없다. 지난 동안의 몽블랑 둘레길 한 바퀴 궤적을 어렴풋이나마 조망해볼 수 있는 곳이기 때문이다. 마터호른을 볼 수 있고, 프랑스, 이탈리아, 스위스 3개국을 망라하는 알프스 전체의 완벽한 파노라마를 접할 수 있는 곳이다.

몽블랑 둘레길

코스 가이드

레 우슈
크로와 본옴므 고개
세이뉴 고개
쿠로마예르
엘레나 산장
라 풀리 마을
상펙스 당 오
발므 고개
브레방 전망대
레 우슈

1일차 레 우슈 ┈┈▶ 레 콩타민 몽주아

| 5km | 1.5km | 2km | 1.5km | 1.5km | 6.5km |

레 우슈
1007m

벨뷔
언덕
1801m

구름
다리
1720m

트리코
고개
2120m

미아지
산장
1550m

트럭
산장
1720m

레 콩타민
몽주아
1167m

거리 **18km** 누적 거리 **18km** 진척률 **10%** 총 소요 시간 **7시간**

샤모니 계곡은 스위스 국경인 발므 고개에서 시작된다. 남서쪽 프랑스 땅으로 길게 이어져 보자 고개까지 23km에 걸쳐 있다. 몽블랑 둘레길이 시작되고 끝나는 레 우슈는 샤모니 계곡의 서쪽 끝자락에 자리잡고 있다. 레 우슈의 벨뷔 케이블카 승강장에서 도로를 따라 서쪽으로 500m 거리에 몽블랑 둘레길 출발점이 있다. 여기서 보자 고개(해발 1,653m)를 향해 오르기도 하지만, 14유로를 주고 케이블카로 벨뷔 언덕까지 오른 후 트리코 고개를 향하는 루트가 더 일반적이다. 단지 비바람 몰아치는 악천후 경우에는 트리코 고개 방향은 바람직하지 않고 보자 고개로 가는 게 좋다.

케이블카를 타고 벨뷔 언덕에 내리면 샤모니 계곡과 아르브강이 한눈에 들어온다. 팻말 다섯 개의 이정표가 보여주는 대로 트리코 고개 쪽으로 잠시 내려가면 벨뷔 트램역을 지난다. 해발 2,000m 가까운 알프스 초원에서 예쁜 두 량짜리 산악 기차를 만난다. 기차가 지나가길 기다린 후 철로를 건넌다.

몽블랑 중턱의 비오나세 빙하가 녹아내린 빙하천을 구름다리로 건너면 첫날의 하이라이트인 트리코 고개에 이른다. 비오나세 봉으로 향하는 능선과 보라세이산 사이에 위치해 있다. 고개에서 고도차 500m 아래 가파른 능선을 한 시간 정도 내려가면 미아지 산장이다. 사방이 산으로 둘러싸인 분지라 지형적으로, 그리고 시간상으로도 점심 식사를 하기 안성맞춤인 곳이다.

트럭 산장은 몽졸리산을 바라보며 몽주아 계곡 위에 자리잡은 산장이다. 소떼들이 내는 워낭소리가 특히 아름답고 인상 깊다. 오늘의 종착지 레 콩타민 몽주아는 샤모니와 레 우슈 못지않게 유명한 휴양지이다. 스키 등 스포츠와 레저를 즐기려는 사람들이 이용할 수 있도록 상가와 편의시설들이 잘 되어 있다. 이태리 마을 쿠르마예르에 도착하기까지 2~3일 동안 이런 규모 있는 마을을 만날 수 없다. 혹시 필요한 물품들이 있다면 레 콩타민에서 구매하는 게 좋다.

2일차   레 콩타민 몽주아 ······▶ 크로와 뒤 본옴므 산장

	4km		2km		4km	
레 콩타민 몽주아 1167m		노트르담 성당 1210m		낭 보랑 산장 1460m		발므 산장 1706m

0.5km	1km	2km	2km	2km	0.5km
크로와 뒤 본옴므 산장 2443m	크로와 본옴므 고개 2483m	본옴므 고개 2329m	조베 평원 1920m	조베 호수 2194m	조베 평원 1920m

거리 **18km** 누적 거리 **36km** 진척률 **20%** 총 소요 시간 **10시간**

45도로 기울어진 몽블랑 둘레길 포물선 한 바퀴의 아래쪽 꼭짓점을 향해 가는 코스이다. 해발 고도차 1,300m 가까이를 올라가야 한다. 레 콩타민 마을을 벗어나 봉낭천을 끼고 계곡길을 거슬러 오르다 노트르담 성당을 만나 잠시 쉬어 간다. 여기서부터 로마 다리까지는 짧지만 가파른 오르막이다. 다시 완만해진 길을 따라 걷다가 낭 보랑 산장에서 차 한 잔에 잠시 쉬어간다. 산장은 흰색과 갈색이 어우러진 2층 건물이 주변 숲과 파란 하늘과 어울려 독특한 아름다움을 자아낸다. S자로 펼쳐진 길 끝에서 병풍처럼 앞을 가로막고 있는 해발 2,684m의 거대한 페나즈봉의 위용에 압도당하며 걷는다. 세 번째 만나는 쉼터, 발므 산장은 점심을 해결하기에 적합한 지점이다. 장엄하게 솟은 페나즈봉의 아랫자락이라는 그 위치가 산장의 위엄을 빛내준다. 조베 평원 삼거리에서는 직선 정규 코스를 따르지 않고 조베 호수까지 다녀오는 옵션이 있다. 고도차 300m를 더 오르며 왕복 3시간이 걸린다. 알프스 설산 아래의 호수를 만날 수 있는 좋은 기회이다. 호수까지 가고오며 내려다보는, 조베 평원과 페나즈 봉의 조화가 장엄하기 이를 데 없다. 체력이 염려되면 물론 조베 호수는 생략하는 게 좋다. 본옴므 고개를 넘는 다음 구간이 쉽지 않기 때문이다.

7월 초 이전이라면 담 평원부터 설원이다. 두 번의 고개를 넘는데 아이젠 없이는 위험하다. 눈밭과 암벽길을 따라 겨우 본옴므 고개에 도착하면 다시 가파른 능선길이 기다리고 있다. 미끄러지기라도 한다면 오른쪽 계곡으로 곤두박질칠 것 같은 위험을 느낄 수 있다. 능선을 타고 고도 150m를 더 올라가면 코스의 최고점 크로와 본옴므 고개에 이른다. 산장은 고개 바로 아래 10여 분 거리에 있다.

3일차 **크로와 뒤 본옴므 산장 ┈┈▶ 엘리자베타 산장**

| 5km | | 4.5km | | 1km | | 5km | | 4.5km | |

| 크로와 뒤 본옴므 산장 | 레 샤피유 마을 | 글라시에 마을 | • 모테 산장 | 세이뉴 고개 | 엘리자베타 산장 |
| 2443m | 1554m | 1789m | 1870m | 2516m | 2195m |

거리 **20km** 누적 거리 **56km** 진척률 **32%** 총 소요 시간 **10시간**

국경을 넘는 세 번의 기회 중 그 첫 번째로, 세이뉴 고개를 넘어 이탈리아 땅으로 들어가는 코스이다. 두 번에 걸친 내리막의 경사가 좀 가파른 편이다. 크로와 본옴므 산장을 나서고 급경사의 지그재그 길을 따라 해발 2,000m 지점까지 내려오면, 거칠고 미끄럽던 눈길은 끝난다. 라자 목장 철조망을 넘어 수백 마리 양떼들 사이를 가로질러 목장을 나간다. 출발한 지 한 시간 반이면 고도차 900m를 내려와 평지 마을 레 샤피유에 도착한다. 넓은 캠핑장에 조그만 마트까지 있는 아담한 계곡 마을이다. 당분간 마트를 만날 수 없으므로 필요한 물품들은 여기서 구매하는 게 좋다.

역동적인 경관을 보여주던 하산길과는 달리 당분간은 단조로운 포장도로를 따라 걸어야 한다. 완만하지만 오르막길이다. 가끔씩 지나는 자동차도 피해줘야 해서 꽤 신경쓰이는 구간이다. 글라시에 마을 앞에서 도로가 산길로 바뀌고, 다시 웅장한 알프스 설산과 마주한다. 해발 3,816m의 바위산 에귀 데 글라시에가 병풍처럼 마을을 둘러싸고 있다. 잠시 후 녹색의 치마폭 위에 다소곳이 얹혀 있는 듯한 모테 산장에 도착한다. 오랫동안 목장으로 운영해 오던 농가 건물을 개조하여 지금과 같이 아늑한 휴식처로 만들었다고 한다.

산장에서부터 산길을 한참 오르면 광대한 세계가 펼쳐진다. 글라시에 계곡 전체가 한눈에 들어오고, 몇 시간 전에 지나온 레 샤피유 마을이 몇 개의 점으로 나타난다. 물살이 거센 빙하천을 신발 벗고 건너는 등, 두 시간 반의 고난 후에 드디어 세이뉴 고개에 이른다. 케브 레이놀즈의 몽블랑 둘레길 가이드북은 이 고개를 'The revelation of a new world'라고 표현했다. 국경 표지석 너머로 보이는 이탈리아 땅은 말 그대로 처음 만나는 '신세계의 등장'처럼 신비롭다. 고개에서 30분 내려오면 광활한 르 블랑쉬 계곡 평원이다. 곧이어 언덕 위 엘리자베타 산장에서 몽블랑 둘레길 이탈리아 구간의 첫 밤을 맞게 된다.

3.5km	3.5km	6km	3.5km	1.5km	4.5km

엘리자베타 산장 2195m	콤발 호수 삼거리 2086m	몬테 파브르 중턱 2436m	메종 비에유 산장 1956m	돌로네 마을 1210m	쿠르마 예르 1226m	베르토네 산장 1989m

거리 **22.5km** 누적 거리 **79km** 진척률 **45%** 총 소요 시간 **11시간**

엘리자베타 산장을 나서면 북동쪽으로 펼쳐진 베니 계곡이 아침 햇살과 함께 신비롭게 펼쳐진다. 한동안 편안한 평지가 이어진 후 군데군데 바닥을 드러낸 콤발 호수를 지난다. 호수가 끝나는 삼거리에서 우측 산길로 접어든다. 비나 강풍이 올 경우엔 평지로 우회하라고 가이드북이 제안하는 난코스이다. 쉼 없이 가파른 산길이 계속되지만 정상에 다다를수록 알프스의 경관은 장관을 이룬다. 정면에 수직으로 드리워진 미아지 빙하가 특히 그렇다. 윗부분의 빙하와 그 아래 가파른 계곡 사면에 쌓인 회색의 암석 퇴적물들이 극적인 대조를 이룬다.

곧이어 오늘 코스의 정점인 몬테 파브르 중턱에 이른다. 몽블랑 남벽과 그 산군들이 절정의 모습으로 보여지는 위치이다. 산군 아래 하얀 빙하와 회색의 암벽을 따라 바닥으로 시선을 내리면, 베니 계곡길Via Val Veni이 길고 두터운 한 줄 털실처럼 꾸불꾸불 늘어져 있다. 다시 능선길은 90도 오른쪽으로 꺾이며 가파른 내리막으로 이어진다. 베니 계곡과 몽블랑을 향하던 시선은 자연스럽게 그 반대편으로 향한다. 기다란 내리막 끝자락은 광활한 눈밭이 되어 길을 가로막았고, 그 위로는 일렬로 줄 지어 선 트레커들이 영화 〈닥터 지바고〉 속 시베리아 열차처럼 설원을 뚫어가고 있다.

수목한계선을 지나면 주변이 다시 녹색으로 변하고, 잠시 후 쉐크루이Checrouit 고개에 앉아 있는 메종 비에유 산장에 도착한다. 멋진 정경 속에서 느긋이 한두 시간 휴식하며 점심을 먹을 수 있는 곳이다. 몽블랑 둘레길 전 코스 중 가장 가파른 내리막 구간을 거쳐 돌로네 마을로 내려서고 곧이어 이탈리아 산악 도시 쿠르마예르에 도착한다. 알프스에선 가장 중요한 교통 요충지이다. 몽블랑 둘레길의 일부 구간만 걷는 트레커들이 버스에 오르고 내리는 중간 기착지이기도 하다. 아름답고 기품 있는 산악 도시다. 고도차 1,200m를 내려왔지만 도시를 가로질러 다시 가파른 오르막 산길을 넘어야 한다. 고도차 800m를 더 오르면 오늘의 종착지 베르토네 산장에 도착한다.

2.5km	2km	4km	5.5km	2km

베르토네 산장　아 레쉬 수브　아 레쉬　　　보나티 산장　　　　페레 계곡 산장　엘레나 산장
1989m　　　　1938m　　　1929m　　　　2025m　　　　　1784m　　　2062m

거리 **16km** 누적 거리 **95km** 진척률 **54%** 총 소요 시간 **8시간**

베르토네 산장은 이태리 유명 산악인 조르지오 베르토네를 기리며 지어졌다. 쿠르마예르 시내가 한눈에 내려다보이고, 몽블랑 정상을 가까이 둔 멋진 곳이다. 산장 왼쪽으로 난 길을 올라가면 해발 2,050m 언덕에 이른다. 설산에 둘러싸인 평원 맞은편에 몽블랑 남벽이 손에 닿을 듯 가까이 서 있다. 몽블랑은 그 옆으로 낮게 늘어선 에귀유 느와르Aiguille Noire의 뾰족함과 날카로움에 대비되면서 한껏 더 둥그스름하고 너그러워 보인다.

스위스로 넘어가기 직전의 페레 고개 기슭에 위치한 엘레나 산장까지 가는 날이다. 능선을 따라 완만한 오르막과 내리막이 반복되는, 지금까지 여정 중 가장 편안한 구간이다. 큼직한 물줄기가 새하얀 포말과 함께 거세게 흐르는 아르미나 골짜기를 건너고, 드넓은 초원에 흐드러지게 피어난 노란 들꽃들에 잠시 눈길을 빼앗기며 걷다 보면 어느새 보나티 산장에 도착한다. 지금까지 거쳐 온 중에 가장 규모가 크면서 럭셔리함과 우직함을 함께 갖춘 산장이다.

멀리 세이뉴 고개부터 베니 계곡을 따라 이어진 몽블랑 산군은 페레 계곡 앞에서 그랑드 조라스로 연결된다. 그랑드 조라스의 거대한 남벽들을 정면으로 마주하는 위치에 산장은 버티고 서있다. 이 산장 또한 위대한 등반가를 기리며 지어졌다. K2 최초 정복의 일원이었던 월터 보나티가 그 주인공이다.

보나티 산장을 떠난 지 1시간 반, 개울물이 흐르고 외딴 가옥 두 채가 서 있는 삼거리에서 왼쪽 거의 유턴으로 이어진 급경사 길을 따라 내려간다. 페레 계곡 바닥의 아르누바 마을까지 하산하는 데는 30분 정도 걸린다. 인근에서 차를 몰고 알프스 속으로 들어올 수 있는 마지막 지점이다. 넓은 주차장과 잔디 정원 위에 식탁과 파라솔이 즐비한 페레 계곡 산장 카페에서 잠시 휴식을 취한다. 음료수 한 잔 마신 후 다시 출발하면 고도차 300m를 올라 엘레나 산장에 도착한다. 이탈리아에서의 마지막 밤을 보낼 곳이다.

| 2.5km | 3km | 3.5km | 0.5km | 3km |

| 엘레나 산장 | 그랑 페레 고개 | 라 쾰 라 목장 | 레 사르 페레 마을 | 라 풀리 마을 |
| 2062m | 2537m | 2071m | 1795m 1705m | 1610m |

거리 12.5km 누적 거리 107km 진척률 61% 총 소요 시간 6시간

국경을 넘는 세 번의 기회 중 두 번째인 페레 고개를 넘는 코스다. 고개 넘어 스위스로 가기 위해선 엘레나 산장 뒤에 버티어 선 두 개의 페레 고개Col Ferret 중 하나를 넘어야 한다. 그랑Grand과 프티Petit, 형과 아우의 의미를 내포하는 수식어를 이름 앞에 붙였으니 페레 가문의 형제 고개나 다름없다. 형인 그랑 페레 고개는 산장 바로 뒤쪽으로 이어지고, 아우인 프티 페레 고개(해발 2,490m)는 북쪽으로 약간의 거리를 두고 있다. 시간을 절약하려는 트레커들은 보다 거리가 짧은 프티 페레 쪽을 이용한다.

그랑 페레를 향해 산장 뒤 가파른 능선길을 오르노라면 그동안 지나온 이태리 산과 계곡이 한눈에 들어온다. 세이뉴 고개를 넘어 엘리자베타, 메종 비에유, 쿠르마예르, 베르토네, 보나티 그리고 발아래 엘레나 산장까지, 이태리 땅을 지나오며 만났던 모든 정경들을 희미하게나마 되돌아볼 수 있다. 7월 초 이전이라면 이 고개에도 아직 덜 녹은 눈밭투성이다. 본옴므 고개에서처럼 아이젠 없이는 위험한 빙하계곡을 지나야 고개 정상에 오를 수 있다. 고개 복판에는 정교하게 세워진 돌탑 양면에 이태리와 스위스를 뜻하는 영문자 'I'와 'S'가 새겨져 있다. 두 나라의 국경이 북쪽 능선을 따라 길게 이어진다.

스위스 내리막 설원은 위험구간 없이 길지 않게 끝난다. 반가운 흙길이 시작되면서 스위스의 대지는 질퍽하지만 푹신하면서 부드럽게 느껴질 수 있다. 페레 고개를 넘은 지 한 시간 만에 스위스의 첫 민가와 만난다. 라 쾰 라 목장은 계곡을 내려다보며 멀리 스위스 초원이 한눈에 들어오는 멋진 곳에 자리하고 있다. 기다란 단층건물 앞에는 몽골식 천막 가옥인 게르Ger 두 채도 있어 눈길을 끈다.

녹색 캔버스에 구불구불 그려진 하얀 선 같은 평원을 따라 완만한 내리막길을 편안히 걷는다. 프랑스 이태리 스위스 세 나라에 모두 걸쳐있는 3국봉 몽돌랑Mont Dolent(해발 3,823m)이 가장 가까워지면서 위엄 있는 모습으로 주변 경관을 압도해온다. 페레 마을을 거쳐 라 풀리 마을로, 스위스의 아름다운 시골을 연이어 만난다.

8.5km		2km	4.5km	2km

라 풀리 마을
1610m

프라즈드포르   이세르
1151m   1055m

샹펙스 락   샹펙스 당 오
1466m   1440m

거리 **17km** 누적 거리 **124km** 진척률 **70%** 총 소요 시간 **7시간**

라 풀리 마을의 에델바이스 호텔 레스토랑에는 그동안의 여느 산장들과는 달리 트레커들 외에 일반 관광객들도 많이 모여든다. 이 마을에 버스 종점이 있기 때문이다. 알프스 속살을 즐기려는 사람들을, 스위스의 여러 도시들과 연결해주는 교통의 요충지가 바로 이곳 라 풀리다.

케브 레이놀즈의 가이드북은 오늘 코스를 전체 구간 중 가장 쉬운 코스라고 소개한다. 시간이나 체력이 부족한 트레커들은 숙소 바로 앞 정류장에서 버스를 탈 수도 있다. 지루할 것이라 지레 속단하고 버스를 타려는 트레커들을 가이드북은 슬며시 유혹한다. 스위스의 목가적 자연과 시골 생활상을 엿보기 위해선 이 코스를 빠트려선 절대 안 된다는 것이다.

라 풀리를 벗어나 수십 미터 높이의 낙엽송 숲을 지나면 인공 호수와 마주친다. 짙은 연두색 빙하수가 댐에 가로막혀 거울처럼 매끄러운 수면을 만들어내고 있다. 호수에 투영된 녹색의 숲과 파란 하늘이 아침 햇살에 어울려 한 폭의 풍경화를 이룬다. 수문을 겸하는 댐 위를 건너면 한적한 들길이 이어진다. 프라즈드 포르까지 두 시간 반 동안 스위스의 전형적인 여러 산골 마을들을 지난다. 수려한 색상의 목조주택들이 적당한 공간을 두고 듬성듬성, 그러나 질서 있게 앉아 있다. 산 능선 경사진 초원에 울창한 나무숲을 배경 삼아 띄엄띄엄 앉아 있는 집들은, 영화와 사진 속에서 언젠가 보았을 스위스 산골의 목가적 정경 그대로이다.

이세르 마을 도로변 샤텔 레스토랑에서 점심을 먹고 마을을 벗어나면 두 시간 가까이 오르막 산길이 이어진다. 그리곤 호수가 아름다운 마을 샹펙스에 이른다. 녹음 짙은 주변 산들과 함께 안락한 분위기다. 수많은 리조트 건물들과 다양한 복장의 사람들이 어우러져 다채로운 느낌을 주는 마을이다. 해발 400m를 더 올라온 것뿐인데도 마치 사바세계에서 천상세계로 발을 들인 것 같은 착각을 불러일으킨다. 연인을 태운 작은 보트들이 호수 위를 한가로이 떠다니고, 낚싯대를 드리운 이들이 둑 여기저기에 졸린 듯 앉아 있는 정경이다.

2.5km	5km	0.5km	5km	1.5km	4.5km	1.5km

샹펙스 당 오 플랑 드 이오　　보빈 목장 •··· 콜레 포르탈로　　　　포르클라 고개　르 푀티　발므 고개 •·····　샤라미용 산장
1440m　　1330m　　　　1987m　　2040m　　　　1526m　　1328m　2191m　　　1920m

거리 20.5km 누적 거리 145km 진척률 82% 총 소요 시간 11시간

샹펙스 앞에는 해발 2,814m의 아르페트산Clochers d'Arpette이 놓여 있고, 발므 고개까지 가는 방법은 두 가지다. 산 오른쪽 완만한 능선을 타고 가는 정규 코스와 산 왼쪽으로 험난한 고개를 넘는 대체 코스이다. 전자는 보빈 목장을 지나 해발 2,040m의 고개를 넘고, 후자는 해발 2,665m의 거친 너덜길인 아르페트Arpette 고개를 넘어야 한다.

정규 코스로 향하면 샹펙스를 떠난 지 3시간 만에 보빈 목장에 도착한다. 수목한계선 위치에서 지나온 길을 되돌아보면 아득한 풍경사진이 된다. 조그만 말들 몇 마리가 한가로이 풀을 뜯는 목장이면서 해발 2,000m 고원에 위치한 휴식처이다. 목장 맞은편으로 가파른 내리막이 펼쳐진 바닥에는 스위스 도시 마르티니Martigny와 드넓은 계곡 평원이 길쭉하게 펼쳐져 있다. 평원 뒤로 까마득한 멀리에는 봉우리만 하얗게 치장한 설산들이 병풍처럼 둘러쌌다.

해발 2,040m의 콜레 포르탈로에서 하산을 시작한다. 한 시간 반이면 포르클라 고개에 도착한다. 스위스와 프랑스의 알프스 도시들을 연결하는 산악도로 중심에 있는 고개 마을이다. 도로변 레스토랑은 점심 먹기에 안성맞춤인 곳이다. 고개 아래로 내려가 르 푀티 마을을 지나면, 발므 고개까지 고도차 900m를 오르는 험난한 산길이 기다리고 있다. 8일째까지 힘든 여정을 소화해온 몸 상태라 더욱 힘들게 느껴질 수 있는 구간이다.

발므 고개에 있는 발므 산장은 약간 스산한 분위기다. 국경 표지석만 있는 썰렁한 고개에 회색 건물 하나만 서 있고 빨간색 덧창들이 그런 분위기를 만들어낸다. 산장 앞에 'SUISSE'와 'FRANCE'라고 양편에 새겨진 야트막한 돌기둥이 스위스와 프랑스의 국경 표지석이다. 며칠 동안 시야에 가려졌던 몽블랑이 다시 눈앞에 나타나며 다시 프랑스 땅이 시작된다. 국경을 넘는 세 번의 기회 중 마지막이다. 30분 하산 거리에 샤라미용 산장이 있다. 아침에 샹펙스에서 출발해서 11시간 정도 소요되는 긴 여정이다.

3.5km	1.5km	0.5km	3.5km	1.5km

샤라미용 산장　　　　　르 투르　몽록 마을 트레 르 샹　　　테테 오 벵 돌탑　락 블랑
1920m　　　　　　1453m　　1360m　1417m　　　　2132m　　2352m

거리 10.5km 누적 거리 155km 진척률 88% 총 소요 시간 6시간

발므 고개는 3국봉 몽돌랑에서 바젤까지 이어지는, 프랑스와 스위스의 수백 킬로미터 국경선 남단에 위치한다. 고개 바로 아래의 샤라미용 산장에서 르 투르까지 고도차 450m를 내려오는 데는 한 시간이 조

금 못 걸린다. 주변 설산들을 배경으로 여러 갈래의 케이블이 늘어섰고, 거기에 대롱대롱 매달린 곤돌라들이 천천히 오르고 내리는 정경이 환상적인 구간이다.

샤모니 계곡은 남쪽의 보자 고개에서 북으로 발므 고개까지 23km 거리를 길게 연결하고 있다. 보자 고개 아래 레 우슈 마을을 출발한 지 9일 만에 다시 샤모니 계곡에 발을 들여놓는다. 발므 고개 아래의 첫 마을인 르 투르는 샤모니 계곡 아브르강이 시작되는 최상류 지역이다. 넓은 도로를 따라 기분 좋은 내리막을 걸어 두 번째 마을인 몽록을 지나면 샤모니 계곡과는 헤어지고 다시 산길로 접어든다. 15분 후 도착하는 트레 르 샹은 샤모니 계곡을 스위스의 다른 알프스 마을들과 연결해주는 관문이다. 트리앙이나 샹펙스 또는 라 풀리 등지로 도로가 연결되어 있다.

락 블랑까지 고도차 천여 미터를 오르는 여정은, 9일째 걸어온 몸 상태와 거친 오르막길이 맞물려 더욱 힘겹게 느껴지게 된다. 세스리 오두막을 지나고, '에귀 루즈 자연보호구역'이 시작됨을 알리는 테테 오 벵 돌탑에 이르면, 샤모니 계곡을 사이에 둔 맞은편 몽블랑 산군들이 일렬횡대로 열 지어 나타난다. 세스리 호수부터는 다시 설원이다. '하늘로 오르는 사다리'라 불리는 스무 계단 철제 사다리를 타고 오르면 이윽고 하얀 호수, 락 블랑에 이른다.

10일차 락 블랑 ·····▶ 레 우슈

락 블랑 2352m		라 플레제르 산장 1875m		샤를라농 1812m		플랑프라즈 2000m	브레방 고개 2368m
	4km		2.5km		2km		1.5km

1.5km

레 우슈 1007m	쿠포 990m		메르레 주차장 1370m			벨라샤 산장 2152m		브레방 전망대 2526m
	1km	2.5km		3.5km			2.5km	

거리 21km 누적 거리 176km 진척률 100% 총 소요 시간 10시간

락 블랑은 두 개의 호수다. 산장 바로 옆에 새끼호수가 있고 10여 미터 더 높은 언덕 너머에 다섯 배 크기의 어미호수가 넓게 자리 잡고 있다. 락 블랑에서 라 플레제르까지의 하산길은 거친 너덜길이면서 몽블랑 둘레길 전 여정 중 가장 장엄하다. 위치만 달리하며 눈앞에 조금씩 바뀌어 펼쳐지는 샤모니 계곡과 몽블랑 산군의 정경이 그렇다. 라 플레제르는 샤모니와 연결된 케이블카 정류장이 있는 곳이다. 악천후 등의 경우에는 이곳에서 종주를 마치고 케이블카로 하산

하기도 한다. 샤모니 계곡으로 흘러내리는 거대 빙하들의 위용도 특히 눈길을 끈다. 락 블랑에서 마주했던 아르장티에르 빙하는 이미 등 뒤로 멀어졌지만, 샤모니 쪽으로 흘러내리는 보송 빙하는 더 가까워진다. 그 사이의 메르 드 글라스Mer de glace 빙하는 왼쪽 옆으로 바싹 붙어온다. 이름 그대로 '얼음의 바다'이기도 하고, 스키점프의 활강 스로프를 연상시키기도 한다. 빙하의 정점에는 이탈리아와 국경을 이루는 그랑드 조라스와 '거인의 이빨' 당 뒤 제앙이 버티고 서 있다.

락 블랑을 출발한 지 세 시간 가까이 되면 샤를라뇽에 도착한다. 긴 내리막은 끝나고 이제 오르막이 시작되는 지점이다. 플랑프라즈 언덕에 오르면 하늘을 수놓는 패러글라이딩 모습들에 한동안 감탄하게 된다. 브레방까지는 7월 초 이전이라면 눈이 많아 오르기 만만치 않다. 아이젠 등이 없으면 필자처럼 플랑프라즈에서 케이블카를 이용하여 오를 수밖에 없다. 브레방 고개는 오라스 소쉬르가 이름 없던 하얀 설산을 넋 잃고 바라보다 '몽블랑'이란 이름을 붙여준 바로 그곳이다. 그만큼 몽블랑의 가장 빼어난 경관을 보여주는 위치이다.

아르브 강변 레 우슈까지 고도차 1,600m 이상을 안전하게 하산하는 마지막 여정이 남아 있다. 출발한 지 30분 후 브레방 호수를 바라보며 잠시 쉬었다 내려오면 산 중턱에 벨라샤 산장이 나타난다. 전망 좋은 산장 발코니에서 잠시 쉬었다 다시 급경사 내리막을 한 시간여 내려오면 라파즈 천 계곡을 건너면서 비로소 안전한 수목한계선에 이른다. 편안한 숲길이 이어지다 잠시 후 메르레 공원 주차장이 나오면서 아스팔트 차도가 시작된다. 몽블랑 둘레길 출발점이었던 레 우슈까지는 한 시간 거리다.

알프스 최고의 전망대, 에귀 뒤 미디

샤모니의 아르브강 남쪽에 케이블카 승강장이 있는데, 에귀 뒤 미디 전망대까지 오르는 데는 세 번의 탈것을 이용한다. 2,317m에 자리 잡은 중간 기착지 플랑 드 레귀Plan de l'Aiguille에서 잠시 내려 두 번째 케이블카로 갈아타면 해발 3,777m 에귀 뒤 미디 북봉에 내려준다. 정상에는 세 개의 봉우리가 있어서 그 방향대로 북봉, 중앙봉, 남봉으로 불린다. 북봉에는 샤모니 테라스, 아라비스 테라스, 발리 블랑쉬 테라스라는 세 개의 전망대가 있다. 북봉과 연결된 구름다리를 통해 중앙봉으로 건너가 엘리베이터를 타고 65m를 더 오르면 정상인 해발 3,842m의 서밋 테라스에 내려선다.

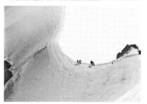

10일 동안 몽블랑 둘레길을 걸으면서 까마득하게 바라보던 몽블랑은 신비의 대상이었지만, 정상 봉우리와 가장 가까워진 이곳 에귀 뒤 미디 전망대에서는 너무나 웅장하면서도 친숙하게 느껴진다. 에귀 뒤 미디Aiguille du Midi란 이름은 '한낮의 바늘'이란 뜻이다. 동쪽인 마터호른에서 떠오른 해가 그랑드 조라스 상공을 지나 이곳 '바늘 같은 첨봉' 위를 지날 때가 곧 정오를 가리킨다고 해서 붙여진 이름이다.

트레킹 기초 정보

여행시기

몽블랑 둘레길 안에 있는 산장들이 대개는 6월부터 9월 동안에만 문을 연다. 캠핑할 게 아니라면 이 기간을 택할 수밖에 없다. 알프스의 설원을 더 많이 느끼며 사각사각 밟고 싶다면 기본 월동 장비를 갖춰 6월 중하순에 가는 것이 좋다. 7월 중순 이후라면 눈은 거의 녹아 가장 안전하지만 알프스의 감흥은 덜할 것이다.

교통편

몽블랑 관문인 프랑스의 샤모니까지 가기 위해선 스위스의 제네바 공항에 내리는 게 가장 가깝고 효율적이다. 국내에선 아직 제네바까지 직항은 없으므로 모스크바나 취리히, 프랑크푸르트 등을 경유해야 한다. 제네바 공항에서 샤모니까지는 리무진 버스가 많고 한 시간 걸린다. 트레킹 출발점인 레 우슈의 벨뷔 케이블카 역까지는 샤모니에서 버스로 20분 거리다.

숙박

각 코스마다 산장 등 숙소가 적게는 하나, 많게는 세 개 정도씩 있다. 백패킹이 아니라면 숙소 예약이 '필수다. 이 외 기간은 가을과 겨울에 쌓인 알프스 설원이 깊어 트레커들이 거의 없기 때문에, 대부분의 산장 숙소들이 6월 중순부터 9월 말까지만 영업한다. 7월 초부터 9월 중순까지만 오픈하는 곳들도 많기 때문에 이 시기에 맞추어 숙박 가능한 숙소를 확인한 후, 예약해야 한다.

식사

대개의 산장들은 숙박비에 이튿날 아침 식사 비용이 포함되어 있다. 몽블랑 둘레길은 고도를 오르고 내리는 난이도가 그 어느 트레일보다도 높기 때문에 음식 섭취가 무엇보다도 중요하다. 그에 걸맞도록 저녁과 아침 식단이 제공된다. 점심은 역시 샌드위치와 과일 등 간식거리를 전날 저녁에 챙겼다가 걷는 도중에 잠시 쉬면서 해결하는 게 일반적이겠다. 짐이 되겠지만 버너와 코펠 그리고 햇반과 라면을 약간 준비해간다면 알프스 산중에서의 점심 몇 끼가 매우 만족스러워진다.

예산

몽블랑 둘레길의 트레킹 비용은
스위스 제네바 공항 도착에서부
터 관문인 프랑스 샤모니까지 이동하고 이튿날부터, 10일 트레킹하고 다시 샤모니로 돌아오는 12일 여정에 필요한 금액이다. 제네바 공항에서 샤모니까지 리무진 버스 비용이 4만 원, 샤모니에서의 숙박비는 1일 5만 원 정도, 트레킹 동안의 숙박비는 1일 6~8만 원 정도 든다. 간단한 아침 식사가 포함된 금액이다. 모두 합하면 12일 여정에 총 84만 원, 하루 평균 7만 원 수준이다. 물론 점심 저녁 식대는 제외한 금액이다.

필자 경우는 12일간의 몽블랑 여정을 마치고 10일간 이탈리아 여행에 올인했다. 총 21박 22일 여정에 약 390만 원 정도를 썼다. 3개월 전에 예약한 왕복 항공료 98만 원을 제외하면 총 290만 원이 들었다. 몽블랑 12박에 150만 원, 이탈리아 9박에 140만 원을 쓴 셈. 몽블랑 150만 원 중 120만 원이 12박 숙박비와 식대이고, 나머지는 여행자 보험 15만 원, 현지 구입 가이드북 3만 원, 에귀 뒤 미디 전망대 입장료 8만 원 및 교통비 등이다.

여행 팁

7월 초까지는 빙하 구간이 많고 추락 위험이 상존하는 곳도 많다. 최소한 아이젠만큼은 꼭 챙기자. 산악길임에도 안내 이정표는 아주 잘 되어 있다. 매일 한라산을 한 번씩 오르고 내리는 여정을 10일 동안 반복하는 수준이다. 체력에 신경을 쓰는 게 좋다. 체력에 자신이 없으면 종주 날짜를 2, 3일 늘려서 잡자. 아니면 종주보다는 중간 구간 일부를 버스나 콜택시로 건너뛰는 것도 방법이다.

트레킹 이후의 여행지

2, 3일 정도의 시간적 여유가 있다면 샤모니 바로 인근인 스위스 인터라켄으로 이동하여 융프라우 여행을 추가하는 것도 좋을 것이다. 추가 일주일 이상의 여유가 있다면 이탈리아 여행에 올인하는 게 좋다. 버스로 샤모니 터널 국경을 넘은 후 밀라노, 베니스, 친퀘테레, 피렌체, 로마 순으로 여행하는 것이다. 각 지역별로 하루 또는 이틀씩 배정하면 좋다.

마일 포스트

일자	NO	경유지 지명	해발고도 (m)	거리(km)	누적	진척율
1일차	1	레 우슈 Les Houches	1,007	0	0	0%
	2	벨뷔 언덕 Bellevue	1,801	5	5	3%
	3	구름다리	1,720	1.5	7	4%
	4	트리코 고개 Col de Tricot	2,120	2	9	5%
	5	미아지 산장 Refuge du Miage	1,550	1.5	10	6%
	6	트럭 산장 Refuge du Truc	1,720	1.5	12	7%
	7	레 콩타민 몽주아 Les Contamines-Montjoie	1,167	6.5	18	10%
2일차	8	노트르담 성당 Notre-Dame-de-la-Gorge	1,210	4	22	13%
	9	낭 보랑 산장 Refuge de Nant Borrant	1,460	2	24	14%
	10	발므 산장 Refuge de La Balme	1,706	4	28	16%
	11	조베 평원 Plan Jovet	1,920	0.5	29	16%
	12	조베 호수 Lacs Jovet	2,194	2	31	17%
	13	조베 평원 Plan Jovet	1,920	2	33	18%
	14	본옴므 고개 Col de la Bonhomme	2,329	2	35	20%
	15	크로와 본옴므 고개 Col de la Croix du Bonhomme	2,483	1	36	20%
	16	크로와 뒤 본옴므 산장 R. Croix du Bonhomme	2,443	0.5	36	20%
3일차	17	레 샤피유 마을 Les Chapieux	1,554	5	41	23%
	18	글라시에 마을 Glaciers	1,789	4.5	46	26%
	19	모테 산장 Refuge des Mottets	1,870	1	47	26%
	20	세이뉴 고개 Col de la Seigne	2,516	5	52	29%
	21	엘리자베타 산장 Rifugio Elisabetta Soldini	2,195	4.5	56	32%
4일차	22	콤발 호수 삼거리 Lago di Combal	2,086	3.5	60	34%
	23	몽테 파브르 중턱 Monte Favre Spur	2,436	3.5	63	36%
	24	메종 비에유 산장 Rifugio Maison Vieille	1,956	6	69	39%
	25	돌로네 마을 Dolonne	1,210	3.5	73	41%
	26	쿠르마예르 Courmayeur	1,226	1.5	74	42%
	27	베르토네 산장 Rifugio Giorgio Bertone	1,989	4.5	79	45%
5일차	28	아 레쉬 수브 A Leuchey Sub	1,938	2.5	81	46%
	29	아 레쉬 A Lechey	1,929	2	83	47%
	30	보나티 산장 Rifugio Bonatti	2,025	4	87	49%

MILE POST

	31	페레 계곡 산장 Chalet Val Ferret	1,784	5.5	93	53%
	32	엘레나 산장 Rifugio Elena	2,062	2	95	54%
6일차	33	그랑 페레 고개 Grand col Ferret	2,537	2.5	97	55%
	34	라 필 라 목장 Alpage de la Peule	2,071	3	100	57%
	35	레 사르 Les Arcs	1,795	3.5	104	59%
	36	페레 마을 Ferret	1,705	0.5	104	59%
	37	라 풀리 마을 La Fouly	1,610	3	107	61%
7일차	38	프라즈드포르 Praz-de-Fort	1,151	8.5	116	66%
	39	이세르 Issert	1,055	2	118	67%
	40	샹펙스 락 Champex Lac	1,466	4.5	122	69%
	41	샹펙스 당 오 Champex d'en haut	1,440	2	124	70%
8일차	42	플랑 드 이오 Plan de l'Au	1,330	2.5	127	72%
	43	보빈 목장 Alpage de Bovine	1,987	5	132	75%
	44	콜레 포르탈로 Collet Portalo	2,040	0.5	132	75%
	45	포르클라 고개 Col de la Forclaz	1,526	5	137	78%
	46	르 푀티 Le Peuty	1,328	1.5	139	79%
	47	발므 고개 Col de Balme	2,191	4.5	143	81%
	48	샤라미용 산장 Alpages de Charamillon	1,920	1.5	145	82%
9일차	49	르 투르 Le Tour	1,453	3.5	148	84%
	50	몽록 마을 Montroc	1,360	1.5	150	85%
	51	트레 르 샹 Tre le Champ	1,417	0.5	150	85%
	52	테테 오 벵 돌탑 Tete Aux Vents	2,132	3.5	154	87%
	53	락 블랑 Lac Blanc	2,352	1.5	155	88%
10일차	54	라 플레제르 산장 Refuge de la Flegere	1,875	4	159	90%
	55	샤를라뇽 Charlanon	1,812	2.5	162	92%
	56	플랑프라즈 Planpraz	2,000	2	164	93%
	57	브레방 고개 Col du Brévent	2,368	1.5	165	94%
	58	브레방 전망대 Le Brevent	2,526	1.5	167	95%
	59	벨라샤 산장 Refuge Bellachat	2,152	2.5	169	96%
	60	메르레 주차장 Parking de Merlet	1,370	3.5	173	98%
	61	쿠포 Coupeau	990	2.5	175	99%
	62	레 우슈 Les Houches	1,007	1	176	100%

09

아일랜드 사람들이 가장 사랑하는 도보 여행길
이 위클로 웨이다. 수백만이 굶어 죽은 '감자 대
기근' 당시 허기진 민중들이 빈 망태기를 머리에
이고 누볐을 밭과 들판이 있고, 영국군을 피해
산속으로 숨어든 IRA무장대들이 무기를 메고
피땀을 쏟던 숲과 골짜기가 있다. 그 오래된 길
과 길들이 하나로 이어져 아일랜드 최초의 장거
리 도보 여행길이 되었다. J.B 말론이라는 여행
작가의 노력 덕분이다. 35년이 지난 지금은 아
일랜드 사람들뿐만 아니라 많은 유럽인들이 찾
는 힐링 트레일로 변모했다. 애환의 역사와 민족
적 기질면에서 우리와 공통점이 많은 나라로는
아일랜드가 거의 유일하다.

아일랜드 최고의 도보 여행길,

아름다운 위클로 웨이

아일랜드는 우리의 충청, 영남, 호남 등처럼 얼스터Ulster, 코나트Connacht, 렌스터Leinster, 먼스터Munster라는 4개의 지방으로 나뉜다. 북부인 얼스터 지방은 9개 주로 이뤄졌지만 남서쪽 3개 주만 아일랜드 땅이고, 다른 6개 주는 영국령 북아일랜드에 속한다. 서부의 코나트 지방은 골웨이Galway 등 5개 주, 남부의 먼스터 지방은 코크Cork와 리머릭Limerick 등 6개 주, 그리고 동부의 렌스터 지방은 11개 주로 구성된다.

위클로 웨이는 이들 중 렌스터 지방에 속해 있다. 수도 더블린시가 있는 더블린주와 남쪽 바로 아래의 위클로주를 관통하며 총거리 132km에 걸쳐 있다. 더블린주의 남쪽 끝에서 시작하여 위클로주 복판까지 남으로 남으로, 산과 들과 마을과 마을을 잇고 있다.

아일랜드에서는 걷기 좋은 여행길들을 'National Waymarked Trails'라는 이름으로 정부에서 지정하여 엄격히 관리하고 있다. 이들 중 최초의 도보 여행길인 위클로 웨이는 1980년에 J.B 말론의 주도로 일부 구간이 개장되었고, 1982년에 전 구간이 완성되었다. 이후 계속해서 제2, 제3의 트레일들이 연속적으로 개장이 되면서, 현재에 이르러서는 정부 지정 트레일이 전국적으로 43개까지 늘어나 있다. 모두 합친 거리는 아일랜드 전국을 망라하며 총 4,000km에 이른다.

이들 중 가장 인기 있는 곳은 단연 위클로 웨이지만, 나머지들 중에서도 케

리 웨이214km, 쉬프헤드 웨이88km, 베라 웨이206km, 웨스턴 웨이179km, 버른 웨이 114km, 이상 다섯 트레일은 많은 사랑을 받고 있다.

말론은 1989년에 세상을 떠났다. 위클로 웨이 초반 지점인 화이트 힐 정상을 반쯤 내려오면 테이 호수가 산 아래 근사하게 펼쳐진다. 바로 그 중턱 길목 한편에 J.B 말론의 기념비가 있다. 사전에 알지 못하면 그대로 지나칠 수밖에 없는 위치다. 트레킹 이틀째 날 만날 수 있다.

위클로 웨이는 서두르면 5일쯤 걸리지만 아일랜드까지 가서 달음박질할 이유는 없다. 느긋하게 7일 정도 여정으로 걷는 게 좋다. 더블린주의 남쪽 교외인 말레이 공원이 출발 포인트다. 첫날 킬마쇼그 숲을 오르며 멀리 바다 안개 자욱한 더블린 항을 내려다보고, 이튿날은 위클로 웨이의 가장 높은 지점인 630m 화이트 힐에서 초원 위 수백 마리의 양떼와 만난다. 그리고 펼쳐지는 테이 호수의 장엄한 정경에 압도되고, 셋째 날은 글랜다락의 성지 모나스틱 시티The Monastic City 주변에서 하룻밤 묵는다. 초기 기독교인 정착촌이면서 지금은 공원묘지로 사용되지만 '두 개의 호수'로 유명한 관광 명소이기도 하다.

역사의 아픔이 서려 있는 밀리터리 로드Military Road도 자주 만난다. 아일랜드 독립투쟁 시기 이 지역 산속으로 숨어든 IRA들을 영구히 제거하려고 영국군이 산길을 닦아 군용으로 만들어 놨던 도로다. 여섯째 날 만나는 '죽어가는 소The

Dying Cow'라는 이름의 시골 펍은 역사가 깊은 전통 아이리시 펍Pub이다. 스트라나켈리 마을을 지나며 누구나 들러서 기네스 한 잔을 마시고 가야 하는 곳이다. 마지막 날 오후, 최종 종착지인 클로니걸Clonegall에 도착하면서 위클로 웨이 트레킹을 마친다. 클로니걸은 '아일랜드에서 가장 쾌적한 마을'로 2년 연속 선정된 곳이다. 일주일 여정을 끝내는 분위기로는 아늑하기 그지없다.

제주의 오름과 같은 완만한 산들을 매일 한두 번씩 넘지만 가장 높은 산화이트 힐의 해발은 630m에 불과하다. 오르막만 합친 총 고도는 3,000m 조금 못 된다. 옐로우맨이라 불리는 길 안내 표지를 자주 만나니 길 잃을 염려는 거의 없다. 국내엔 매니아들 외에 별로 알려진 바가 없다. 여정 내내 마을이 거의 안 보이고 시골집들만 간간히 하나씩 멀리 떨어져 있다. 음식 등 물품 조달할 곳이 숙소 외에는 거의 없고, 숙소도 가급적이면 사전에 예약을 하는 게 좋다. 혹시나 예약 없이 갔다가 숙소가 차서 빈 침대가 없는 경우에도 큰 문제는 없다. 대개는 주인이 인근 다른 숙소로 연락하여 차로 픽업 오게 해준다. 아일랜드 사람들이 얼마나 정겹고 친절한지 위클로 웨이 어디에서나 경험하고 실감할 수 있다. 비앤비B&B 숙박비는 아침 식사 포함하여 40~50유로 수준이다. 노선상에서 두 군데에 있는 유스호스텔은 비앤비의 절반 이하 가격이다.

아일랜드의 역사는 '애환'이라는 단어를 떠올리게 한다. 아일랜드와 영국은 우리나라와 일본과의 관계와 많이 닮았다. 1916년 부활절 봉기Easter Rising는 1919년 우리의 3·1운동을 떠올린다. 해방은 되었지만 남과 북이 다른 종교 또는 다른 체제로 분단된 것도 비슷하다.

영국은 줄리어스 시저의 로마군 침공을 받아 기원전부터 세상에 눈떴다. 일본은 우리보다 수백 년 일찍 서양문물을 받아들여 근대 강국이 되었다. 호전적인 강대국을 바로 옆에 이웃으로 뒀다는 불운이, 아일랜드와 우리 한반도의 공통점이다. 낯설 것 같은 북유럽 땅이지만 그 속을 흐르는 정서는 우리와 통하는 게 아주 많은 곳이 아일랜드다.

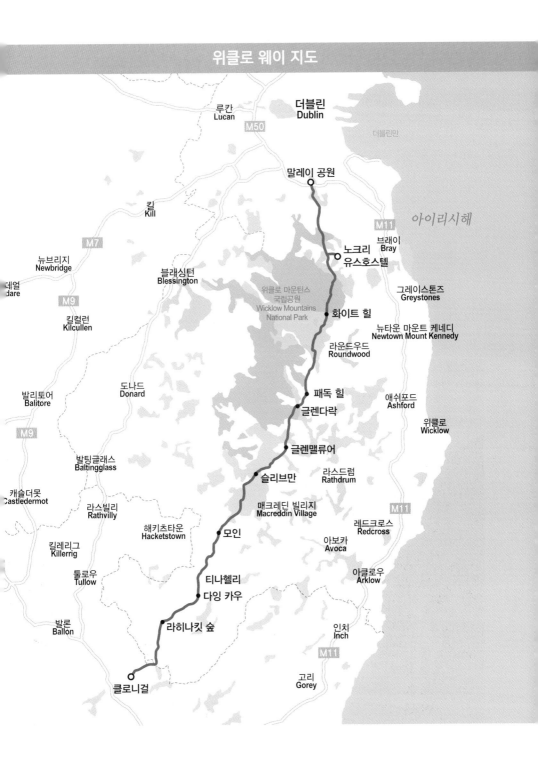

더블린
Dublin

루칸
Lucan

M50

더블린만

M11

아이리시해

말레이 공원

킬
Kill

M7

뉴브리지
Newbridge

블래싱턴
Blessington

브래이
Bray

노크리
유스호스텔

그레이스톤즈
Greystones

위클로 마운틴스
국립공원
Wicklow Mountains
National Park

화이트 힐

뉴타운 마운트 케네디
Newtown Mount Kennedy

데얼
dare

M9

킬컬런
Kilcullen

라운드우드
Roundwood

발리토어
Balitore

도나드
Donard

패독 힐
글렌다락

애쉬포드
Ashford

위클로
Wicklow

M9

발팅글래스
Baltingglass

글렌맬류어

슬리브만

라스드럼
Rathdrum

캐슬더못
Castledermot

라스빌리
Rathvilly

해키츠타운
Hacketstown

매크레딘 빌리지
Macreddin Village

M11

레드크로스
Redcross

킬레리그
Killerrig

모인

아보카
Avoca

툴로우
Tullow

티나헬리
다잉 카우

아클로우
Arklow

발론
Ballon

라히나킷 숲

인치
Inch

M11

클로니걸

고리
Gorey

위클로 웨이 고도표

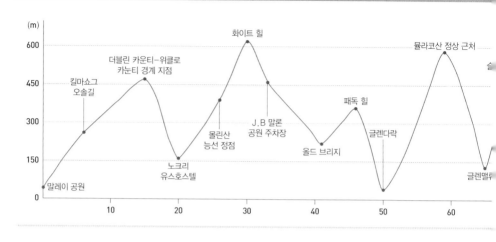

(m)

- 600
- 450
- 300
- 150
- 0

화이트 힐

더블린 카운티-위클로
카운티 경계 지점

뮬라코산 정상 근처

킬마쇼그
오솔길

J.B 말론
공원 주차장

패독 힐

몰린산
능선 정점

글렌다락

올드 브리지

노크리
유스호스텔

말레이 공원

글렌맬루

10   20   30   40   50   60

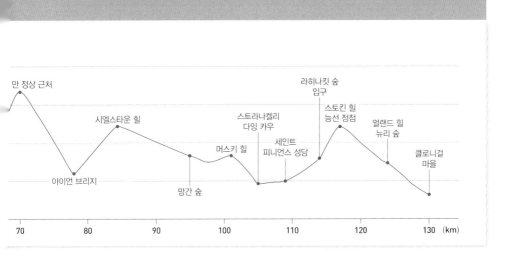

만 정상 근처

시엘스타운 힐

아이언 브리지

머스키 힐

망간 숲

스트라나켈리
다잉 카우

세인트
피니언스 성당

라히나킷 숲
입구

스토킨 힐
능선 정점

얼랜드 힐
뉴리 숲

클로니걸
마을

70　　80　　90　　100　　110　　120　　130　 (km)

위클로 웨이

코스 가이드

- 말레이 공원
  - 노크리 유스호스텔
- 올드 브리지
  - 글렌다락
- 글렌맬류어
  - 모인 삼거리
- 러그나퀼리아 비앤비

2km		1km		3km		1km
말레이 공원 90m		위클로 웨이 카페 110m	킬마쇼그 숲 입구 210m		킬마쇼그 오솔길 260m	

4km		2km		내리막 시작 2km	
	보라나랄트리 브리지 260m		R116 도로 300m		페어리 캐슬 490m

3km		1km		1km	
더블린 카운티– 위클리 카운티 경계 지점 470m		L1101 도로 250m	노크리 힐 220m		노크리 유스호스텔 160m

거리 **20km** 누적 거리 **20km** 진척률 **15%** 총 소요 시간 **7시간**

더블린 카운티 남쪽 끝에 위치한 말레이 공원이 위클로 웨이 출발점이다. 더블린 시내에서 아침에 대중교통으로 출발하면 한 시간이나 한 시간 반 정도 걸린다. 축구장 서너 개 넓이의 공원 잔디밭은 연둣빛이고, 그 주변을 둘러싼 나무숲은 잔디의 연둣빛과 대비되어 녹색을 한층 더 짙게 한다. 낮은 성곽처럼 쌓은 출발 포인트 돌담을 넘어 울창한 숲길로 들어서면 낙엽이 밟히고 호수가 있고 벤치가 있다. 몸통은 없고 다리만 남은 거목도 하나 서 있다. 페어리 트리The Fairy Tree라는 이름으로, 오가는 이들의 눈길을 잡아끌고 있다. 나무 위에는 요정의 성들이 있고, 사람들 소망을 적은 메모들이 여기저기 주렁주렁 매달려 있다.

벗어나는데 1km 안 되는 거리를 거의 한 시간 걸리게 할 만큼 말레이 공원은 지나는 이의 발걸음을 늦추는 매력이 있다. 공원 출구 쪽 위클로 웨이 카페에서 잠시 쉬어간다. 남은 20km가 마트나 식당이

전무한 산길이기에 뱃속을 든든히 채워둬야 한다. 공원 후문을 나서면 M50 고속도로 옆으로 나란히 이어진 칼리지 로드College Road를 잠깐 동안 따라 걷는다. 아늑한 산책길 같은 킬마쇼그 오솔길까지 다 지나고 나면 이제 본격적인 오르막 산길로 접어든다.

더블린을 등쪽에 이고 걷는 느낌도 든다. 약간 힘에 부치긴 해도 오늘의 하이라이트 구간인 만큼, 확 트인 정경이 몹시 시원해진다. 더블린 시내와 동쪽 아이리시 해가 그림같이 펼쳐진다. 더블린항에는 컨테이너 운반용 대형 크레인들 윤곽까지 눈에 들어와 장엄함을 더해준다. 킬마쇼그 숲을 내려오다 페어리 캐슬Fairy Castle(537m) 능선을 내려오면 R116 도로와 만난다. 그리곤 잠시 후 보라나랄트리 브리지를 통해 글렌컬란강을 건너면 행정구역이 바뀐다. 더블린 카운티에서 위클로 카운티로 들어서는 것이다. 이를테면 경기도가 끝나고 충청북도로 들어서는 셈이다.

다시 산길을 넘어 L1011 도로를 건너면 완만한 오르막이 시작되면서 노크리 힐을 오른다. 언덕 능선을 따라 편안한 숲길을 걷다가 다시 도로로 내려오면 첫날 여정은 끝이다. '노크리 유스호스텔까지 200m'라는 이정표가 바로 눈에 띈다. 이 코스 종점의 유일한 숙소가 10분 거리에 있음을 알려주는 것이다.

2일차   노크리 유스호스텔 ⋯⋯▶ 올드 브리지

거리 **21km** 누적 거리 **41km** 진척률 **31%** 총 소요 시간 **7시간**

노크리 유스호스텔은 정면이 탁 트인 공간이라 머무는 내내 마음이 시원해지는 곳이다. 낮은 숲들이 발아래로 드넓게 깔려 안정감을 준다. 숲이 끝나는 완만한 경사의 초원과 밭 뒤로 아주 뾰족한 삼각산 하나가 눈길을 오래 붙든다. 올드 롱 힐Old Long Hill이다. 제주도의 수백 개 오름들 중 하나와 다름없는 모습이지만, 광활한 대지에 유독 혼자만 특이하게 솟아나 깊은 이상을 남긴다.

호스텔을 나서면 도로를 따라 어제 온 길을 동쪽으로 200m 되돌아간다. 이정표가 있던 그 자리에서 길은 도로를 벗어나 내리막 숲길로 안내되고 이내 울창한 고사리 밭으로 들어선다. 그 옆으로 따라 흐르는 글렌크리강은 어두운 숲속에서 짙은 적갈색을 띠고 있다. 토질 때문이겠지만 지하 세계를 거니는 듯 기괴한 분위기를 자아낸다. 숲을 벗어나면 가끔씩 보이는 고택들이 중세의 정원을 연상시킨다. 집집 정문마다 붙어 있는 '개 조심' 팻말을 서로 비교해 읽는 재미도 있다. '여차하면 내(개)가 달려올 거요. 여기까지 5초도 안 걸리우. 그래도 당신 허튼수작 부릴 텐가?' 경비견의 엄포 문구가 웃음을 자아내기도 한다.

크론우즈 주차장부터 본격적인 산길 오르막이 시작된다. 완만하긴 하지만 해발 150m에서 620m의 화이트 힐까지 오르는 길이다. 시작은 몰린산 능선을 올라가는 길이지만 오른쪽에 있을 해발 570m의 몰린산

정상은 숲에 가려 보이질 않는다. 대신에 왼쪽으로는 다글강이 만들어내는 파워스코트 폭포가 멀리서 장대한 물줄기를 뽐내고 있다.

애써 오르막을 오른 후 다시 다글강까지 내려가고 나무 다리를 건너고 나서야, 화이트 힐로 향하는 본격적인 오르막이 시작된다. 방금 전까지 확 트였던 시야는 고도를 높이면서 금세 뿌연 안개구름에 막혀버린다. 화이트 힐로 향하는 막바지 오르막은 안개 속을 더듬는 길이지만 영화 속 미지의 세계로 가는 환상의 길로 느껴진다. 희미하게 보이지만 능선 초원에 수백 마리의 양들이 풀 뜯는 모습에서 화이트 힐이란 언덕 이름이 이해가 된다. 늘 하얀 안개구름에 싸여 있어서일 수도 있고, 늘 하얀 양들로 뒤덮여 있어서일 수도 있다. 오른쪽에 완만한 능선을 따라 서 있는 조스산(725m)도 뿌연 안개 속에서 신비롭다.

화이트 힐 정상은 늪지대다. 늪 한가운데를 길고 묵직한 나무 다리가 가로지르고 있어 안개구름과 함께 더욱 몽환적이다. 화이트 힐 정상을 반쯤 내려오면 락 테이, 테이 호수가 산 아래 근사하게 앉아 있다. 바로 이 자리가 위클로 웨이 전 구간을 통틀어 가장 의미 있는 곳인지도 모른다. 바로 이 길을 개척해 세상에 알린 말론의 기념비가 있는 곳이기 때문이다. 비스듬히 기울어선 큼직한 바위 밑에 'J.B 말론 기념비'라는 글자만 새겨 놓았다. 모르고 이곳을 왔다면 그냥 지나칠 수밖에 없는 평범한 바위일 뿐이다. 말론 공원 주차장까지 내려와 뒷산으로 오르면 테이 호수는 시야에서 사라진다.

고사목들이 으스스하게 널브러진 들판을 지나면 이어서 울창한 나무숲이다. 그러나 숲을 이루는 수십 미터의 거목들은 오래전에 불 탄 흔적인지 온통 시커먼 상태로 죽어 있다. 숲을 지나는 20분 동안이 마치 지하 세계의 어느 공간을 지나는 느낌이라 걸음이 빨라질 수밖에 없다. 이윽고 음습한 공간을 벗어나면 멀리 댄 호수Lough Dan가 눈앞에 보이고, 임도를 따라 대형 제재목 공장을 지난다. 임도에 이어 숲을 지나고, 돌담을 넘어 밭길을 지나다 보면 이윽고 평지 도로와 만난다. 이윽고 '1828년'이라는 글자가 새겨진 오래된 석조 다리를 건너면, 다리 이름이 그대로 이곳 지명이 되어버린 올드 브리지 마을이다.

2.5km	1.5km	1km	1.5km	2.5km

| 올드 브리지 220m | 우측 산길 260m | 브러셔 갭 헛 360m | 패독 힐 360m | 올드 밀리터리 로드 200m | 글렌 다락 40m |

거리 9km 누적 거리 50km 진척률 38% 총 소요 시간 3시간

100년 가까이 된 석조 다리 올드 브리지를 건너 마지막 오르막을 잠시 걸으면 곧 위클로 웨이 롯지가 오른편에 나타난다. 밖에서 보아 우리나라 무슨 재벌 회장의 전원주택 같은 규모와 분위기이다. 이튿째 날 숙소로는 가장 적합한 위치다. 숙소 예약이 되어 있다면 최선이지만 예약 없이 왔다가 만약 빈 침대가 없다 하더라도 걱정할 필요 없다. 철문 초인종을 누르면 주인이 나와서 친절하게 사정을 들어준다. 그리곤 이웃 마을 다른 숙소를 연결하여 차를 픽업 나오게 해준다. 처음부터 위클로 웨이 노선상에서 좀 떨어진 곳에 예약을 해도 상관은 없다. 근처에 도착해서 전화를 하면 숙소에서 언제든 차량으로 픽업을 나오고 다음날 아침에도 노선까지 태워다 주기 때문이다. 영국이나 아일랜드 트레일들에 있는 비앤비들에는 대체로 다 그런 친절이 시스템화 되어 있다.

위클로 웨이 롯지는 노선상에 있어 편한 숙소이지만 북쪽으로 2km 떨어진 곳에도 근사한 숙소가 하나 더 있다. 락 댄 하우스Lough Dan House다. '락Lough'은 호수를 일컫는 아일랜드 말이다. 멋지고 웅장한 락 댄Lough Dan 옆에서 하룻밤 머무는 것도 일종의 호사가 될 수 있다.

아침 느지막이 위클로 웨이 롯지 정문을 출발하면 가옥은 보이지 않는 한적한 시골길이 잠시 이어진다. 반대방향으로 마주 오는 트레커들도 자주 보인다. 위클로 웨이는 양방향이기 때문이다. 마주 오는 이들에게 '지나온 구간이 길 찾기 쉽냐 어렵냐'를 가끔 물어보면 돌아오는 대답은 대체로 한결 같다. '물론이다. 길 찾기 쉽다. 옐로우맨만 잘 찾아라'이다. 산티아고 순례길처럼 전 구간에 이정표는 잘 되어 있다. '이 길이 맞을까? 혹시 잘못 든 게 아닐까?' 잠시 염려하노라면 여지없이 주변에 옐로우맨 화살표시가 눈에 들어오는 것이다.

이정표의 안내에 따라 도로 오른편 들길로 방향을 바꾸면 잠시 후 언덕 숲길로 향하는 오르막이다. 지난 이틀 동안에 비하면 3일차는 쉽고 편안하고 짧은 길이다. 해발 220m 출발지에서 해발 360m의 패독 힐만 넘어가면 되는 구간이다. 언덕 정상이 가까워지는 위치인 브러셔 갭 헛에 잠시 배낭을 내려둔다. 사방

259

중 한 면이 트인 오두막이다. 침낭만 있으면 추위를 피해 하룻밤 묵어 갈 수 있도록 배려해 둔 비박Biwak 장소이다. 주변에 있는 모닥불 흔적들이 간밤에도 누군가 이곳에서 밤을 보냈음을 알려준다.

가볍게 패독 힐 정상을 넘으면 완만한 숲속길 나무 다리를 지나 글렌매카너스강을 건넌다. 이윽고 잠시 후 짧은 10km 거리가 끝나면 두 시간 반 만에 글렌다락 마을에 도착한다. 말이 끄는 마차가 있고 노점 상들과 레스토랑과 카페가 즐비하다. 전형적인 관광지 분위기이다.

이곳 글렌다락이 관광지로 유명한 건 역사적 성지로 꼽히는 모나스틱 시티 때문이다. 초기 아일랜드 기독교인들의 정착촌이었으면서 지금은 공원묘지로 이용되고 있다. '기원전 6세기에 독실한 크리스천 세이트 케빈 경이 한적하고 경건한 곳을 찾아 이곳에 혼자 들어와 살았고 이후 크리스천들이 찾아 들면서 정착촌이 형성되었다'고 소개되어 있다. 수많은 관광객과 트레커들이 대성당 터와 세인트케빈 교회 그리고 석탑 라운드 타워 주변을 보려고 들르는 곳이다.

유럽의 교회 마당들이 종종 공동묘지로 쓰이듯 이곳도 넓은 정원이 수많은 묘비들로 가득하다. 각양각색의 묘비들을 그윽하게 내려다보는 사람들 모습이, 망자와 그 가족들의 애환을 보여주듯 애잔하다. 비앤비나 호텔 등도 많은 곳이지만 저렴한 곳을 찾는다면 호수 옆 글렌다락 유스호스텔이 제격이다. 수도원이었을 것으로 상상되는 넓은 건물이 전형적인 유럽식 도미토리 호스텔이다.

4일차 글렌다락 ⋯⋯▶ 글렌맬류어

2km	5km	2km	3km	3km
글렌다락	어퍼 레이크	미들 힐	뮬라코산 정상 근처	뮬라코 헛	글렌맬류어
40m	130m	460m	580m	340m	130m

거리 **15km** 누적 거리 **65km** 진척률 **49%** 총 소요 시간 **5시간**

글렌다락 호스텔을 나서면 다시 온 길을 따라 잠시 돌아가야 한다. 성지인 모나스틱 시티의 라운드타워가 아침 햇살을 받아 장엄하게 솟아있어 유독 돋보인다. 천 년 전 북해를 지배하던 바이킹들이 아일랜드를 침략할 당시, 종탑 기능 외에도 성서 등을 안전하게 보관하기 위하여 30m만큼 높게 지었다고 한다. 투어 버스에서 내린 관광객들로 북적대는 글렌다락 방문객 센터를 잠시 둘러보고 나서 옐로우맨이 알려주는 방향대로 숲속으로 들어선다. 맑은 강물이 흐르는 나무 다리를 건너고 오솔길을 걷다가 자그마한 호수로 이어진 기다란 나무 데크 길을 밟는다.

커다란 공원 주차장에 매점이 나온다. 점심 간식을 준비 안 했다면 이곳에서 햄버거와 음료 등을 구비하는 것도 좋다. 바로 옆 인포메이션 센터에는 위클로 웨이 가이드북도 판다. 5만분의 1 지도가 포함된 9유로짜리 약식 가이드북이다. 맹목적으로 옐로우맨 이정표만 찾으며 따라가도 무난하지만, 지도가 있으면 좀 더 자기 주도적으로 길을 찾아 걸을 수 있다.

잠시 후 글렌다락 호수에 도착한다. 호수를 뜻하는 'Lake'는 알프스에서는 'Lac', 남미에서는 'Lago', 스코틀랜드에서는 'Loch'로 표시된다. 이곳 아일랜드에서는 전날만 해도 두 개의 호수를 지났다. 댄 호수와 테이 호수Lough Tay다. 사흘째 오후에 도착해서 나흘째 아침에 떠나는 이 마을도 호수와 연관이 있다. 글렌다락Glen Da Lough이라는 지명이 곧바로 호수를 암시한다.

스코틀랜드와 아일랜드 민족의 언어인 켈트어로 'Glen'은 골짜기를, 'Da'는 숫자 2를 그리고 'Lough'는 호수를 뜻한다. 글렌다락은 '두 개의 호수를 낀 계곡Valley of the Two Lakes'이라는 뜻이다. 이름처럼 글렌다락에는 두 개의 형제 호수가 있다. 좀 전에 데크 길을 따라 지나온 자그마한 호수는 동생인 '로워 레이크Lower Lake', 지금 마주한 드넓은 호수는 형인 '어퍼 레이크Upper Lake다. 주변 삼면의 산과 계곡이 화창한 하늘과 함께 투영되어 호수 표면은 잘 닦여진 거울이 된다. 어떤 이들은 호수를 배경으로 포즈를 취하고, 다른 이들은 호수를 향하여 카메라 포커스를 맞추고, 또 다른 어떤 이는 호수를 지긋이 노려보며 그냥 서 있기도 한다.

호수를 떠나 목적지 글렌맬류어까지는 십여 킬로미터로, 전날처럼 대체로 수월하다. 뮬라코산 정상 근처인 해발 580m까지 올라갔다 내려오는 능선길로 고도차 440m를 오르긴 하지만 능선이 길어서 완만하게 느껴진다. 숲길에서 폭포를 마주하며 땀을 식히는 것도 좋고, 넓은 임도에서는 잠시 눈 감고 걸어보는 것도 좋은 구간이다. 잠시 숲 속을 걷다가 숲을 벗어나면 광활한 능선 초원이 펼쳐진다. 시원하게 불어재끼는 바람 따위엔 아랑곳없이 키 작은 잡초들은 한결같이 고개를 뻣뻣이 세우고 있다. 양들이 풀 뜯는 광활한 목초지에 나무 데크가 길게 깔렸고 그 위만 따라가는 기분 좋은 길이다.

초원과 숲이 끝나며 도로로 내려선다. 라라Laragh를 경유하여 글렌다락으로 이어진 차도이다. 이 도로를 타고 차로 왔다면 십여 분밖에 안 걸릴 거리를, 산을 올라 숲과 초원을 지나며 거의 다섯 시간을 들여서 온 것이다. 도로를 따라 200m만 내려오면 사거리이고 그 바로 왼쪽에 크고 멋진 흰색 건물, 글렌맬류어 롯지가 서 있다.

5일차   글렌맬류어 ┈┈▶ 모인 삼거리

	5km		2km	1.5km	1.5km	
글렌맬류어 130m		슬리브 만 정상 근처 500m	슬리브 만 정상 근처 내리막 500m	밀리터리 로드 410m	묵클라 헛 400m	3km

	3km		2km	4km		
모인 삼거리 220m		도로길 시작 270m	시엘스타운 힐 정상 근처 390m		아이언 브리지 170m	

거리 **22km** 누적 거리 **87km** 진척률 **66%** 총 소요 시간 **7시간**

글렌맬류어 롯지 앞마당은 넓은 노천카페다. 1층은 레스토랑 겸 카페에 2층 전체는 숙박용으로, 한 가족 전체가 같이 운영하고 있다. 낮에 식사하는 손님들은 대부분 1층 실내를 마다하고 전망 좋은 바깥 테이블에 앉아 식사하거나 음료를 마신다. 실외 테이블 옆 대여섯 개 벤치의 등받이마다 간단한 문장이 새겨진 자그마한 철판들이 하나씩 붙어 있다. '이곳을 사랑했던 브리짓과 여기 함께 앉아 주세요' 또는 '짐 레이놀즈(1942-2014), 이곳 언덕들을 즐겨 걸었던 사람' 등 망자를 그리는 가족들의 사랑이 느껴진다. 공공 또는 상업적 장소에 고인을 기리는 글과 함께 벤치를 기부하는 문화가 영국과 아일랜드에는 보편화되어 있다.

소시지, 베이컨, 계란 프라이, 삶은 토마토가 주 메뉴인 아이리시 전통식으로 배를 든든히 채우고 글렌맬류어 롯지를 나선다. 해발 450m 산을 두 번 넘고 거리도 전날과 전전날의 두 배 가까이 되는 길이다. 양과 소들이 서로 구역을 나누어 사이좋게 풀을 뜯는 아침 초원을 바라보며 아본베그강을 건너면 이윽고 산길이 시작된다. 산길이라 해봐야 차가 다닐 수 있는 널찍한 임도이다. 해발 560m의 슬리브만산 정상을 근처까지만 올랐다가 조금만 내려오면 차도를 건너 또 다른 산으로 향한다.

다시 넘는 울창한 숲은 캐릭카세인산의 능선을 따라 걷는 길이다. 길 양쪽 숲이 너무나 울창하고 습하여 살짝 기괴한 모습의 원시림이 연상될 수 있다. 숲을 내려오는 길목의 묵클라 헛은 그 아래로 펼쳐진 정경이 너무나 아름다워 잠시 탁자에 앉아 쉬어가기에 안성맞춤이다. 셋째 날 만났던 브러셔 갭 헛Brusher Gap Hut과 똑같은 형태의 비박용 헛이다.

해발 150m까지 산을 다 내려오자마자 오우강을 가로지르는 아이언 브리지를 건넌다. 그리곤 다시 오르막이 이어진다. 쉐일스타운산 능선을 따라 해발 400m까지만 오른 후 내려온다. 그리곤 좁지만 편안한 시골 차도를 따라 다시 걸어 오르면 모인의 전원주택 같은 비앤비 카일 팜하우스에 이른다.

둘째 날처럼 이곳도 예약 없이 와서 빈 침대가 없다면 더 다행일 수도 있다. 주인이 6km 떨어진 인근 마을인 티나헬리Tinahely의 다른 숙소를 불러준다. 물론 픽업하러 차가 온다. 티나헬리는 시골이지만 규모가 있는 읍내이다. 마델라인스 비앤비 같은 숙소들은 물론 카페나 레스토랑이 여럿 있다. 특히 저녁이면 정통 아이리시 펍Irish Pub의 분위기를 맛볼 수도 있다. 아일랜드의 시골 술집 분위기는 남녀와 노소가 구분이 없고 라이브 음악과 다트 놀이와 흥겨움으로 넘쳐난다.

거리 19km 누적 거리 106km 진척률 80% 총 소요 시간 6시간

카일 팜하우스에서 묵었다면 곧바로 걷기 시작하면 되고, 읍내 마을 티나헬리에 묵었다면 숙소에서 전날 트레킹을 끝내 지점까지 차를 태워다 줄 것이다. 발리컴버 힐로 불리는 이 일대의 야산들 중 해발 397m의 개리호에Garryhoe 산의 동쪽 능선을 따라 넘어가는 산길이다. 아일랜드의 비를 맞고 자란 초가을 잡초들이 솜털처럼 푹신하고 산 아래로는 초원과 시골 마을들이 정겹게 들어앉아 있다.

능선을 내려오면 망간 숲을 지나고 잠시 쿨라펀쇼지 레인Coolafunshoge Lane이란 이름의 포근한 오솔길을 걷다보면 데리강을 건너 도로와 만난다. R747 도로를 잠시 따라 내려가다 다시 산길로 들어선다. 브리지랜드Brideland에서 머스킥 언덕으로 올랐다 내려오면 이젠 차도를 따라서 걷는다. 누적 거리 102km 지점부터이다.

한적한 시골 마을 뮬리나커프에서 2km를 더 지나면 스트라나켈리Stranakelly 마을 사거리에서 유명한 선술집과 만난다. 아일랜드 시골의 정통 아이리시 펍 '다잉 카우'다. 위클로 웨이를 걷는 많은 이들에게 회자되는 술집이라 규모 등에서 어떤 기대를 하고 갔다면 실망할 수도 있다. 아주 소박하고 비좁은 술집이다. 왜 이름이 '죽어가는 소'인가? 100년 전 술꾼들 세 명이 주말에 이 집에서 밤새 술을 마셨나 보다. 당시엔 정규 여행객 빼고 일반 주민이 이 동네에서 일요일 밤에 늦게까지 술 마시는 건 불법이었다. 아침까지 마신 술꾼들이 관료에게 적발되어 잡혀가 문초를 받자, 고주망태가 된 그들이 '소가 아파 속상해서 술 마셨다'고 횡설수설했다고 한다. 이후, 사람들이 웃으며 술집 이름을 '다잉 카우'란 애칭으로 부르던 것이 정식 이름이 된 것이다.

실내는 아기자기하고 오래된 소품들이 가득하여 운치가 있다. 카운터에서는 손녀를 안은 할머니가 기네스 맥주를 따라주고 주방에서는 며느리가 안주를 준비한다. 정겹기 그지없는 시골 펍이다. 다잉 카우에서 기네스 한두 잔 마시며 쉬었다면 발걸음은 훨씬 가벼워진다. 위클로 웨이에서의 마지막 밤을 보낼 숙소 러그나퀼리아 비앤비도 바로 인근이다.

7일차 러그나퀼리아 비앤비 ·······▶ 클로니걸

3km	1km	4km	3km	4km

러그나퀼리아   세인트   •R725   라히나킷 숲   스토킨 힐
비앤비   피니언스 성당 도로   입구   능선 정점
200m   150m   150m   240m   360m

4km	2km	2km	3km	

클로니걸   위클로   도로   얼랜드 힐   모이리샤
마을   브리지   시작   뉴리 숲   힐 입구
50m   60m   130m   220m   160m

거리 **26km** 누적 거리 **132km** 진척률 **100%** 총 소요 시간 **9시간**

스트라나켈리 마을의 숙소에서 위클로 웨이 종착점 클로니걸 마을까지는 26km를 남겨두고 있다. 종주를 끝내고 더블린으로 올라갈 버스 시간에 안전하게 맞추기 위해선 아침 7시 전후에 출발하는 게 좋다. 전날 마지막 30분과 같은 포장된 시골길을 한동안 계속 걷는다. 인적 없는 길 한쪽에 세인트 피니언스 성당이 유독 눈길을 끈다. 출발한 지 한 시간 반 정도 되면 이정표를 따라 포장길을 벗어나며 오른쪽 들

길로 들어선다. 라히나킷 숲이 시작되는 것이다. 숲길을 3km 걷고 스토킨 힐 능선을 다시 2km 걷고 나면 차도로 내려선다.

이른 아침이라 숲속 길에는 인적이 드물지만 불안함 같은 건 전혀 느껴지지 않는다. 아일랜드 숲의 매력이 늘 이렇다. 3km 차도가 끝나고 다시 숲길로 들어서면 모이리샤 힐이다. 그 다음에 이어지는 얼랜드 힐의 뉴리 숲이 위클로 웨이의 마지막 숲길이자 마지막 산길이다. 숲에서 차도로 내려오고 잠시 후 종착지 클로니걸 마을까지 5km 남았다는 이정표가 반갑게 맞아준다.

두 번의 언덕을 오르고 내렸지만 고도차 200m 숲길이라 힘들다는 느낌은 전혀 안 든다. 시골집들이 거리를 두고 간간이 늘어선 한적한 도로를 걷다 보면 어느 순간 클로니걸 마을이 시야에 들어온다. 그리곤 잠시 후 '웰컴 투 클로니걸' 이정표를 만난다. 도로를 따라 내려오지만 띄엄띄엄 서 있는 가옥들 주변으로 예쁜 꽃들만 바람에 살랑거릴 뿐 인적은 드물다.

위클로 웨이 종착 포인트는 마을 어귀의 조그마한 정원이다. 꽃밭으로 둘레 쳐진 두터운 잔디밭에 나무 탁자와 석조 벤치가 놓여있다. 벤치 옆에는 옛 우물터가 남아있어 한껏 정겨움을 느끼게 해준다. 위클로 웨이 일주일 여정을 끝내는 분위기로는 아늑하기 그지없는 곳이다. 벤치에 앉아 종주에 대한 나름의 감상을 정리하고 나면 남은 건 더블린으로 돌아가는 일이다. 이곳에서 8km 떨어진 벙클로디Bunclody로 이동한 후 마을버스를 타고 인근 마을 튤로우Tullow에 내려 잠시 기다렸다가 직행버스로 갈아타면 된다. 더블린 코놀리Connolly 역 인근 버스터미널까지는 두 시간 거리이다.

트레킹 기초 정보

여행시기

겨울철을 포함하여 10월부터 다음해 3월까지 6개월은 피하는 게 좋다. 강풍과 비바람과 눈보라 때문에 이 기간에는 걷는 이들도 거의 없다. 4월부터 9월 사이는 언제든 좋고 별다른 제약은 없다.

교통편

아일랜드 더블린까지 가는 직항편은 아직 국내엔 없다. 런던 등 유럽 다른 도시를 경유해야 한다. 트레킹 출발점은 더블린 카운티의 남쪽에 위치한 말레이 공원이다. 더블린 시티에서 대중교통으로 한 시간 정도 걸린다. 더블린 도심 오코넬 거리에서 16번 버스를 타고 말리그랜지에서 내리면 바로 인근이 말레이 공원이다. 공원 주차장 바로 옆 조그마한 돌담 안에 위클로 웨이 출발점이 표시되어 있다.

숙박

6, 7일 여정 동안 저렴한 유스호스텔이 두 곳 있다. 노크리 호스텔과 글렌다락 호스텔이 있고, 나머지는 비앤비B&B다. 공식 사이트(www.wicklowway.com)에 코스별 숙소들이 소개되어 있다. 사전에 예약을 하고 가는 게 좋다. 숙소가 위클로 웨이 동선상에 위치하는지 아니면 얼마나 멀리 떨어져 있는지를 꼭 확인해야 한다. 멀리 떨어진 숙소인 경우는 특정 장소에서 전화하면 픽업 차량을 보내주기도 한다.

식사

영국 횡단 CTC 경우와 같다. 비앤비는 하루 숙박비에 다음날 아침 식사 비용까지를 포함하고 있다. 대체로 정통 아일랜드식 아침식사가 제공된다. 든든하게 먹고 출발하기 때문에 점심은 샌드위치 등으로 간소하게 해결한다. 점심용 샌드위치는 전날 저녁 숙소에 미리 주문해둔다. 저녁식사는 숙소에서 사 먹어야 한다. 7일 숙박 중 두 번인, 유스호스텔 두 곳에서는 주방이 있어 저녁과 아침식사를 조리해 먹을 수 있다. 그러나 두 곳 다 인근에 식품 가게가 없다. 미리 염두에 두고 전날이나 당일 도중 어딘가에서 식자재를 준비하고 가야 한다.

예산

유스호스텔은 도미토리 경우 인당 20유로, 2인실 독방 경우 50~60유로 수준이다. 아일랜드 민박인 비앤비 경우는 조식 포함하면서 위 도미토리 금액의 1.5~2배 수준이다. 7일 중 이틀은 코스 내에 있는 유스호스텔을 이용할 수 있다. 점심식사는 대개 전날 숙소에서 샌드위치 등을 미리 주문하여 해결하고, 저녁은 숙소에서 10~25유로짜리 식사를 사 먹어야 한다. 항공 등 교통비 제외하여 트레킹 기간에 필요한 하루 평균 비용은 우리 돈 10만 원 수준이다. 일주일 트레킹에 70만 원 정도 소요되는 셈이다. 산티아고나 네팔 등 타 트레킹 지역보다 비싼 편이다.

여행 팁

영국처럼 비가 많기 때문에 우비와 방수 복장을 잘 구비해야 한다. 길 표지는 아주 잘 되어 있다. 검정 목재판에 노란색 배낭 멘 남자가 '옐로우맨'이라는 공식 이정표다. 갈림길뿐만 아니라 일정 간격마다 잘 세워져 있다.

트레킹 이후의 여행지

트레킹이 끝난 후 남은 여행일자가 많다면 남부 먼스터 지방의 코크Cork와 리머릭Limerick, 워터포드Waterford 등을 둘러보는 것이 동선상으로는 효율적이다. 시간이 충분하다면 서부의 코나트 지방 골웨이Galway 등을 둘러보고 더블린 시로 돌아오는 게 좋다. 물론 트레킹 전후에 더블린 카운티 주요 명소와 더블린 시티 관광은 필수다.

마일 포스트

일자	NO	경유지 지명	해발 고도 (m)	거리(km)	누적	진척율
1일차	1	말레이 공원 Marlay Park	90	0	0	0%
	2	위클로 웨이 카페 The Wicklow Way Café	110	2	2	2%
	3	킬마쇼그 숲 입구 Kilmashogue passage tomb	210	1	3	2%
	4	킬마쇼그 오솔길 Kilmashogue Lane	260	3	6	5%
	5	페어리 캐슬 Fairy Castle	490	1	7	5%
	6	R116 도로	300	2	9	7%
	7	보라나랄트리 브리지 Boranaraltry Bridge	260	2	11	8%
	8	더블린 카운티-위클로 카운티 경계 지점	470	4	15	11%
	9	L1101 도로	250	3	18	14%
	10	노크리 힐 입구 Knockree Hill	220	1	19	14%
	11	노크리 유스호스텔 Knockree Youth Hostel	160	1	20	15%
2일차	12	글렌크리강 Glencree River	110	2	22	17%
	13	크론 우즈 Crone Woods 주차장	150	1	23	17%
	14	몰린산 Mt. Maulin 능선 정점	390	3	26	20%
	15	다글강 Dargle River	340	0.5	27	20%
	16	화이트 힐 White Hill	620	3.5	30	23%
	17	J.B 말론 기념비 J.B. Malone Memorial	510	2	32	24%
	18	J.B 말론 공원 주차장	460	1	33	25%
	19	R759 도로	410	1.5	35	26%
	20	슬리브벅 Slievebuck 능선 정점	450	2.5	37	28%
	21	락 댄 Lough Dan 이정표 삼거리 도로	300	3	40	30%
	22	올드 브리지 Old Bridge	220	1	41	31%
3일차	23	우측 산길	260	2.5	44	33%
	24	브러셔 갭 헛 Brusher Gap Hut	360	1.5	45	34%
	25	패독 힐 Paddock Hill	360	1	46	35%
	26	올드 밀리터리 로드 Old Military Road	200	1.5	48	36%
	27	글렌다락 Glendalough	40	2.5	50	38%
4일차	28	어퍼 레이크 Upper Lake	130	2	52	39%
	29	미들 힐 Middle Hill	460	5	57	43%

	30	뮬라코산 정상 근처 Mullacor	580	2	59	45%
	31	뮬라코 헛 Mullacor Hut	340	3	62	47%
	32	글렌맬류어 Glenmalure	130	3	65	49%
5일차	33	슬리브 만 Slieve Mann 정상 근처	500	5	70	53%
	34	슬리브 만 Slieve Mann 정상 내리막	500	2	72	55%
	35	밀리터리 로드 Military Road	410	1.5	74	56%
	36	묵클라 헛 Mucklagh Hut	400	1.5	75	57%
	37	아이언 브리지 Iron Bridge	170	3	78	59%
	38	시엘스타운 힐 Shielstown Hill 정상 근처	390	4	82	62%
	39	도로길 시작	270	2	84	64%
	40	모인 삼거리 Moyne	220	3	87	66%
6일차	41	샌디포드 브리지 Sandyford Bridge	150	1	88	67%
	42	포드 Ford 도로	150	3	91	69%
	43	발리컴버 힐 Ballycumber Hill	270	2	93	70%
	44	망간 숲 Mangan's Wood	250	2	95	72%
	45	R747 도로	130	3	98	74%
	46	머스키 힐 Muskeagh Hill	250	3	101	77%
	47	뮬리나커프 Mullinacuff	130	2	103	78%
	48	스트라나켈리 다잉 카우 Stranakelly Dying Cow	140	2	105	80%
	49	러그나퀼리아 비앤비 Lughnaquillia B&B	200	1	106	80%
7일차	50	세인트 피니언스 성당 St Finain's Church	150	3	109	83%
	51	R725 도로	150	1	110	83%
	52	라히나킷 숲 입구 Raheenakit Forest	240	4	114	86%
	53	스토킨 힐 Stockeen Hil 능선 정점	360	3	117	89%
	54	모이리샤 힐 Moylisha Hill 입구	160	4	121	92%
	55	얼랜드 힐 Urelands Hill 뉴리 숲 Newry Forest	220	3	124	94%
	56	도로 시작	130	2	126	95%
	57	위클로 브리지 Wicklow Bridge	60	2	128	97%
	58	클로니걸 Clonegal 마을	50	4	132	100%

10

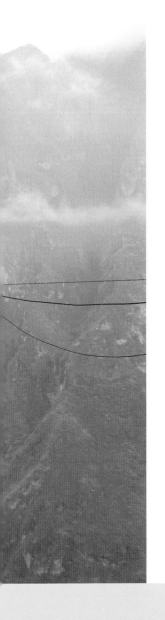

세계의 지붕 티베트 고원, 그곳에 사는 이들에게 먹거리는 극히 제한적이었다. 해발 4,000m가 넘는 척박한 땅이다. 가축을 끌고 물과 풀을 찾아다니며 유목민의 삶을 살아야 했다. 목축과 육식으로 단백질은 풍부했으나 채소가 모자란 만큼 비타민은 결핍이었다. 동쪽 헝돤산맥橫斷山脉 너머 먼 길로 들어오는 중국의 차茶는 그래서 그들에겐 절실했고 생명수나 다름없었다. 티베트와 인접한 중국 쓰촨四川과 윈난云南 지역의 차를, 티베트 고원의 말과 물물교환하던 오랜 옛길이 차마고도이고, 그 길 한편에 호도협이 있다. 그 길 한편에 호도협이 있다. 동양 최고의 절경과 이틀을 함께 하는 단거리 트레일이다.

차마고도 천장공로
부탄
인도
미얀마
• 호도협
중국
베트남

마방의 땀과 눈물이 깃든 차마고도, 호도협 트레일

차마고도는 인류 역사상 가장 오래됐으면서 가장 험준한 교역로로 정평이 나 있다. 이 길을 통하여 티베트인들은 차茶는 물론 소금과 약재 등 고원 지방에 필요한 생필품들을 얻을 수 있었고, 대신에 티베트 고원에서 길러진 우수한 전투마들이 저렴한 가격에 중국 내륙인 중원으로 보급될 수 있었다. 중국이 역사상 수많은 왕조 체제로 분열되거나 혹은 통합되면서 강력한 국가로 발전해온 데는 이렇듯 근대 이전까지의 충분한 전투마 공급이 큰 역할을 했다. 중국을 오늘날과 같은 세계 강국의 위치로 끌어올리는 데 차마고도의 역할이 컸다고 볼 수도 있는 것이다.

차마고도는 티베트를 넘어 네팔과 인도까지 이어지는 등 여러 갈래의 길들이 있었으나, 일반적으로 알파벳 T자 모양을 이루는 두 개 루트가 많이 알려져 있다. T자의 가로 방향은 쓰촨성 청두成都에서 시작하여 중간 지점인 티베트 망캉芒康을 거쳐 라사拉萨까지 잇는 루트다. 천장공로川藏公路라 불리고 북쪽 길과 남쪽 길 두 갈래가 있다. T자의 세로 방향은 윈난성 남단의 시솽반나西双版纳에서 시작하여 천장공로의 가운데 지점인 망캉까지를 잇는 전장공로滇藏公路이다. 보이차로 유명한 푸얼普洱과 쿤밍昆明, 다리大理, 리장丽江, 샹그릴라香格里拉 등 우리에게 익숙한 도시들을 많이 거친다.

오랜 세월이 흐르며 이 길에도 예외 없이 개발 바람이 불었다. 좁고 험했던 길들이 넓고 안전하게 뚫리고, 열악했던 고산 마을들도 말끔히 단장되고 있다. 십여

년 전 KBS 영상으로 보며 감동했던 그 모습들조차도 많이 사라졌을 정도로 차마고도는 지금 변모해 가고 있다. 그러나 자연이 인간 손길 몇 십 년 닿았다 해서 그리 쉽게 본 모습을 잃어버리지는 않는다.

차마고도의 여러 갈래길들 중에서도 쓰촨성과 미얀마 사이의 티베트 남동과 윈난성 북서 지역을 잇는, 좁은 구역은 삼강병류三江幷流 협곡으로 유명하다. 험준하면서도 특이한 지세가 독특한 아름다움을 자아내는 지역으로, 유네스코 세계 자연문화유산에도 등재되어 있다. 삼강병류라는 단어 뜻 그대로 세 개의 강이 나란히 흐르고 있다. 티베트 고원에서 발원한 누강, 란창강, 진사강이 나란히 흘러 내려오다가 이 지역을 지나면서 각자의 길로 헤어진다.

서쪽의 누강은 남서쪽 국경을 넘어 미얀마 살윈강으로 흘러들고, 가운데의 란창강은 계속 남으로 흐르며 윈난성을 종단한 후 라오스로 들어가 메콩강이 된다. 동쪽의 진사강은 양쯔강으로 이름만 바꾸며 중국 대륙을 횡단하여 한반도의 서해바다로 흘러든다.

이 삼강병류 협곡의 동쪽 가장자리 구역에 호도협虎跳峽이 있다. 남쪽으로 내려오던 진사강이 중원을 향해 동쪽으로 급히 방향을 트는 지점이다. 합파설산哈巴雪山(5,396m)과 옥룡설산玉龍雪山(5,596m) 사이를 날카로운 칼로 깊게 잘라 살짝 틈을 벌려 놓은 듯 계곡은 깊고 가파르다. 진사강물이 갑자기 방향까지 틀어가며 쉬이 흘러들 수 있었던 이유다. 그 갈라진 틈으로 밀려든 강물이 수천 년 세월을 흐르며 강바닥이 파이고 침식되어 높이 2km에 이르는 거대한 협곡을 만들었다.

길이 16km까지 이어진 계곡은 이렇듯 높고 깊지만 그 폭은 너무나 좁다. 그 옛날 포수에게 쫓기던 호랑이虎 한 마리가 강물 한가운데 바위를 디딤돌로 단숨에 강을 건넜다跳 하여 그 이름이 호도협이다. 강과 협곡의 폭이 좁고 깊은데다가 상류와 하류의 낙차가 백 수십 미터에 이르다 보니 물살은 거세고 난폭하다.

이 협곡에는 강 건너 옥룡설산을 바라보며 반대편 합파설산의 능선을 따라 강과 나란히 이어진 24km 산길이 있다. 그 옛날 마방馬幇들이 무거운 짐을 등

에 지거나 말에 싣고 생존을 위해 걸었던 차마고도의 한 줄기다. 말들의 배설물과 마방들의 땀방울로 얼룩졌던 그 길이 오늘날에는 세계 각지에서 몰려든 트레커들의 발자국으로 다져지고 있다. 페루의 '잉카 트레일'과 뉴질랜드 '밀포드 트랙'과 함께 세계 3대 단거리 트레킹 코스 중 하나로 유명세를 타고 있다. 객관적으로 잉카와 밀포드에 미치지 못하겠지만, 향후 중국의 발전 속도와 함께, 호도협을 찾는 세계인들은 점점 더 늘어날 것이다.

　　태평양 한가운데 있던 인도 대륙이 북으로 올라와 유라시아 대륙과 부딪히면서 그 경계부분 수천 킬로미터가 위로 솟아올랐다. 수천만 년 전에 일어난 지각 대변동으로 오늘날의 히말라야산맥이 생겨난 것이다. 두 대륙판이 맞닿아 있는 수천 킬로미터 경계의 동남쪽 끝자락이 옥룡설산이다. 십여 개의 설산 봉우리들이 마치 아름다운 용 한 마리가 누워 있는 것처럼 보여서 붙여진 이름이다. 《서유기》의 손오공이 옥황상제에게 벌을 받아 유폐되었던 산으로도 유명하다. 호도협 트레킹은 그 옥룡설산과 진사강의 비경을 다양한 각도로 만나며 걷는 꿈같은 여정이다. 중국 소수민족들의 요람인 윈난성 여행의 백미이기도 하다.

차마고도 2대 노선(천장공로 & 전장공로)

← 네팔 방향

천장공로

라싸 빠이 린즈 보미 빠수 빵다 망캉 창두 리탕 청두

란우 옌징 캉딩 야안

더친

상그릴라 호도협

차오터우

리장

전장공로

다리

부탄

인도

미얀마

푸얼

시솽반나

차마고도 호도협 지도

상그릴라행
G214 도로

차마객잔

28밴드 중도객잔

차오터우 매표소 관음 폭포

나시객잔

학교 주차장 티나 G.H 천제객잔

장선생객잔 매표소

상호도협 하도호협

중호도협

함바설산
5396

백수대 경유
상그릴라 방향
도로

진사강

진사강 진사강

옥룡설산
5595

리장행
G214 도로

범례	
	자동차 도로
	트레킹 루트
	하천

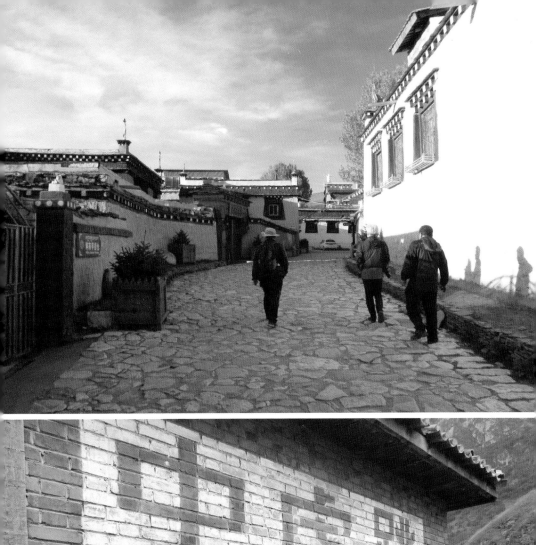

차마고도 호도협
코스 가이드

차오터우
28밴드
차마객잔
중도객잔
중호도협
티나객잔

1km	5km	2.5km	3.5km
차오터우 │• 호협		나시	28밴드	차마
매표소 도보객잔		객잔	종착지 정상	객잔
1850m 1880m		2160m	2670m	2450m

거리 **12km** 누적 거리 **12km** 진척률 **50%** 총 소요 시간 **6시간**

리장 시에서 호도협 트레킹 출발지까지는 차로 두세 시간 걸린다. 우리 거리 기준으로야 한 시간이면 갈 듯하지만 도로 여건이 열악하다. 리장 시에서 서쪽으로 20여 킬로미터를 달린 후 남북으로 길게 이어진 G214 국도를 타고 북쪽으로 향한다. 이 국도는 차마고도 전장공로의 북쪽 일부이다. 상그릴라를 거쳐 망캉에서, 티벳 라사로 가는 차마고도 천장공로와 합쳐지는 길이다. 리장 터미널에서 호도협 입구인 차오터우까지 가는 미니버스도 있고 상그릴라행 버스를 타고 가다가 중간에 차오터우에서 내리는 방법도 있다.

택시를 타고 '호도협까지 가자'라고 하면 상호도협이나 중호도협으로 잘못 갈 확률이 높다. 걷기 목적이 아닌 여행객들이 관광 목적으로 많이 찾는 곳이기 때문이다. '도보여행 시작점인 차오터우'까지 간다고 해야 제대로 찾아간다. 214번 국도는 진사강金沙江을 왼편에 두고 따라가다가 대교에서 좌회전 하며 강을 건너야 하는데, 대교를 안 건너고 직진하면 상호도협 쪽으로 잘못 가는 것이다.

차오터우에 내려 오른쪽 길로 잠시 들어서면 호도협 입구 매표소다. 1인당 65위안에 입장권을 사면 트레킹이 시작된다. 곧이어 왼편에 빨간 간판이 돋보이는 제인 게스트하우스를 지난다. 1박 2일 필요한 물품만 챙기고 나머지는 이곳에 약간의 보관료를 주고 맡겨둘 수도 있다. 다음 날 트레킹 도착지가 이 부근은 아니기 때문에 보관품 찾으러 일부러 다시 와야 하는 번거로움은 감수해야 한다.

길은 거칠고 파인 곳이 많은 포장도로다. 지나는 차량도 많아 자주 뒤돌아봐야 하고 먼지도 많다. 어서 빨리 이 차도를 벗어나기를 바랄 즈음 길이 두 갈래로 나뉜다. 매표소에서 1km쯤 지나온 후다. 안내 표지에 따라 왼쪽 오르막길로 들어선다. '호도협 도보길 입구'라는 글씨가 파란색 철판 위에, 큼직한 바위 위에 반복해서 쓰여 있다. 고도를 높이면서 하천가를 따라 마을 전체의 모습이 드러난다. 허름한 민가가 있고 크고 작은 건물들이 즐비하다. 길은 여전히 포장도로고, 차량도 간간이 오고 간다.

길 우측 멀리로 진사강의 구불구불한 곡선이 장엄하게 드러나기 시작한다. 산 능선을 따라 집 몇 채뿐인 마을과 마을을 지나다 보면 왼쪽 본격적인 오르막 산길로 이정표가 안내한다. 이 구간의 표지판들은 이 길을 '교두橋头와 중호도中虎跳峡 간'의 'Upper Trekking Route'로 표기하고 있다.

지금까지 포장도로에서 완만하던 경사가 산길로 접어들며 갑자기 급격해진다. 다소 힘은 부치지만 전망은 더 좋아지고 흙과 풀을 밟는 감촉이 부드러운 길이다. 가파른 언덕을 올라서면 탁 트인 시야와 함께 소박한 매점상이 기다린다. 통나무로 기둥을 세우고 얇은 나무판으로 지붕과 벽 한 면을 이은 소박한 가건물이다. 물과 음료수, 간식거리 몇 개를 탁자에 올려놓고 어르신 한 분이 미소를 보낸다. 짙은 갈색의 흙탕물을 잔뜩 머금은 진사강이 계곡 아래로 도도히 흐르고, 강 양측으로는 가파른 능선을 타고 여러 갈래의 길들이 지그재그를 그리고 있다.

부드러운 흙길을 따라 오르고 내리고를 반복하다 보면 중간 기착지인 나시객잔에 도착한다. 매표소에서 부터는 빠르면 두 시간 반, 천천히 가면 세 시간 소요된다. '나시納西'는 이 지역 진사강 일대에 많이 사는 소수민족 이름으로 나시객잔은 이어지는 차마객잔, 중도객잔, 티나 게스트하우스와 함께 호도협 트레킹 1박 2일 동안 식사나 음료 및 숙박을 위해 거쳐 가는 네 군데 중 한 곳이다. 첫날 점심 먹기에 딱 알맞은 지점이다. 넓은 마당이 옥수수 장식, 그리고 예쁘고 소담스런 꽃과 나무들로 쾌적하게 꾸며져 있다.

트레킹 시작 전 입구 매표소에서는 자유 여행객들의 소매를 끄는 이들이 많다. 공사 때문에 길이 막혀 있다든가 위험하다고 하며 나시객잔까지는 우회 도로를 이용하여 자기네 차를 타고 가야 한다고 집요하게 붙잡는다. 이곳까지 초기 한 시간은 실제로 공사가 많고 포장도로라서 그다지 쾌적하지 않은 건 사실이지만 이후 두 시간은 놓치기 아까운 구간이다. 1박 2일 여정이라면 당연히 걸어오는 게 훨씬 좋다.

나시객잔에서 잠시 쉬고 나면 이후부터는 험난한 길이다. 해발 2,160m인 이곳에서 첫날 최고점인 2,670m까지 올라야 한다. 오르막길이 지그재그로 스물여덟 번이나 굽이쳤다 하여 이 구간은 28밴드라 불린다. 힘든 것은 물론이고 오른쪽 계곡으로의 경사가 심하여 가끔씩은 실족의 두려움까지 느껴지는 구간이다. 자그마한 말을 한두 필 끌고 트레커들을 따라오거나 주변을 맴도는 마부들을 항상 볼 수 있다. 호도협 트레킹에서 말을 타보는 경험을 해보고 싶다면 가장 난코스인 28밴드 구간이 적격이다. 흥정하기에 따라 100에서 200위안 정도 지불하면 된다.

말을 타면 몸은 편하나 마음은 몹시 불편하다. 트레커와 배낭을 등에 진 말이 잠시 올라가다가 경사가 심해지면 더 이상 발을 못 뗀다. 마부가 앞에서 끌어당기고 가볍게 채찍질을 한다. 열 발자국마다 벌어지는 이런 상황에 말 등에 탄 트레커는 말에게 그저 미안하고 죄스러워질 뿐이다. 두 번째 불편은 두려움이다. 오른쪽 계곡으로의 경사가 몹시도 가팔라서 자칫 말이 바위투성이 길에서 한 발자국이라도 헛디디거나 기우뚱하는 날이면 그대로 추락이다. 그런 불안감 때문에 괜히 탔다는 마음도 들기도 하겠지만 지나고 나면 좋은 추억이 될 수도 있다. 그러나 이후 내리막은 매우 위험하기 때문에 말을 타고 이동하는 것은 해발 2,670m까지만 추천한다.

정상에는 얇은 나뭇가지들로 엮어 만든 작은 오두막이 하나 있다. 비가 오거나 바람이 불면 잠시 쉬어갈 만하다. 올라오면서 간간히 모습을 드러내던 옥룡설산이 그 봉우리 부분들을 가장 잘 드러내는 위치이기도 하다. 여느 하산길이 그렇듯 내리막길은 편하다. 도도히 흐르는 진사강과 그 뒤의 옥룡설산을 번갈아 바라보며 내려오다 보면, 어느 순간 계단식 밭 뒤편으로 하얀 벽의 웅장한 기와집 여러 채가 나타난다. 차마객잔이다. 나시객잔에서 한 시간 동안 점심을 먹고 출발한 지 세 시간 만이다.

중호도협 지나 티나객잔까지

5km		2km	2km	0.5km	1km	1.5km

차마객잔	중도객잔	관음 폭포	티나객잔	천제객잔	중호도협	티나객잔
2450m	2345m	2370m	2080m	2050m	1600m	2080m

거리 12km 누적 거리 24km 진척률 100% 총 소요 시간 7시간(옵션인 중호도협 왕복 3시간 포함)

차마객잔은 해발고도 2,450m 지점이다. 트레킹 출발점인 교두진은 해발 1,850m 지점이었다. 첫날 나시객잔 2,160m까지는 두어 번의 오르막과 내리막이 있었고, 28밴드 최고점인 2,670m까지는 급격한 오르막이었다. 정상 이후 급격한 내리막이다가 차마객잔에 가까워지면서부터 길은 평지로 이어진다. 그리곤 둘째 날 종착지까지 내내 완만한 내리막이다. 호도협을 특징짓는 멋진 경관은 첫날보다는 둘째 날에 더 많이 몰려 있다. 28밴드라는 난코스를 오르는 첫날에 비해 둘째 날은 평지에 가깝고 경관까지 더 장엄한 것이다. 때문에 호도협을 1박 2일이 아닌 당일치기로 걷는 이들은 대부분 차마객잔에서 트레킹을 시작한다.

둘째 날 오후의 트레킹 종착지는 티나객잔이다. 이곳 앞 정류장에서 주변 여러 지역으로 가는 교통편이 연결된다. 트레킹이 끝나고 리장과 상그릴라 등지로 곧바로 이동할 계획이라면 첫날 숙소는 차마객잔이 아닌, 그 다음의 중도객잔으로 잡는 게 좋다. 첫날 좀 더 많이 걸어서 둘째 날 거리를 줄여 놓는 게 효율적이기 때문이다. 반면에 트레킹이 끝나고 중호도협까지 서너 시간에 걸쳐 내려가 보고, 티나객잔에 느긋이 묵을 예정이라면, 첫날 아등바등 중도객잔까지 갈 필요는 없다. 28밴드를 오르고 난 후 차마객잔에 투숙하는 것이 여유가 있어 좋다.

차마객잔을 나서면 잠시 나시족 마을을 지난다. 원난성 소수민족 사람들이 살아가는 모습들을 엿볼 수 있다. 단단한 외벽의 기와집도 있고 허름한 돌벽을 쌓아 슬라브를 대충 얹은 집도 있다. 두엄인지 솔잎인지 모를 퇴적물들이 아래는 둥그스름하지만 위로 갈수록 뾰족해지는 삼각탑 모양으로 쌓아져 있다. 잠자는 아기를 등에 업고 깊은 계곡을 내려다보며 서 있는 아낙이 있고, 계단식 밭에는 괭이를 손에 들고 흙을 일구는 부부의 모습도 보인다. 집과 집 사이 골목길에는 강아지 두 마리 사이에 염소 한 마리가 끼어들어 한가로이 배회하고 있다.

이곳에서 중도객잔까지는 전체 트레킹 거리 24km 중 5km에 해당된다. 호도협의 백미나 다름없는 하이라이트 구간이면서 높낮이가 전혀 없는 완전한 평지다. 그러나 길은 넓지 않고 가끔은 아찔하다. 절벽 중턱에 바위를 깎고 다듬어 조그만 길을 냈다. 지나고 나서 뒤돌아보면 수직으로 솟은 바위 산 절벽에 길고

가느다란 선 하나를 그려 놓은 듯하다. 그 선 위에 개미들이 무리지어 꾸준히 움직이는 정경이다. 오른쪽 거의 수직으로 뻗은 계곡 밑으로 진사강이 누런 흙탕물을 굽이굽이 쓸어 나르고 있다.

중도객잔은 천하제일측으로 유명하다. 측廁은 '측간' 할 때 한자인 화장실을 말한다. 용변을 보려고 앉으면 탁 트인 네모 칸 밖으로 드러난 설산의 정경이 천하제일이라는 화장실인 것이다. 그만큼 중도 객잔은 건물 전체가 빼어난 경관을 자랑하는 위치에 지어졌다. 발코니 겸 옥상에 오르면 황홀한 경관을 한눈에 담을 수 있다. 중턱마다 얇고 흰 구름을 껴안은 옥룡설산이 바로 눈앞에 우람하게 버티고 서 있다. 설산이라고 하지만 봉우리들에는 흰 눈보다는 구름이 더 많다.

중도객잔은 해발 2,345m에 위치한다. 차마객잔부터의 지난 5km는 거의 평지나 다름없었지만, 여기서부터는 내리막길로 바뀐다. 종착지 티나객잔은 해발 2,080m이기 때문이다. 지나왔던 길처럼 한동안은 비슷한 절벽 중턱길이 이어진다. 멀리 앞서 가는 트레커들이 산허리를 돌아 왼쪽 바위 뒤로 사라지기 직전의 모습은 특히 인상에 남는다. 트레커 왼쪽 위로도 끝없는 절벽, 오른쪽 아래로도 수직으로 내리꽂힌 절벽뿐이다. 그 위태로워 보이는 절벽 중턱을 돌아 홀연히 사라지는 트레커 모습이 아득하면서 비장해 보인다. 높고 높은 고개의 산마루를 넘어가는 순간의 모습을, 고개 아래에서 올려다보는 느낌이 이와 같을 것이다.

이어서 만나는 관음 폭포는 호도협의 또 다른 백미다. 중도객잔에서 30분 지나면 나타난다. 멀리에서 폭포를 바라볼 때는 우선 걱정이 앞선다. 수직의 절벽을 타고 흐르는 폭포수가 거세 보이진 않지만 계곡의 높이만큼이나 낙차가 커서 웅장한 모습이다. 폭포수 중턱을 뚫고 길이 이어졌는데 과연 저 폭포수 속을 지날 수 있을까 하는 두려움이 앞선다. 물살에 밀리거나 젖은 바위길에서 미끄러지기라도 한다면 절벽 아래 계곡으로 그대로 추락이다.

막상 가까이 다가서면 두려움은 없어지고 마냥 시원해진다. 건너는 이를 위험에 빠트릴 정도의 풍부한

수량은 아니다. 높은 낙차로 인해 더 위협적으로 보였을 뿐이다. 관음 폭포에서 티나객잔까지는 거칠 것 없이 편안한 내리막 흙길이다.

호도협은 위치에 따라 상, 중, 하로 구분되어 불리는데 북동쪽 하호도협은 찾는 사람들이 그리 많지 않다. 반면에 남서쪽 상호도협은 사람들이 가장 많이 찾는다. 리장과 샹그릴라 가는 길목이 가깝고, 차에서 내리자마자 도로에서 많이 내려가지 않고도 계곡의 거센 물살과 풍광을 한눈에 내려다볼 수 있는 위치이기 때문이다. 가운데에 위치한 중호도협은 가파른 계곡길을 오르고 내리는데 서너 시간의 땀과 수고를 들여야 하지만 찾는 사람들은 많다.

티나객잔은 바로 이 중호도협 위 도로변에 위치해 있다. 좌우 수백 미터 거리에 장선생객잔张老师客栈과 천제객잔天梯客栈 등의 숙소가 두 개 더 있지만 트레킹 바로 종점에 있는 티나객잔이 위치상 훨씬 유리하다. 1박 2일 트레킹을 마친 이들은 웬만하면 티나객잔에 배낭을 맡겨두고, 중호도협 계곡 바닥까지 마지막 힘을 들여 다녀오는 게 필수 코스나 다름없다. 티나객잔은 해발 2,080m인 데 반해 중호도협 계곡 바닥은 1,600m다.

티나객잔을 나와 오른쪽으로 도로를 따라 거대한 다리 신천대교神川大桥를 지나면 잠시 후 오른쪽에 중호도협으로 내려가는 이정표가 나온다. 고도차 500m 가까이를 내려갔다가 다시 올라오는 구간이라 그리 만만치가 않다. 길도 좁고 오고가는 사람들이 많아 중간 중간 정체 구간이 많다. 유유하게 흘러내려오던 진사강물이 중호도협 구간에서 폭이 갑자기 절반으로 줄어들면서 거센 소용돌이 물살로 변한다.

계곡 바닥까지 내려가면 거대하게 요동치는 자연과 맞닥트린다. 내려가고 올라가는 서너 시간의 수고로움을 충분히 보상받을 만한 풍광이다. 올라갈 때는 내려온 급경사길이 많이 힘들 수가 있다. 하호도협 쪽으로 난 완만한 길로 올라가면 거리는 더 멀지만 힘은 훨씬 덜 든다. 하호도협 방향의 완만한 길로 가면 통행료를 15위안 더 내야 한다.

트레킹 기초 정보

여행시기

우기인 6, 7, 8월은 피하는 게 좋다. 산사태나 낙석 등으로 위험한 지점들이 많고 또한 길이 막히는 구간들도 있을 수 있다. 계곡의 절벽 중턱을 가로지르는 위험한 구간들이 많아, 겨울철 트레킹도 안전상 피하는 게 좋다. 이른 봄인 3, 4월이나 늦가을인 10, 11월이 호도협 트레킹에는 적기이다.

교통편

윈난성의 쿤밍까지 직항편을 이용하기도 하고, 난징 등을 경유하는 저렴한 항공권을 이용하기도 한다. 쿤밍에서 국내선 항공으로 갈아타면 리장까지 한 시간 걸린다. 리장 시내 터미널에서 호도협 입구인 차오터우橋头까지 가는 미니버스도 있고, 샹그릴라행 버스를 타고 가다가 중간에 차오터우에서 내리는 방법도 있다. 두 시간 반 정도 걸린다. 인원이 두 명 이상이면 택시 한 대로 가는 게 편하고 실용적이다.

숙박

코스 중간 중간에 숙소들이 여럿 있지만 나시객잔, 차마객잔, 중도객잔, 티나객잔이 가장 많이 알려져 있다. 첫날 차마객잔이나 중도객잔 둘 중 한 곳에서 자는 게 일반적이고 이튿날 트레킹을 끝낸 후, 여유가 있다면 티나객잔에서 1박 하고, 아니면 곧바로 다음 행선지로 이동한다. 숙소는 미리 예약하면 좋지만 웬만한 경우가 아니라면 자리는 항상 남아 있다.

식사

아침 식사는 리장의 숙소나 차오터우 마을 식당에서 사 먹고 트레킹을 시작한다. 걷는 도중에 상점이나 식당들이 있기는 하지만 점심 먹을 곳으로는 나시객잔이 가장 적합하다. 호도협에서 가장 힘든 구간인 28밴드 직전에 위치해 있기 때문에 나시객잔에서 점심을 든든히 먹고 올라야 한다. 저녁 식사는 숙소인 차마객잔에서 사 먹는 외에 방법이 없다. 닭백숙이나 오골계 요리가 인기다. 다음날 아침 식사도 숙소에서 사먹고 출발한다. 2일째 점심은 중도객잔에 들러 전망 좋은 발코니에서 옥룡설산을 바라보며 근사하게 사 먹는다. 저녁은 티나객잔에서 사먹는다.

예산

차마고도 1박 2일 트레킹은 국내 여행사 상품들이 많다. 대개는 인근 옥룡설산 케이블 관광과 인상리장 공연 포함하여 5일 여정에 150만 원 정도 요구한다. 리장에서 호도협까지 왕복 교통비는 택시나 소형 봉고차 합승 경우 인당 3만 원 정도, 호도협 입장료가 1만 5천 원, 하룻밤 숙박비도 2만 원이 못된다. 28밴드에서 힘이 들 경우 말을 탈 수 있는데 3만 원 정도다. 따라서 이틀 식대를 포함해도 실제로 호도협 1박 2일 트레킹에 소요되는 금액은 매우 적다.
호도협 트레킹의 관문인 리장에 도착해서 1박 하고 트레킹을 끝낸 후, 다시 리장으로 돌아와 1박 하는 비용이 추가된다. 리장에서 하루 더 투자해 옥룡설산에 케이블카로 다녀오고, 인상리장 공연을 관람하는 패키지 상품을 이용한다면 추가로 15만 원 가까이 필요하다.

여행 팁

트레킹을 끝내고 티나객잔에서 샹
그릴라나 리장으로 돌아갈 때에는
가급적이면 상호도협에 내려서 계곡 아래까지 다녀
오는 게 좋다. 호도협을 상징하는 호도석虎跳石이
서 있는 유명 관광 명소이다. 트레커 아닌 일반 패키
지 관광객들이 일부러 많이 찾는 곳이다.

트레킹 이후의 여행지

호도협 트레킹 시작 전이나 후에 인
상리장 공연을 관람하고 케이블카를
이용하여 옥룡설산을 오르는 여정이 유익하다. 최
소한 하루 전에 리장 시내에서 패키지 투어를 신청
하는 게 여러 면에서 편하다. 옥룡설산은 케이블카
로 해발 4,506m까지 올라간 후 주변 설경을 둘러
보고 내려오는 두 시간 여정이다.

마일 포스트

일자	NO	경유지 지명	해발 고도 (m)	거리(km)	누적	진척율
1일차	1	차오터우 桥头 매표소	1,850	0	0	0%
	2	호협도보객잔 虎峡徒步客栈 앞 입구	1,880	1	1	4%
	3	나시객잔 纳西客栈	2,160	5	6	25%
	4	28밴드 종착지 정상	2,670	2.5	8.5	35%
	5	차마객잔 茶馬客栈	2,450	3.5	12	50%
2일차	6	중도객잔 中途客栈	2,345	5	17	71%
	7	관음 폭포 观音瀑布	2,370	2	19	79%
	8	티나객잔 Tina's Guest House	2,080	2	21	88%
	9	천제객잔 天梯客栈	2,050	0.5	21.5	90%
	10	중호도협 中虎跳峡	1,600	1	22.5	94%
	11	티나객잔 Tina's Guest House	2,080	1.5	24	100%

죽기 전에 꼭 걸어야 할
세계 10대 트레일

2019년 5월 20일 초판 1쇄 펴냄
2019년 12월 20일 초판 3쇄 펴냄

지은이 이영철
발행인 김산환
책임편집 윤소영 · 양승주 · 유효주
디자인 윤지영 · 기조숙
마케팅 정용범
펴낸 곳 꿈의지도
인쇄 다라니
출력 태산아이
종이 월드페이퍼

주소 경기도 파주시 경의로 1100, 604호
전화 070-7535-9416
팩스 031-947-1530
홈페이지 www.dreammap.co.kr
출판등록 2009년 10월 12일 제82호

ISBN 979-11-89469-39-9-14980
ISBN 978-89-97089-51-2-14980(세트)